农业遥感原理与应用

姚艳敏 段四波 等 编著

科学出版社
北 京

内 容 简 介

本书系统阐述了农业遥感原理、技术方法和应用，也涵盖了国内外农业遥感领域的最新研究成果和发展趋势。全书共7章。第1章概述农业遥感学科内涵及其发展历程、农业遥感分类体系、农业遥感系统框架结构；第2章简述农业遥感理论基础；第3章至第6章系统介绍农作物生理生化和农田环境参数的农业定量遥感反演方法，以及农情遥感、农业土地资源遥感、农业灾害遥感的应用方法和研究趋势；第7章阐述农业遥感在农业大数据和智慧农业中的作用。

本书可作为高等院校、科研院所农业遥感相关专业研究生、本科生的教学参考书，以及遥感基础和应用研究专业人员的参考书。

图书在版编目（CIP）数据

农业遥感原理与应用 / 姚艳敏等编著. —北京：科学出版社，2025.6.
ISBN 978-7-03-082637-4

Ⅰ．S127

中国国家版本馆CIP数据核字第2025D6M546号

责任编辑：彭胜潮 ／ 责任校对：郝甜甜
责任印制：赵 博 ／ 封面设计：马晓敏

科学出版社 出版
北京东黄城根北街16号
邮政编码：100717
http://www.sciencep.com

北京建宏印刷有限公司印刷
科学出版社发行　各地新华书店经销

*

2025年6月第 一 版　开本：787×1092　1/16
2025年10月第二次印刷　印张：13 1/2
字数：320 000

定价：120.00元
（如有印装质量问题，我社负责调换）

前 言

遥感是20世纪60年代初发展起来的一门新兴、实用的空间探测科学技术。农业遥感是遥感技术在农业领域的应用，是以绿色植物、土壤等农业目标地物的光谱理论为基础，综合应用地物光谱、农业资源、灾害机理、作物形态、图像处理和数理统计等学科的理论与技术，实现农业特征参数遥感定量反演以及农情、农业土地资源、农业灾害等的遥感监测应用。

随着遥感技术的发展，遥感理论在不断完善，遥感研究方法在不断充实与更新，使得农业遥感应用的广度和深度不断拓展，许多新内容、新方法急需系统总结。因此，编写本书的目的是对农业遥感学科和应用研究进行较全面、系统地概括和总结，秉承理论与实际应用紧密结合的理念，阐述农业遥感应用分析的理论与方法。本书是作者在多年从事农业遥感领域教学、科研工作基础上，参阅国内外大量最新研究成果、科研论著、专业刊物的优秀论文后撰写而成；本书内容有助于农业遥感应用领域的研究生全面了解和掌握农业遥感的理论和应用研究方法，也为专业研究人员了解农业遥感应用水平提供较新的信息和借鉴。

本书共分为7章。第1章介绍农业遥感学科定义及发展历程、农业遥感分类体系和农业遥感系统框架结构；第2章简述农业遥感物理基础以及典型地物波谱特性分析；第3章叙述作物和农田环境参数的农业定量遥感反演方法；第4章介绍农作物种植面积、长势、产量的农情遥感监测方法以及研究趋势；第5章介绍耕地数量、耕地质量、农业种植制度、农业土地退化的农业土地资源遥感应用方法以及研究趋势；第6章详细叙述农业干旱、农作物病害、农作物低温冷害的农业灾害遥感应用方法以及研究趋势；第7章简单介绍农业遥感在农业大数据和智慧农业中的作用。

本书的编写分工如下。第1章由姚艳敏、段四波编写；第2章由段四波、姚艳敏、李召良、史云、毛克彪编写；第3章由段四波、姚艳敏、陈仲新、李召良、毛克彪、冷佩、吴尚蓉编写；第4章由姚艳敏、周清波、刘佳、王利民、任建强、黄青、王迪编写；第5章由姚艳敏、吴文斌编写；第6章由姚艳敏、王利民编写；第7章由姚艳敏、段四波、高懋芳编写。全书由姚艳敏、段四波统稿。

本书获得中国农业科学院科技创新工程项目资助；同时，中国农业科学院研究生院"农业遥感原理与应用"课程建设项目提供部分资助。

由于作者水平有限，书中不足之处在所难免，恳请批评指正。

目 录

前言
第1章 农业遥感概述··1
　1.1 农业遥感内涵及其发展历程··1
　　　1.1.1 遥感的定义与分类··1
　　　1.1.2 农业遥感学科定义、研究对象与研究内容·······································3
　　　1.1.3 国内外农业遥感发展历程···4
　1.2 农业遥感系统分析··8
　　　1.2.1 农业遥感系统总体框架··8
　　　1.2.2 农业遥感基础理论··9
　　　1.2.3 农业遥感技术系统··11
　　　1.2.4 农业遥感应用系统··12
　1.3 本书整体结构安排··13
　参考文献···14
第2章 农业遥感理论基础··15
　2.1 电磁波特性和电磁波辐射源··15
　　　2.1.1 电磁波···15
　　　2.1.2 电磁波辐射源··16
　2.2 可见光-近红外电磁辐射的物理模式··17
　　　2.2.1 辐射与大气的相互作用··17
　　　2.2.2 辐射与地表的相互作用··19
　　　2.2.3 辐射与传感器的交互作用···21
　2.3 热红外电磁辐射的物理模式··21
　　　2.3.1 热红外辐射定律···21
　　　2.3.2 地面物体热特性···23
　2.4 微波电磁辐射的物理模式···25
　2.5 典型地物波谱特性分析··25
　参考文献···29
第3章 农业定量遥感··30
　3.1 农业定量遥感研究内容··30
　　　3.1.1 概述··30

3.1.2 农业定量遥感研究内容···31
3.2 农业定量遥感研究方法··33
　　3.2.1 物理模型方法···33
　　3.2.2 经验和半经验方法···39
　　3.2.3 机器学习方法···43
　　3.2.4 数据同化方法···46
3.3 农作物生理生化参数遥感提取和反演··46
　　3.3.1 植被指数遥感提取···47
　　3.3.2 叶面积指数遥感反演···51
　　3.3.3 作物覆盖度遥感估算···59
　　3.3.4 叶绿素含量遥感反演···63
3.4 农田环境参数遥感反演··66
　　3.4.1 地表温度遥感反演···66
　　3.4.2 土壤湿度遥感反演···73
　　3.4.3 农田蒸散参数反演···81
参考文献···86

第4章 农情遥感···90
4.1 农作物种植面积遥感监测··90
　　4.1.1 概述···90
　　4.1.2 农作物种植面积遥感监测主要技术方法···93
　　4.1.3 研究展望···104
4.2 农作物长势遥感监测··105
　　4.2.1 概述···105
　　4.2.2 农作物长势遥感监测主要技术方法···110
　　4.2.3 研究展望···116
4.3 农作物产量遥感估测··118
　　4.3.1 概述···118
　　4.3.2 农作物产量遥感估测主要技术方法···121
　　4.3.3 研究展望···123
参考文献···124

第5章 农业土地资源遥感···126
5.1 灌溉耕地遥感调查与监测··126
　　5.1.1 概述···126
　　5.1.2 灌溉耕地遥感识别与制图方法···127
　　5.1.3 耕地实际灌溉面积遥感监测方法···129
　　5.1.4 研究展望···132

5.2 耕地质量遥感调查与监测···132
5.2.1 概述···133
5.2.2 土壤有机质高光谱遥感监测主要技术方法···137
5.2.3 研究展望···142
5.3 农业种植制度遥感调查···142
5.3.1 耕地复种指数遥感监测··143
5.3.2 农作物物候期遥感监测··151
5.4 农业土地退化遥感监测···155
5.4.1 土壤侵蚀遥感监测···155
5.4.2 土地盐渍化遥感监测··162
参考文献···165

第6章 农业灾害遥感···169
6.1 农业干旱遥感监测··169
6.1.1 概述···169
6.1.2 农业干旱遥感监测指标计算方法···173
6.1.3 研究展望···177
6.2 农作物病害遥感监测···178
6.2.1 概述···178
6.2.2 农作物病害遥感监测技术方法···183
6.2.3 研究展望···186
6.3 农作物低温冷害遥感监测··186
6.3.1 概述···186
6.3.2 农作物低温冷害遥感监测技术方法···191
6.3.3 研究展望···195
参考文献···195

第7章 展望··198
7.1 农业遥感与农业大数据···198
7.1.1 农业大数据简述···198
7.1.2 农业遥感与农业大数据的关系···200
7.2 农业遥感与智慧农业···202
7.2.1 智慧农业简述···202
7.2.2 农业遥感在智慧农业中的作用及挑战···203
参考文献···204

附录 本书中英文术语··205

第1章 农业遥感概述

遥感（remote sensing）是20世纪60年代初发展起来的一门新兴、实用的空间探测科学技术，其基础理论来源于现代物理学、空间信息学、数学、地球科学、生物科学等学科的交叉与综合。农业遥感是遥感技术在农业领域的应用，是以绿色植物、土壤等农业目标地物的光谱理论为基础，综合应用地物光谱、农业资源、灾害机理、作物形态、图像处理和统计等学科的理论与技术，实现农业定量遥感参数反演以及农情、农业资源、农业灾害等的遥感监测，是一门理论性和应用性较强、与高新技术和农业生产实际紧密结合的实验科学。

1.1 农业遥感内涵及其发展历程

对于农业遥感内涵及其发展历程的论述，将从遥感的定义与分类，农业遥感的学科定义、研究对象与研究内容，国内外农业遥感发展历程等方面展开。希望这些论述能够使读者建立起对农业遥感的宏观、概括和全方位的认知。

1.1.1 遥感的定义与分类

1. 遥感的定义

遥感一般定义为不接触物体本身，用传感器收集目标物的电磁波信息，经处理、分析后，识别目标物，揭示其几何特征、物理特征和相互关系及其变化规律的现代科学技术。具体指从远距离、高空和外层空间的各种平台上，利用可见光、红外、微波等探测仪器，通过摄影或扫描、信息感应等，获取地表的反射或辐射电磁波，通过传输、变换和处理，提取有用的信息，识别研究目标物的空间形状、位置、性质和变化及其与环境相互关系的一门现代应用技术科学。

2. 遥感的基本分类

遥感的基本分类，归纳起来，主要以传感器工作波段、传感器工作方式和遥感平台的三种划分类型。

1) 根据传感器工作波段的分类

根据传感器工作波段，遥感划分为三类，即可见光-近红外遥感（波长0.38~2.50 μm）、热红外遥感（波长3~14 μm）、微波遥感（波长0.01~1.0 m）。包含可见光至红外波段的遥感又称为光学遥感，根据波段数量，可以分为多光谱遥感和高光谱遥感。

多光谱遥感是利用具有两个以上波谱通道的传感器，对地物进行同步成像的一种遥感技术，它将物体反射或辐射的电磁波信息分成若干波谱段进行接收和记录。例如我国高分六号卫星（GF-6）承载的WFV传感器包含8个波段，美国陆地卫星Landsat 8承载的OLI陆地成像仪包含9个波段。

高光谱遥感指具有高光谱分辨率的遥感技术，其探测波段为数十至数千个，可以产生一条近乎连续的光谱曲线。例如，我国高分五号卫星（GF-5）承载的可见短波红外高光谱相机（AHSI）包含330个光谱通道。

根据传感器工作波段的分类体系，突出了传感器在工作波段上的不同，以及在遥感数据的获取环境、作业条件、应用效果等方面的特色和显著差异。在遥感应用任务组织实施时，这种分类体系是常用的分类体系。

2）根据传感器工作方式的分类

根据传感器工作方式，将遥感划分为被动遥感和主动遥感。被动遥感的传感器类型都为光学照相机、物面扫描仪（如多光谱扫描仪）、像面扫描仪（如光电摄像机、成像光谱仪）、非成像仪（如微波辐射计）等，其使用的是自然光源，包括太阳光（可见光及近、中、远红外光）以及地物自身的辐射光（热红外光），个别还包括微波波段（被动微波遥感）。主动遥感传感器类型多为成像仪（如成像雷达）、非成像仪（如微波散射计、激光高度计等），其使用的是人工发射的雷达电磁波光源，波长处于微波范围，可以穿透云层，不分白天夜晚、晴天雨天都可以成像，全天时、全天候，对干燥土壤有一定的穿透能力，对金属地物、地形起伏反应敏感。

该分类体系突出了不同类型的遥感数据在成像机理上的差别，它们与数据处理方法密切相关。

3）根据遥感平台的分类

根据遥感平台，将遥感划分为航天遥感、航空遥感和地面遥感。

（1）航天遥感：可搭载被动、主动遥感传感器，甚至一颗卫星可同时载荷两种以上传感器，平台工作高度从高到低依次为静止卫星（36 000 km）、极轨卫星（500～1 000 km）、小卫星、空间站（500 km）、航天飞机（240～350 km）等。

（2）航空遥感：用飞机、低空航模飞机等作为载荷平台，可装载被动遥感传感器、主动遥感传感器（如机载侧视雷达SLAR），平台工作高度从高到低依次为高空飞机（10～22 km）、中低空飞机（0.5～8 km）、飞艇（0.5～3 km）、直升机（0.1～5 km）、民用无人机（50～500 m）、探空火箭（100～1 950 m）、漂浮气球（21～48 m）、系留气球（0.8～4.5 m）等。

（3）地面遥感：用三脚架、遥感塔、地面专用汽车、船等装载遥感传感器，实施对地表或地下光谱探测，其中高架塔高度为20～250 m，地面测量车为0～30 m。

不同遥感平台的高度、姿态、稳定性以及轨道参数等，对相应遥感数据的几何特性及其处理方法有直接和显著的影响。因此，它也是最常用的遥感分类体系之一。

1.1.2 农业遥感学科定义、研究对象与研究内容

1. 农业遥感学科定义

农业遥感学科定义为建立在绿色植物、土壤等地物光谱理论基础上，通过地面、航空、航天平台，利用传感器（如CCD相机、扫描仪、雷达等）远距离、非接触探测，获取农业目标地物的可见光-近红外波段、热红外波段、微波等反射或辐射的电磁波信息；通过数据分析处理和专题信息挖掘，识别农业目标地物及其变化规律；研究作物生理生化参数、农田环境参数等的定量遥感反演理论和技术；进行农情、农业资源环境、农业灾害等遥感监测和评价应用的一门科学和技术，是农业科学的重要基础应用和应用学科。

2. 农业遥感研究对象

农业遥感的研究对象是农业。农业是以有生命的动物、植物和微生物为主要劳动对象，以土地为基本生产资料，依靠生物的生长发育来取得动植物产品的社会生产部门。狭义的农业仅指种植业或农作物栽培业；广义的农业包括种植业、林业、畜牧业、副业和渔业。

农业生产离不开农业资源的数量支撑。农业资源包括农业自然资源和农业社会经济资源。农业自然资源包括农业生物资源（植物、动物和微生物）、农用地资源（耕地、林业用地、畜牧业用地、养殖业用地、渠道道路用地等）、土壤资源、农用水资源（如灌溉水等）、农业气候资源（光、热、水、气）。农业社会经济资源包括农业人口和劳动力资源、农业技术资源与技术装备、农业基础设施等。

农业生产也离不开农业资源质量和农业生态环境条件的保障。例如，农业水资源污染以及农用地和土壤资源的污染和退化，会影响农业资源的利用和粮食安全；农业气候条件形成的灾害（如旱灾、低温冷害、植物病虫害）和农业气候资源达极限值构成的灾害（涝灾等），均影响农业气候资源的数量、质量及其利用；农业废弃物资源（动植物残余类废弃物、农村生活垃圾等）影响农村的人居环境。

遥感技术的优势是获取大范围、大尺度地表以及一定深度的自然资源和生态环境信息，因此，农业遥感就是以农业资源和农业生态环境作为调查研究对象，利用遥感技术对农业生产过程、农业资源数量和质量以及农业生态环境的时空分布规律、动态变化进行监测、评价和预警研究的一门科学技术。

3. 农业遥感主要研究内容

根据农业遥感的应用方向，农业遥感的主要研究内容可以分为4个方面，即农业定量遥感、农情遥感、农业资源遥感、农业灾害遥感。随着遥感技术的进步，农业遥感应用方向和研究内容可以进一步扩展。

1）农业定量遥感（quantitative remote sensing for agriculture）

基于大气、植被冠层等的辐射传输模型，以可见光-近红外遥感、热红外遥感、微

波遥感三种基本形式，研究农作物生理生化参数（如叶面积指数、叶绿素含量等）、农田环境参数（如地表温度、土壤湿度等）的农业定量遥感模型构建（物理模型、统计模型、半经验模型等）、反演方法和技术。

2）农情遥感（remote sensing for agricultural condition）

研究农作物遥感识别的方法与技术，开展大范围农作物种植面积、农作物长势、农作物产量、土壤墒情等的遥感监测和估测理论、技术和方法研究。

3）农业资源遥感（remote sensing for agricultural resources）

以农用地以及土壤资源为主要研究对象，研究农业资源的自动和快速提取技术、土壤性状指标遥感定量反演，以及农业资源利用和质量评价遥感应用模型、农业种植制度遥感监测。

4）农业灾害遥感（remote sensing for agricultural disaster）

以农业旱灾、作物病虫害、作物低温冷害等为主要研究对象，研究农业灾害遥感监测机理与方法，以及农业灾害的影响评价模型。

1.1.3　国内外农业遥感发展历程

自20世纪30年代航空遥感被用于农业土壤与土地资源调查，人们根据各种植物和土壤的光谱反射特性，建立了丰富的地物波谱与遥感图像解译标志，在土壤调查分类与制图、土地资源清查与动态监测、作物估产、土壤湿度监测、土壤侵蚀调查、自然灾害调查与评估等方面，取得了丰硕成果（朱大权等，1990）。1972年美国发射了第一颗陆地资源卫星，开创了航天遥感的农业应用（王人潮等，1999）。

1. 国外农业遥感应用概况

国外的遥感技术大多数首先应用于农业。发达国家将农业遥感技术作为国家决策支持系统的主要手段，对农业资源和环境变化、主要农产品产量预报、主要农业灾害的发生和发展状况等进行长期动态监测。

1）美国农业遥感应用

自1970年12月美国国家海洋和大气管理局（NOAA）发射了第一颗NOAA极轨气象卫星，1972年7月23日美国国家航空航天局（NASA）发射了第一颗多光谱陆地资源卫星Landsat以来，为美国农业遥感应用提供了卫星影像数据源，在农作物估产、农业资源调查监测、农业灾害监测等方面发挥了重要作用。

早在1974~1977年，美国农业部、国家海洋和大气管理局、国家航空航天局和商业部合作开展了"大面积农作物估产实验"计划（large area crop inventory and experiment，LACIE），监测美国及全球小麦面积，估算小麦单产和总产（刘海启等，1999），成为农情遥感监测的里程碑。1980~1986年，执行LACIE计划的几个部门又同内政部合作开展了"农业和资源的空间遥感调查计划"（AGRISTARS），进行美国国内主要农作物面积遥感调查、农作物长势监测、产量估测和土壤湿度监测，成为美国农业遥感监测的业务系统。为了在世界粮食市场占据主动地位，美国农业统计局（National Agricultural Statistics Service，NASS）专门在农业部设立机构，监测全球主要产粮区和粮食消费国的粮食产量，由对外农业局（Foreign Agricultural Service，FAS）负责，对前苏联、中国、印度、澳大利亚、巴西、阿根廷、墨西哥、中东地区等全球粮食主产国和地区的作物进行长期监测和产量预测，从国际农产品市场获取较大的收益。到2009年美国首次实现了其全国20多种作物的遥感空间分布制图，并在以后逐年更新，现在已实现每年100余种作物的监测和空间制图，在第二年的1月通过互联网向全球发布，空间分辨率为30 m（陈仲新等，2016）。

2）欧盟农业遥感应用

欧盟于1987年提出农业遥感监测10年研究项目，简称"MARS计划"（monitoring agriculture with remote sensing），由欧盟联合研究中心（JRC）负责执行。该计划研究目的是利用遥感技术改进欧共体内部农业统计体系方法，在共同体、区域级、国家级3个尺度监测农作物种植面积和长势，估测农作物单产和总产，用于农业补贴的申报核查和共同农业政策的改革（刘海启，1999）。近30年来，MARS计划已经构建了作物产量预测系统（MARS crop yield forecasting system，MCYFS）、作物长势监测系统（crop growth monitoring system，CGMS）、作物模拟生物物理模型（biophysical model application，BioMA）等农情监测方法（刘海启等，2018），监测作物生长发育过程，及时提供作物生长和产量数据，主要利用的卫星遥感数据是哥白尼计划（Copernicu Programme）中的哨兵系列（Sentinel）。自2000年开始，欧盟联合研究中心开展了全球农业监测和粮食安全评估工作，监测区域为撒哈拉以南非洲粮食短缺区域，以及世界其他粮食主产区。

3）其他国家农业遥感应用

20世纪80年代开始，俄罗斯、加拿大、日本、印度、阿根廷、巴西、澳大利亚、泰国等也相继开展了对小麦、水稻、玉米、大豆、棉花、甜菜等农作物遥感估产研究（王延颐，1989）。20世纪90年代开始，随着各国先后发射各类民用卫星平台和传感器，从光学资源卫星为主向高光谱分辨率、高空间分辨率、高时间分辨率的方向发展，遥感技术在农业资源调查、生物产量估计、农业灾害预测和评估等方面得到了广泛的应用（史舟等，2015；陈仲新等，2019），很多国家建立农业遥感监测业务系统，服务农业生产管理、防灾减灾、粮食安全。例如，俄罗斯农业部在2003年建立了全国农业监测系统，获取耕地面积、作物生长状况等信息，主要依据MODIS植被指数的年内变化过程，对作物与耕地面积进行估算分析（吴炳方等，2010a）。

4）国际组织的农业遥感应用

联合国粮农组织（Food and Agriculture Organization，FAO）于2006年开始建立全球

粮食和农业信息早期预警系统（global information and early warning system，GIEWS），利用遥感数据和农业气象数据开展作物长势监测和产量估算；同时结合其他统计信息，进行粮食供需和安全评价，对个别有潜在粮食危机的国家提供早期预警。全球监测的区域范围包括南美、地中海盆地、东非、俄罗斯及中亚地区。

2. 国内农业遥感应用概况

我国农业遥感应用经历了20世纪70年代的引进学习阶段、80~90年代中期的技术攻关阶段、90年代后期~2010年监测应用阶段以及2010年至今全面深化研究与应用阶段（唐华俊，2018），在农情遥感监测、农业资源环境遥感监测、农业灾害遥感监测等方面得到了应用与发展。

1）农情遥感监测

农情遥感监测的内容主要包括农作物种植面积、长势监测以及农作物产量估测等。1983年，农业部利用MSS影像和航空像片，先后组织北京近郊小麦、浙江杭嘉湖地区水稻及北方六省市小麦遥感估产（王乃斌，1996）；1989~1995年，又利用美国陆地卫星数据开展了北方7省冬小麦长势、单产和总产等监测预测研究工作；从1998年开始，农业部实施了"全国农作物遥感估产业务"项目，进行全国范围的小麦、玉米和棉花遥感业务化估产，发展了一套适合中国国情的农作物遥感监测系统（周清波，2004）。自20世纪90年代末期，中国农业科学院建立的"国家农作物遥感监测系统"（CHARMS）稳定运行超过10年，成为国际地球观测组织（GEO）向全球推广的农业遥感监测系统之一，已实现每年对我国和世界粮食主产国多种大宗作物面积遥感监测的业务运行（唐华俊，2018）。自2013年4月国产第一颗高分辨率卫星（GF-1）成功发射以来，中国农业科学院开展了国产高分一号至高分六号卫星（GF-6）的农业遥感应用研究，其中高分六号卫星也被称为"农业一号卫星"，特别设计和增加了红边波段，提高了农作物精细分类识别的能力，提升了我国农业遥感自主研究和应用的能力和水平。

从1984年开始，中国气象局组织北方11省（区、市）开展冬小麦气象卫星遥感面积测算、长势监测与估产方法研究，建立了"农作物监测系统"，开创了国内以应用气象卫星为主的大面积遥感综合估产的先例（陈水森等，2005）。近几年，中国气象局利用国产风云气象卫星系列（FY）数据和产品，开展了农作物面积提取、长势监测、物候遥感监测等方面的业务化应用，为相关部门提供了长期服务和数据支撑（张晔萍等，2021）。1991年以来，中国科学院联合农业部等40个单位执行国家攻关项目"重点产粮区主要农作物遥感估产"，开展了小麦、玉米和水稻大面积遥感估产研究，建立了"全球农情遥感速报系统"（CropWatch），在全球尺度提供农情遥感监测信息（吴炳方等，2010b）。2006年以来，通过科技部"统计遥感"项目实施，北京师范大学和国家统计局建成了"国家粮食主产区粮食作物种植面积遥感测量与估产系统"（潘耀忠等，2013），将遥感技术作为农业统计信息获取的方法和手段，提高了农业统计数据精度。国内农业遥感应用研究优势单位创建的我国农业遥感监测系统，在指导我国农业生产及农业决策中发挥了重要作用。

2) 农业资源环境遥感调查和监测

农业资源环境调查包括农用地、土壤资源等现状资源的调查，以及土地盐渍化、农田水土流失等动态监测，提供各类资源的数量、分布和变化情况，以及基于调查的各类资源评价，提出应采取的对策，用于农业生产的组织、管理和决策。

我国先后搭建了农业资源环境要素监测网络，形成了农用地等农业资源遥感监测业务体系。在耕地资源调查方面，我国在世界上率先研制了30 m空间分辨率的全球耕地遥感数据产品，即清华大学的FROM-GLC数据集（Gong et al., 2013）和国家基础地理信息中心的GlobeLand30数据集（Chen et al., 2015），将全球耕地遥感数据集的空间分辨率提高了10倍；以遥感影像为主要数据源，经过多年的积累建立了从20世纪80年代末期开始、每5年一期的覆盖全国陆地区域的多时相1：10万比例尺土地利用现状数据库，其中的耕地资源包括熟耕地、新开荒地、休闲地、轮歇地、草田轮作物地，种植农作物为主的农果、农桑、农林用地，及耕种3年以上的滩地和海涂等（刘纪远等，2014）；2015年，攻克了基于国产高分卫星数据的冬小麦自动识别的技术瓶颈，获得了全国第一张16 m空间分辨率冬小麦种植区空间分布图（唐华俊等，2015）。

早期的土壤遥感调查主要集中在土壤类型遥感制图，即利用遥感图像对土壤类型、组合进行人工目视解译和勾绘。现在土壤遥感调查主要集中在土壤关键理化特性的调查与制图，例如，土壤水分遥感监测主要采用光学、热红外、主被动微波遥感等手段，反演方法包括植被指数法、热惯量法、温度-植被指数法、微波反演等方法；土壤有机质、土壤表层粗糙度、土壤质地等属性遥感调查，通常利用室内、机载、星载高光谱数据进行预测和制图（史舟等，2015；颜祥照等，2019）。

3) 农业灾害遥感监测

农业灾害遥感监测的内容主要包括农作物旱涝灾、病虫害等动态监测，以及灾后农田损毁、作物减产损失调查和评估。

我国从20世纪80年代开始开展自然灾害遥感监测研究，建立了不同的灾害监测与预警系统。水利部遥感技术应用研究中心构建了全国旱情遥感监测业务化系统、卫星遥感与地面观测数据融合的区域旱情遥感监测系统和区域水体自动化监测系统；国家卫星气象中心建立了"气象卫星监测分析与遥感应用系统"（SMART），开展全国范围的旱情监测，其中日常运行模式基于热惯量模型和相对蒸散模型，每旬一次，重大干旱事件模式根据旱情变化情况提供监测（黄诗峰等，2016）。农业农村部所属农业遥感应用中心建立了"全国农情遥感监测业务运行系统"，形成了符合中国农业生产特点的灾害监测业务系统，并业务化运行至今，涉及农业干旱、洪涝、农作物病害、农作物低温冷害等内容（周清波等，2017）。

在作物病虫害遥感监测方面，中国科学院空天信息创新研究院综合利用国内高分系列、环境（HJ）系列等卫星，以及美国MODIS和Landsat TM、欧盟Sentinel系列等卫星遥感数据，结合全国气象数据和调查数据，依托自主研发的作物病虫害遥感监测与预警系统，开展全国主要作物主要病虫害遥感监测与预警，并定期在线发布作物病虫害遥感专题图和科学报告（黄文江等，2018）。

1.2 农业遥感系统分析

1.2.1 农业遥感系统总体框架

通过农业遥感的系统分析，梳理农业遥感涉及的基础理论、技术系统、应用系统等方面的内容，不仅为本书写作提供指导思想和总体框架，而且也为本书的阅读提供路线图和解码钥匙。

农业遥感的总体框架自上而下分为3个层次（图1.1），包括基础理论层、技术系统层、应用系统层。在每个层次上，根据农业遥感信息流程中遥感数据获取、农业信息挖掘、农业应用等环节，可以进一步划分为具有不同对象、内容和特征的层块。

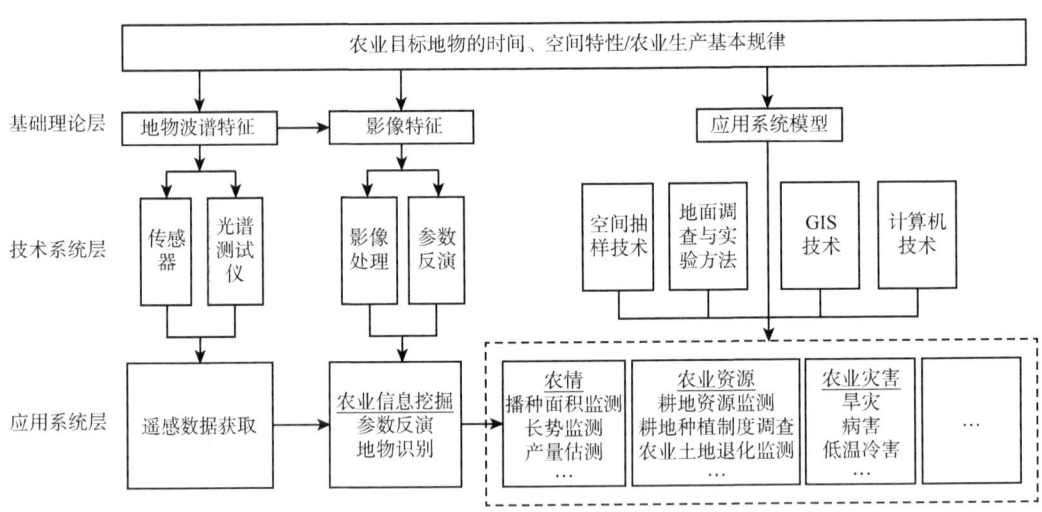

图1.1　农业遥感系统分析总体框架

1. 遥感数据获取

根据与农业资源和农业生态环境研究对象相关的农业目标地物时间、空间特性以及农业生产基本规律，基于植被、土壤等地物波谱特征基础理论，采用传感器或光谱测量仪等技术系统，获得所需的可见光-近红外、红外、微波波段的遥感数据。该方面是农业遥感应用的基础。

2. 遥感数据农业信息挖掘

将获取的遥感数据依据影像特征等基础理论进行数据预处理，包括辐射校正、几何校正等，获得农业目标地物的反射率、辐射亮度值或后向散射系数。

对于农业关注对象，遥感可观测和反演的参数包括农作物生理生化参数（如植被指数、植被覆盖度、叶面积指数、叶绿素、植被水分等）和农田环境参数（如地表温度、土壤水分、地表蒸散发、土壤有机质等）（图1.2）。采用农业参数遥感反演、影像分类识别等技术系统，进行农业信息挖掘，包括农业参数遥感定量反演和农业地物分类识别。该方面是农业遥感应用的关键环节，对农业遥感应用的有效性、时效性、准确性至关重要。

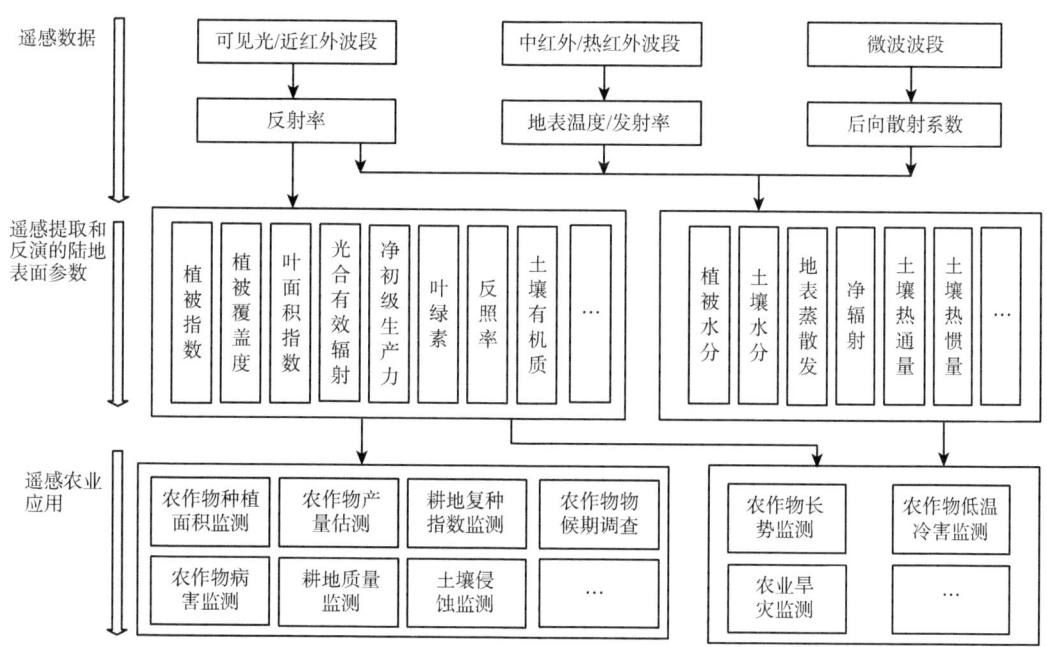

图1.2　农业遥感数据流

3. 农业遥感应用领域

获取农业参数遥感定量反演和农业地物分类识别数据后，依据农业应用系统模型等基础理论，采用地面调查与实验方法、空间抽样方法、地理信息系统、计算机等技术系统，进行农业遥感应用服务，包括农情遥感监测（如农作物种植面积和长势遥感监测、农作物产量估测）、农业资源遥感监测（如耕地数量和质量遥感监测、耕地复种指数监测）、农业灾害遥感监测（如农业旱灾、农作物病害遥感监测）等。这方面是农业遥感应用的重要内容。

1.2.2　农业遥感基础理论

农业遥感的基础理论包括地物波谱特征、影像特征、农业应用系统模型等内容。

1. 地物波谱特征研究

地物波谱特征以及不同地物波谱特性之间的差异，是遥感进行数据获取、区分和识别各种农业目标地物的主要理论依据，也是农业参数遥感定量反演的基础理论。其仍需要着力解决的难点和热点问题介绍如下。

1) 混合地物的波谱特性研究

随着影像空间分辨率的提高,传感器瞬时视场缩小,探测高度降低,遥感像元的地物构成趋于单一,地物波谱特性的混合程度越来越轻微。但像元之中不同地物波谱特性的混合,总是一个无法完全避免的问题,一直是科学家不断关注和重点研究的基础理论问题。

2) 地物波谱复杂变异性研究

遥感探测到的地物波谱特性,由于测量环境、对象构成、地物变异等原因,波谱特性较复杂。在遥感探测时,传感器与地物之间存在的大气层影响、传感器瞬时视场的混合地物等问题,不同地物的波谱特性出现"同谱异物"或"异物同谱"现象。它们是基于地物波谱特性进行地物识别分类,影响识别精度提高的主要问题。因此,地物波谱的复杂性和变异性仍是科学家需要继续深入研究的课题。

3) 波谱识别地物有效性研究

随着遥感影像空间分辨率的提高,色调、颜色、纹理等特性越来越凸显,地物波谱特性作为识别地物唯一依据的地物在动摇,迫使科学家进一步研究波谱特性识别地物的有效性问题,寻找和开拓提高基于地物波谱特性的遥感影像分类精度的新途径。

2. 影像特征研究

遥感农业信息挖掘是通过挖掘遥感影像蕴含的内容和规律,了解农业相关状况的认知过程,对影像语义结构的理解具有学术意义和实用价值。影像语义结构基础理论涉及遥感影像基本特征、语义语法与解读等关键问题。

1) 遥感影像的基本特征

遥感影像包括色调/色彩、形状、大小、纹理、图形、高度、阴影、位置、关系、变化等基本影像特征,这些特征由单个像元、像元群体构成的地物影像具有二维或三维空间特性,地物影像组合表现出的规律与农业目标地物呈现的规律密切相关。

2) 遥感影像的语法结构与解读

在挖掘遥感影像的农业信息时,需要理解影像的语义,并通过一定的规则进行解读和信息的挖掘。随着农业遥感应用领域的发展,对遥感影像的语义理解及语法结构会有显著的差异,需要研究人员具有相关的农业专业知识,并了解相关的农业生产过程规律。在遥感影像语义解读方法上,需要将遥感影像数字处理系统与GIS结合,传统农业应用学科专业与现代信息科学技术结合,提高遥感影像农业信息挖掘的能力和水平。

3. 农业应用系统模型

农业应用系统模型是对获取的遥感数据进行专题信息挖掘，为农业应用服务的关键所在，可以增强农业遥感业务应用深度、广度和效益的关键。农业应用系统模型一般包括通用应用系统模型和特殊应用模型，通用系统模型是遥感农业应用中普遍通用的模型，例如与各种电磁波辐射物理模式相关的模型，农业参数遥感定量反演采用的半经验模型、物理模型等；特殊应用模型是指在农业遥感应用业务系统中，针对某个特殊的问题进行专门研究而建立的模型，如某个统计分析模型等。它们都是农业遥感基础理论研究的重要课题。

1.2.3 农业遥感技术系统

农业遥感技术系统由遥感数据获取、农业专题信息挖掘、农业业务应用等技术系统和信息环节组成。

1. 遥感数据获取系统

遥感数据获取系统是遥感科学技术领域中最为活跃的组成部分，其中的传感器和遥感平台存在不同类型和特点。成像传感器包括可见光-近红外、红外、多波段、微波等传感器，成像类型、波段范围、工作方式、工作时间、工作条件、穿透能力、主要用途各异。主要遥感工作平台包括航天、航空、地面等平台类型，卫星高度、主要用途也不同。通过遥感数据获取系统，可以采集到地表电磁波反射或辐射能量影像数据。

2. 农业专题信息挖掘系统

从海量遥感数据中挖掘农业专题信息，是农业遥感领域研究的热点问题。常用的农业遥感专题信息挖掘（或提取）技术的类型、特点与用途在表1.1中给出。

表1.1 农业遥感专题信息提取系统的类型、特点与用途比较

技术类型		特点	用途
遥感影像数据处理系统	遥感影像数字处理系统	对遥感影像进行辐射定标、大气校正、几何校正等预处理；进行直方图调整、密度分割、比值运算、滤波处理、边界提取等增强与平滑处理，以及图像融合处理等。在系统中，遥感影像的光谱特征得到充分利用	影像/地图配准、消除大气影响、几何畸变校正、辐射误差校正；提高遥感影像易判读性
	遥感特征参数反演系统	根据遥感信息模型，计算植被指数、叶面积指数、叶绿素等农作物生理生化参数，以及地面温度、土壤水分等农田环境参数	用于作物长势、作物估产、农用地质量、农业灾害等研究
	像元地物识别系统	利用监督或非监督分类方法，以及神经网络、遗传等算法进行像元农业地物分类识别	用于农作物面积、农用地资源分布等研究

续表

技术类型		特点	用途
遥感影像交互判读系统	人机交互判读系统	进行影像交互判读、自动专题分类、动态变化判读、人机混合判读等。判读影像要素利用全面，需引入农学、生物学、地学规律等知识	用于农业遥感判读制图、灾情速报评估等
	影像群判读系统	实现遥感影像群体判读作业，包括分工判读、结果检测订正、目标检出识别等。影像要素利用全面，需引入农学、生物学、地学规律等知识	用于众多人员参与的农业遥感专题判读制图、目标检出识别等应用任务
	智能化群判读系统	除判读影像要素利用全面，需引入农学、生物学、地学规律外，还可以引入判读专家经验和人工智能技术，提高判读智能化、自动化水平	用于众多人员参与的农业遥感专题判读制图、目标检出识别等应用任务

3. 农业业务应用技术系统

农业业务应用技术系统主要包括空间抽样、地面调查与实验、GIS、计算机等技术系统，服务于农业遥感应用。

1.2.4 农业遥感应用系统

农业遥感应用系统是最为活跃的应用领域。从工作特点出发，可以将其分为常规业务应用、突发事件响应、创新发展支持等三个领域。

1. 常规业务应用领域

该应用领域一般涉及农作物种植面积遥感监测、农作物长势遥感监测、农用地资源遥感监测、农业灾害遥感监测、农业政策实施监察、农业区划布局等业务。

遥感与地理信息系统（GIS）的集成，为引入非遥感来源数据和专业应用模型创造了良好条件，形成了诸多基于 GIS 的农业遥感业务应用集成系统。图 1.3 为农业农村部"国家级农情遥感监测系统平台"组成。

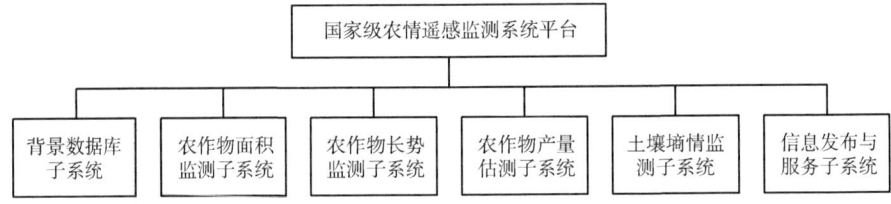

图 1.3 国家级农情遥感监测业务应用系统平台

2. 突发事件响应领域

该领域一般涉及农业减灾应急领域，例如农业涝灾、农作物低温冷害遥感监测。

3. 创新发展支持领域

该领域一般涉及农业遥感基础理论研究、专题模拟试验、综合应用示范等内容。

1.3 本书整体结构安排

全书共7章，整体结构安排如下。

第1章 农业遥感概述

该章是本书的开篇之章，主要介绍农业遥感的总体情况，具体对农业遥感学科定义、农业遥感主要研究内容、国内外农业遥感发展历程、农业遥感系统总体框架及系统分析等进行概括性论述。该部分还扼要说明本书的写作意图与整体结构安排，目的是使读者能够对农业遥感建立起完整的框架，而且对全书的写作意图、章节内容和整体结构有个清晰的概念。

第2章 农业遥感理论基础

该章涉及农业遥感应用依据的基础理论，主要包括可见光-近红外、红外、微波电磁辐射的物理模式、典型地物波谱特征的内容。该章是遥感数据获取、分析处理以及遥感农业应用的理论依据。

第3章 农业定量遥感

该章介绍农业定量遥感研究内容以及农业定量遥感反演方法，包括基于物理模型方法（大气、植被冠层辐射传输模型）、经验和半经验方法、机器学习方法、数据同化方法等，还阐述了农作物生理生化参数（植被指数、叶面积指数、叶绿素等）、农田环境参数（地表温度、土壤湿度、农田蒸散等）的遥感定量反演方法。

第4章 农情遥感

该章介绍农情遥感的研究内容和技术方法，主要介绍光学遥感图像分类与地物识别方法，详细阐述了农作物种植面积遥感监测、农作物长势遥感监测、农作物产量估测等研究内容和技术方法。

第5章 农业土地资源遥感

该章介绍耕地数量和质量遥感监测、农业种植制度遥感调查（耕地复种指数、农作物物候期）、耕地土地退化遥感监测（土壤侵蚀、土地盐渍化）的研究内容和技术方法。

第6章 农业灾害遥感

该章介绍农业灾害遥感应用的研究内容和方法，包括农业干旱遥感监测、农作物病害遥感监测、农作物低温冷害遥感监测等。

第7章 展望

该章阐述了农业遥感在农业大数据、智慧农业中的作用。

参 考 文 献

陈水森, 柳钦火, 陈良富, 等. 2005. 粮食作物播种面积遥感监测研究进展. 农业工程学报, 21(6): 166-171.
陈仲新, 郝鹏宇, 刘佳, 等. 2019. 农业遥感卫星发展现状及我国监测需求分析. 智慧农业, 1(1): 32-42.
陈仲新, 任建强, 唐华俊, 等. 2016. 农业遥感研究应用进展与展望. 遥感学报, (5): 748-767.
黄诗峰, 辛景峰, 杨永民, 等. 2016. 旱情遥感监测理论方法与实践. 北京: 中国水利水电出版社, 14.
黄文江, 张竞成, 师越, 等. 2018. 作物病虫害遥感监测与预测研究进展. 南京信息工程大学学报(自然科学版), 10(1): 30-43.
刘海启. 1999. 欧盟MARS计划简介及我国农业遥感应用思路. 中国农业资源与区划, 20(3): 55-57.
刘海启, 金敏毓, 龚维鹏. 1999. 美国农业遥感技术应用状况概述. 中国农业资源与区划, 20(2): 56-60.
刘海启, 游炯, 王飞, 等. 2018. 欧盟国家农业遥感应用及其启示. 中国农业资源与区划, 39(8): 280-287.
刘纪远, 匡文慧, 张增祥, 等. 2014. 20世纪80年代末以来中国土地利用变化的基本特征与空间格局. 地理学报, 69(1): 3-13.
潘耀忠, 张锦水, 朱文泉, 等. 2013. 粮食作物种植面积统计遥感测量与估产. 北京: 科学出版社.
史舟, 梁宗正, 杨媛媛, 等. 2015. 农业遥感研究现状与展望. 农业机械学报, 46(2): 247-260.
唐华俊, 周清波, 刘佳, 等. 2015. 中国农作物空间分布遥感制图——小麦篇. 北京: 科学出版社, 10-50.
唐华俊. 2018. 农业遥感研究进展与展望. 农学学报, 8(1): 167-171.
王乃斌. 1996. 中国小麦遥感动态监测与估产. 北京: 中国科学技术出版社.
王人潮, 蒋亨显, 王珂, 等. 1999. 论中国农业遥感与信息技术发展战略. 科技通报, 15(1): 1-7.
王延颐. 1989. 世界农业遥感进展. 遥感技术动态, 11(1): 21-24.
吴炳方, 蒙继华, 李强子. 2010a. 国外农情遥感监测系统现状与启示. 地球科学进展, 25(10): 1003-1012.
吴炳方, 蒙继华, 李强子, 等. 2010b. 全球农情遥感速报系统(Crop Watch)新进展. 地球科学进展, 25(10): 1013-1022.
颜祥照, 姚艳敏, 张霄羽. 2019. 土壤有机质遥感制图研究进展与展望. 中国农业信息, 31(3): 13-26.
周清波. 2004. 国内外农情遥感现状与发展趋势. 中国农业资源与区划, 25(5): 9-14.
周清波, 王利民, 刘佳, 等. 2017. 中国农业灾害遥感监测. 北京: 中国农业科学技术出版社, 3-4.
张晔萍, 张明伟, 孙瑞静, 等. 2021. 风云气象卫星在农业遥感中的应用. 科技导报, 39(15): 39-45.
朱大权, 商铁兰. 1990. 农业遥感应用进展与动向. 遥感技术动态, 15(1): 41-45.
Chen J, Liao A, Cao X, et al. 2015. Global land cover mapping at 30 m resolution: a POK-based operational approach. ISPRS Journal of Photogrammetry and Remote Sensing, 103: 7-27.
Gong P, Wang J, Yu, L, et al. 2013. Finer resolution observation and monitoring of GLC: first mapping results with Landsat TM and ETM+ data. International Journal of Remote Sensing, 34(7): 2607-2654.

第2章 农业遥感理论基础

地物在电磁波辐射源(太阳、人工辐射源)照射下能够反射出一定的辐射能量,也因自身具有一定温度,可以不断地发射出辐射能量。在农业遥感应用中,主要是利用农业目标地物反射或发射电磁波的特性,来测得地物的光谱特征曲线。不同的地物以及同一种地物在不同的状态或环境条件下会产生不同的光谱特征曲线。根据地物光谱特征曲线的不同,选择合理的波段或波段组合,对影像进行相应的分析,从而获取地面信息。

本章将论述有关可见光-近红外、热红外、微波的电磁辐射物理模式及其与大气、地物和遥感传感器之间的相互作用,并对典型地物波谱特性进行分析,以期为后续章节中农业遥感应用的展开做好基础理论方面的铺垫。

2.1 电磁波特性和电磁波辐射源

2.1.1 电磁波

1. 电磁波的定义

电磁波是电场矢量和磁场矢量在空间的传播。由振源发出的电磁振荡进入空间后,变化的磁场激发了涡旋电场,变化的电场又激发了涡旋磁场,两者相互作用形成统一的电磁场。γ射线、X射线、紫外线、可见光、红外线、微波、无线电波等都是电磁波(赵英时,2003)。

2. 电磁波谱

为了便于比较和描述电磁辐射的内部差异,将各种电磁波在真空中的波长按其长短依次排列制成的图表即为电磁波谱(图2.1)。

由于波长不同,各种电磁波在传播的方向性、穿透性、可见性、颜色上表现不同。可见光能被人眼直接感觉到,看到物体各种颜色,包括单色和全色;红外线能克服夜障,微波可穿透云、雾、烟、雨。但不同波长电磁波的共性是传播速度相同,都等于光速,并且遵守相同的反射、折射、透射、吸收和散射定律。

3. 农业遥感常用的电磁波波段和特性

农业遥感常用的电磁波波段和特性介绍如下。

(1)可见光波段(0.38~0.76 μm):是鉴别地物特征的主要波段,是农业遥感最常用的波段。

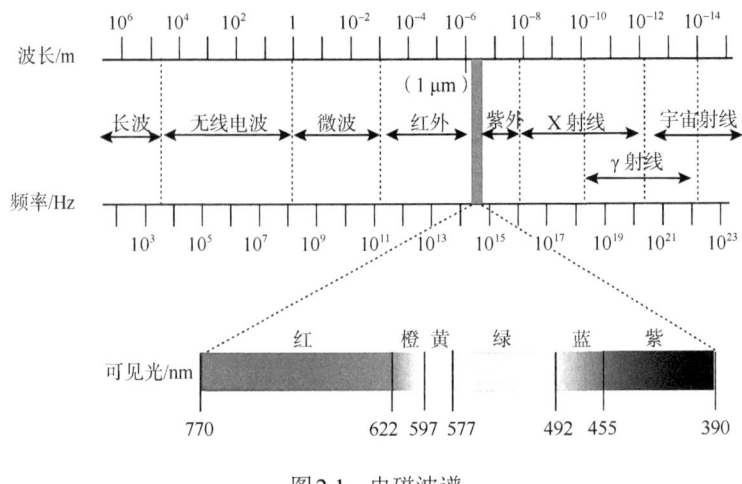

图2.1 电磁波谱

(2) 红外波段(0.76～1 000 μm): 红外波段又可以细分为近红外/短波红外/反射红外波段(0.76～3.0 μm)、中红外波段(3.0～6.0 μm)、远红外波段(6.0～15.0 μm)、超远红外波段(15～1 000μm)。其中近红外波段范围内，来自太阳的反射辐射大于地表的自身辐射；远红外波段（又称热红外波段）范围内，来自地表的发射辐射占有大部分的能量，主要用于地面温度监测。

(3) 微波波段(1 mm～1 m): 可以分为主动微波与被动微波，可以穿透云雾，属于全天候遥感，多用于雷达或微波辐射计。

2.1.2 电磁波辐射源

电磁波辐射源包括太阳辐射源、地球辐射源、人工辐射源三种类型。

1. 太阳辐射源

一般常用5 900 K的黑体辐射模拟太阳辐射。太阳辐射的波长范围极大，辐射能量集中在可见光和近红外波段。大气层对太阳辐射具有吸收、反射和散射的作用。物体反射太阳辐射的电磁波被遥感传感器接收。

2. 地球辐射源

地球辐射接近温度为300 K的黑体辐射，其最大辐射的对应波长为9.66 μm。小于3 μm的短波，主要是地球表面对太阳辐射的反射，自身的短波辐射可以忽略不计。3～6 μm之间为太阳和地球热辐射的综合作用。大于6 μm的长波，太阳辐射的影响微小，主要是地球自身的热辐射，太阳长波辐射能量大部分被大气吸收，部分到达地面的辐射能量主要被地表吸收。

一般物体发射和吸收的辐射量都比相同条件下绝对黑体低，需要使用发射率（又称比辐射率）进行修正，其定义为观测物体的辐射通量密度$M(\lambda, T)$与同一温度下黑体辐

射通量密度 $M_b(\lambda,T)$ 的比值，公式如下：

$$\varepsilon(\lambda,T) = M(\lambda,T)\big/M_b(\lambda,T) \tag{2.1}$$

按照发射率与波长的关系，将地物分为4种类型：
(1) 黑体：$\varepsilon_\lambda=\varepsilon=1$，其中 ε_λ 为各波长处的光谱发射率。
(2) 灰体：$\varepsilon_\lambda=\varepsilon(0<\varepsilon<1)$，且为常数，$\varepsilon_\lambda$ 不随波长变化。
(3) 选择性辐射体：ε_λ，发射率随波长而变化。
(4) 绝对白体：$\varepsilon_\lambda=\varepsilon=0$。

发射率与物质的介电常数、表面粗糙度、温度、波长、观测方向等有关，详见表2.1。

表2.1 几种主要地物的发射率

材料	温度/°C	发射率	材料	温度/°C	发射率
土壤（干）	20	0.92	雪	-10	0.85
水	20	0.96	麦地	常温	0.93
沙	20	0.90	稻田	常温	0.89
岩石（石英岩）	20	0.63	黑土	常温	0.87
铝	100	0.05	草地	常温	0.84
铁	40	0.21	灌木	常温	0.98

3. 人工辐射源

人工辐射源指主动式遥感的辐射源，如雷达探测，又可分为微波雷达和激光雷达。微波辐射源波长为0.8～30 cm。激光雷达主要用于测定目标的位置、高度、速度以及测量地形等。

2.2 可见光-近红外电磁辐射的物理模式

2.2.1 辐射与大气的相互作用

遥感传感器接收到的电磁波，无论是太阳辐射还是地球辐射，都要经过大气层，受到大气的吸收、散射、反射作用，称为大气效应。本章节的内容为遥感数据进行辐射校正、大气校正等预处理提供理论依据。

1. 大气吸收

大气吸收是指入射辐射能量被大气吸收而转化为其他形式能量的过程，主要发生在80 km以下的大气层。图2.2是大气对太阳辐射的吸收谱，主要集中在紫外、红外和微波区。由于大气对紫外线吸收作用很强，遥感中很少用到紫外线波段。而对于可见光，大气基本透明，影响很小。

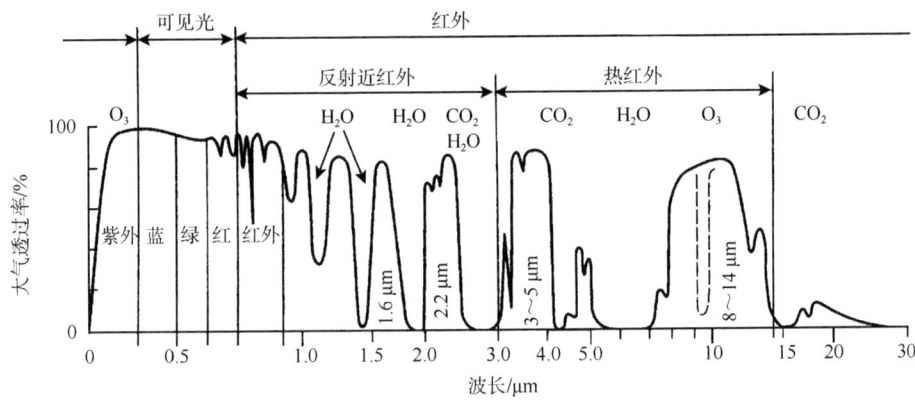

图 2.2　大气对太阳辐射的吸收谱

2. 大气散射

大气散射是指电磁波在传播过程中遇到小微粒而改变传播方向，向各个方向散开的现象。根据散射后电磁辐射传播方向与原入射方向的大小，可以分为前向散射（小于90°）和后向散射（90°～180°分布），其中后向散射是雷达遥感探测地物的原理。

对可见光波段，大气吸收作用影响很小，主要是散射引起辐射衰减。传感器接收到的能量除了地面对太阳辐射的反射光，还包括二次通过大气的散射光，这些信息增加了信号中的噪声部分，从而造成遥感影像质量下降。

大气散射存在三种基本类型：瑞利散射、米氏散射、非选择性散射。三种方式随电磁波波长、大气分子直径、气溶胶微粒大小之间的相对关系而变（严泰来等，2008）。

(1) 瑞利散射（Rayleigh-scattering）：也称分子散射，在气溶胶颗粒直径相比入射电磁辐射波长小许多倍（通常小于0.1）时出现，主要发生在4.5 km以上的大气层。瑞利散射对紫外、紫、蓝光散射量很大，而对红光、红外散射量极小。这就是晴朗无污染天气天空呈蓝色的原因，也是全色波段往往不包括紫到蓝波段的原因。微波波长比粒子的直径大很多，散射最小，透射最大，因此被称为具有穿云透雾的能力。

(2) 米氏散射（Miler-scattering）：也称非分子散射，在颗粒直径与入射电磁辐射波长相近（颗粒尺寸在入射波长的0.1～10倍）时出现，主要发生在4.5 km以下的大气层里。一般灰尘、水蒸气可满足此条件，因为这种物质在化学上有胶体的性质，称为气溶胶，会致使天空呈灰白色。米氏散射的强度受气候影响较大，散射强度较难估算。

(3) 非选择性散射：在颗粒直径大于入射电磁辐射波长的10倍时出现，主要发生在大气层最底下的部分。这类散射是没有选择性的，散射强度与波长无关。非选择性散射对蓝、绿、红光的散射比例大致相等，总是以白色呈现在观察者面前。遥感利用这种散射效应可以测试大气的污染程度。

3. 大气反射

大气云层对太阳电磁辐射产生反射的现象。由于入射的电磁辐射各个波段受到不同程度的大气反射影响，削弱了电磁波到达地面的程度。因此应尽量选择无云的天气接收遥感信号。

4. 大气窗口

太阳辐射通过大气层时，受到大气的吸收、散射和反射作用，使部分波段的能量到达地面时变得非常微弱，只有某些波段的透过率较高，这些波段被称为大气窗口。遥感技术研究地球表面的状况时，电磁辐射的工作波段必须选择在大气窗口之内，否则无法捕捉足够的辐射能量；同时，大气窗口也是传感器波段设置的参考依据（表2.2）。

表2.2 常用大气窗口的波谱范围、对应传感器和应用示例

大气窗口	波段	透射率/%	光谱类型	传感器主要波段	应用示例
紫外-可见光-近红外	0.3～1.3 μm	>90	地物反射光谱	TM 1～4波段	地块识别，作物分类
近红外	1.5～1.8 μm	80	地物反射光谱	TM 5	植物含水量反演，雪监测
近-中红外	2.0～3.5 μm	80	地物反射光谱	TM 7	植物含水量反演，雪监测
中红外	3.5～5.5 μm	60～70	地物反射、辐射光谱	NOAA AVHRR	气象云图、海面温度
热红外	8～14 μm	80	热辐射	TM 6	探测目标的地物温度
微波	0.8～2.5 cm	100		RadarSat	土壤含水量反演

2.2.2 辐射与地表的相互作用

电磁波与地表相互作用过程中会出现反射、吸收、透射三种情况。根据能量守恒方程，有

$$E(\lambda) = E_p(\lambda) + E_a(\lambda) + E_t(\lambda) \tag{2.2}$$

式中，$E(\lambda)$为入射能量；$E_p(\lambda)$为地表反射能量；$E_a(\lambda)$为地表吸收能量；$E_t(\lambda)$为地表透射能量。

辐射能量被反射、吸收和透射的比例会随地物类型和条件的不同而变化。即便是同一地物类型，反射、吸收和透射能量的比例也会随波长的变化而变化。可见光-近红外遥感技术应用中所利用的地物波谱特性，主要是地物对可见光和近红外波段（0.3～2.5 μm）的反射光谱特性。

1. 地表反射

反射是指入射角等于反射角的地物对入射电磁波的作用。一般用反射率表示地物的反射程度。反射率是指物体反射的辐射能量占总入射能量的百分比。影响反射率大小的因素包括入射波波长、入射角、观测角、地物物质组成、表面性状、粗糙度。

地物反射可以分为镜面反射、漫反射(又称朗伯体)、有向反射(又称非朗伯体)(图2.3),可以通过公式判断地物的反射类型,式中λ为入射波长,h为地表粗糙度,θ为入射角。当$h<\lambda/25\cos\theta$时,为光滑表面;当$\lambda/25\cos\theta<h<\lambda/4.4\cos\theta$时,为微粗糙表面;当$h>\lambda/4.4\cos\theta$时,为粗糙表面。理想光滑表面的反射是镜面反射,理想粗糙表面的反射是漫反射(朗伯反射)。传统的遥感技术主要采取垂直观测方式,获得地表二维信息,对获取的数据则基于地面目标漫反射的假定,作一些简单校正后,利用地面目标的光谱特性作分类或判读,或反演地表反照率。

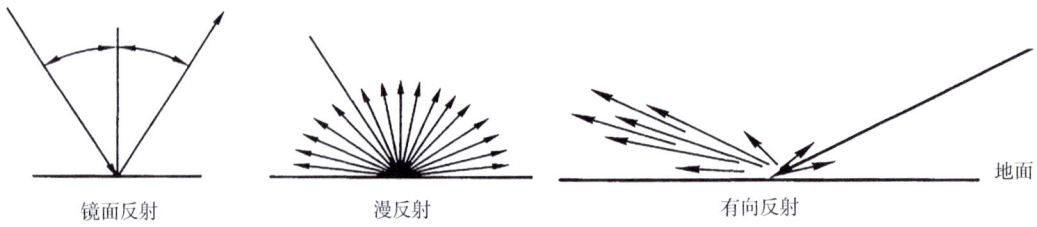

图2.3 地物的反射类型

如果假设地表呈现朗伯体,则可以通过朗伯定律(Lambert)计算漫反射的辐射亮度,漫反射的辐射亮度仅与入射光的方向和反射点处表面法向夹角的余弦成正比,公式如下:

$$I_{\text{diffuse}} = I_d \times M_d \times \cos\theta \tag{2.3}$$

式中,I_{diffuse}为漫反射辐射亮度;I_d为光源强度;M_d为材质反射系数;$\cos\theta$为物体表面法线与光方向的夹角的余弦。

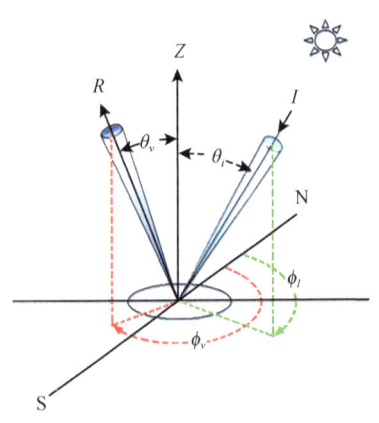

图2.4 地物的双向反射

由于实际地物表面多呈非朗伯体特性,一般用双向反射率(二向反射率,BRF)表示地表反射程度。双向反射率是指地物的反射率随入射方向和反射方向而变化的特性。实际地物目标的反射率都是具有方向性的,是入射方向和观测方向的函数(图2.4)。

设波长为λ,空间具有δ分布函数的入射辐射,从(θ_i,ϕ_i)方向,以辐射亮度$L_i(\theta_i,\phi_i,\lambda)$投射到点目标T,造成该点目标的辐照度增量为$dE(\theta_i,\phi_i,\lambda)=L_i(\theta_i,\phi_i,\lambda)\cos\theta_i d\Omega$,传感器从方向$(\theta_v,\phi_v)$观察目标物T,接收来自于目标物T对外来辐射dE的反射辐射,其亮度值为$dL(\theta_v,\phi_v,\lambda)$,则定义双向反射率分布函数为

$$R = dL(\theta_v,\phi_v,\lambda)/dE(\theta_i,\phi_i,\lambda) \tag{2.4}$$

2. 地物吸收

地物不但能够反射电磁波，而且对电磁波还具有吸收的能力。这些地物吸收照射到它们表面的电磁波，转化为自身的热量，然后再以电磁波的形式辐射出去。

3. 地物透射

一般用透射率表示地物的透射程度。透射率是指入射光透射过地物的能量与入射总能量的百分比。透射率随着电磁波的波长和地物的性质而不同。可见光、红外、微波的透射能力不同。例如，水体对 0.45~0.56 μm 的蓝绿光波段具有一定的透射能力，较浑浊水体的透射深度为 1~2 m，一般水体的透射深度可达 10~20 m。

2.2.3 辐射与传感器的交互作用

对于给定的某个光谱间隔（λ_1 到 λ_2），到达地面的总太阳辐照度 E_g 等于大气顶部光谱太阳辐照度（$E_{o\lambda}$）与在太阳天顶角为 θ_o 时大气透明度（$T_{\theta o}$）之积，再加上光谱漫射天空辐照度（$E_{d\lambda}$）的贡献，公式如下：

$$E_{g\lambda} = \int_{\lambda_1}^{\lambda_2} (E_{o\lambda} T_{\theta o} \cos\theta_o + E_{d\lambda}) d\lambda \tag{2.5}$$

这种辐照度只有很少量被地面反射进入卫星传感器。如果假定地球表面为漫反射体（朗伯体表面），那么离开研究区指向传感器的总辐射亮度（L_t）为

$$L_t = \frac{1}{\pi} \int_{\lambda_1}^{\lambda_2} \gamma_\lambda T_{\theta v} (E_{o\lambda} T_{\theta o} \cos\theta_o + E_{d\lambda}) d\lambda \tag{2.6}$$

因为传感器视场里的植被、土壤和水体会有选择性地吸收某些波长的能量，而反射其他波长，因此引入平均目标反射率（γ_λ）。若辐射能量以某个角度（θ_v）离开地面，则在式（2.6）中需引入物理量（$T_{\theta v}$）。

通常传感器记录的总辐射亮度 L_s 并不等于从感兴趣的研究区域返回的辐射亮度 L_t。因为来自不同路径的其他辐射亮度 L_p（如大气反射的辐射亮度），会进入传感器的瞬时视场。因此，传感器记录下来的总辐射亮度为

$$L_s = L_t + L_p \tag{2.7}$$

从式（2.7）可以看出，L_p 是传感器记录的总辐射亮度 L_s 中的无效信息，它主要来自漫反射天空辐照度（E_d）和研究邻近区的反射能量（$\gamma_{\lambda n}$），使遥感数据采集过程引进了误差，有损于获取精确光谱测量数据的能力。

2.3 热红外电磁辐射的物理模式

2.3.1 热红外辐射定律

物体的温度高于绝对零度时，就会不断向外发射具有一定能量和波谱分布的电磁

波，称为热辐射。辐射能量的强度和波谱分布是由物质类型和温度决定的。通过测量物体的辐射能量可以探测物体的表面温度。研究物体的辐射能量一般先将黑体作为标准辐射源，研究其辐射规律，再根据物体的发射率对黑体辐射规律进行修正，获得物体的辐射规律。如果将传感器对准一个黑体，可以记录下在给定温度下物体的总辐射能量与波长的定量信息。为此，需要使用4个重要的物理定律（Tang and Li，2014）。

1. 基尔霍夫定律

基尔霍夫1860年提出，热平衡状态下，在一定温度下，任何物体的辐射出射度$M(\lambda,T)$与其吸收率$\alpha(\lambda,T)$的比值都等于同一温度下黑体的辐射出射度$E(\lambda,T)$：

$$\frac{M(\lambda,T)}{\alpha(\lambda,T)} = E(\lambda,T) \tag{2.8}$$

物体的比辐射率等于物体的吸收率。物体的吸收率越大，其发射能力就越强。虽然绝对的热平衡状态并不存在，但局地热平衡状态却是普遍存在的。经验证明，基尔霍夫定律对大多数地表条件都能适用。使用物体的发射率来代替吸收率，能量守恒方程变为

$$\rho(\lambda) + \tau(\lambda) + \varepsilon(\lambda) = 1 \tag{2.9}$$

式中，$\rho(\lambda)$为反射率；$\tau(\lambda)$为透过率；$\varepsilon(\lambda)$为吸收率。

2. 普朗克定律

也称为普朗克函数。对于黑体辐射源，普朗克引入量子理论，将辐射当作不连续的量子发射，从理论上成功地给出了与试验符合的黑体辐射出射度随波长的分布函数：

$$E(\lambda,T) = \frac{2\pi hc^2}{\lambda^5 [\exp(hc/\lambda kT)-1]} = \frac{C_1}{\lambda^5 [\exp(C_2/\lambda T)-1]} \tag{2.10}$$

式中，$E(\lambda,T)$的单位是$W \cdot m^{-2} \cdot \mu m^{-1}$；$c$是光速，$c=2.998\times10^8$ m·s^{-1}；h是普朗克常数，$h=6.6262\times10^{-34}$ J·s；k是玻尔兹曼常数，$k=1.3806\times10^{-23}$ J·K^{-1}；波长λ的单位是μm；温度T的单位是K；$C_1=2\pi hc^2=3.7418\times10^{-16}$ W·m^{-2}；$C_2=hc/k=14\,388$ μm·K。

绝对黑体都服从朗伯定律，因此其分光辐射亮度为

$$B(\lambda,T) = \frac{E(\lambda,T)}{\pi} \tag{2.11}$$

在热红外遥感的计算中，常采用波数来表达物体的辐射出射度，那么普朗克辐射定律也可以表示为以下形式（段四波等，2020）：

$$E(\nu,T) = \frac{2\pi hc^2\nu^3}{\exp(hc\nu/kT)-1} = \frac{C_1\nu^3}{\exp(C_2\nu/T)-1} \tag{2.12}$$

$$B(\nu,T) = \frac{E(\nu,T)}{\pi} \tag{2.13}$$

式中，频率ν的单位是赫兹（Hz）。

3. 斯特藩-波尔兹曼定律

通过对普朗克方程在全波段内积分，可以得到黑体的总辐射强度，即

$$B(T) = \int_0^\infty B(\lambda, T)\mathrm{d}\lambda = \int_0^\infty \frac{2\pi hc^2}{\lambda^5[\exp(hc/\lambda kT) - 1]}\mathrm{d}\lambda = \frac{2\pi^5 k^4}{15h^3 c^2} \tag{2.14}$$

由于黑体辐射各向同性，因此黑体发射的通量密度为

$$M(T) = \pi B(T) = \sigma T^4 \tag{2.15}$$

式中，σ 为斯特藩-玻耳兹曼常数，取值 5.6697×10^{-8} W·m^{-2}·K^{-4}。

斯特藩-玻耳兹曼定律表明，黑体发射的总能量与黑体绝对温度的四次方成正比，随着黑体辐射温度的增加，发射的总辐射能量将迅速增大。

4. 维恩位移定律

1893 年维恩从热力学理论导出黑体辐射光谱的极大值对应的波长 $\lambda_{\max}$，具有如下关系：

$$\lambda_{\max} = \frac{b}{T} \tag{2.16}$$

式中，$\lambda_{\max}$ 为光谱辐射亮度最大的波长位置，单位：μm；$b = 2\,897.8$ μm·K。

维恩位移定律表明随着黑体温度的升高，黑体辐射的能量峰值将向短波方向移动。黑体最大辐射强度所对应的波长与黑体的绝对温度成反比，温度越高，$\lambda_{\max}$ 越小。300 K（地球表面温度在该值附近）黑体的辐射峰值波长约为 9.7 μm，6 000 K（太阳表面温度在该值附近）黑体的辐射峰值波长约为 0.48 μm。

2.3.2 地面物体热特性

水、岩石、土壤、植被、大气和人体都有能力将热量直接传导到其他物体表面（导热率），并存储起来（热容量），某些物体对温度变化的响应比其他物体更快或更慢（热惯量），这些热特性是遥感中识别不同物体的基础（田国良，2006）。

(1) 比热容 c：在一定条件下单位质量的物体温度升高 1 ℃所需要的热量，单位为：J/(kg·℃)。

(2) 导热率 K：又称热传导率，是热量通过物体的速率的量度，等于单位时间内（dt）通过单位面积（dS）的热量（dQ）与垂直于表面方向上的温度梯度（dT/dz）的负值之比，负值表明热量沿温度减小的方向传递，单位为：J/(m·s·K)。

金属具有较高的导热率，而绝缘材料具有较低的导热率。岩石通常是热的不良导体。热通过金属比通过岩石快得多。对于任何岩石类型而言，其导热率可在所给数值的±20%之间变动。对于土壤或多孔岩石，其导热率还与充填物有关，孔隙中的水分和空气会大大改变其导热率。

(3) 热扩散率 k：是物体内部温度变化速率的量度，其值取决于单位时间内沿法线方向通过单位面积的热量与物质的比热、密度、法线方向上温度梯度三者的乘积之比，

单位为：$m^2 \cdot s^{-1}$。在 0 ℃时，水的热扩散率为 $1.34 \times 10^{-7}\ m^2 \cdot s^{-1}$，而空气的热扩散率为 $1.826 \times 10^{-5}\ m^2 \cdot s^{-1}$。

(4) 热容量 C：在一定条件（如定压或定容条件）下，物体温度升高 1 K 所需要吸收的热量，单位为：J/K。均匀物质的热容量等于其比热容与质量的乘积。

(5) 热惯量 P：物质对温度变化的热反应的一种量度，即度量物质热惰性（阻止物质温度变化）大小的物理量。物质热惯量的大小，决定于其热传导系数 (K)、热容 (C) 和密度 (ρ)，定量关系为：$P = (K\rho C)^{1/2}$，单位为：$J/(m^2 \cdot s^{1/2})$。高热量物质对温度的变化阻力较大。

(6) 热力学温度 (kinetic temperature)：又称分子运动温度，或真实温度，表征物质内部分子的平均热能，可以通过把测温仪器（主要指温度计）直接放置在被测物体上或埋于被测物体中来获取。

(7) 辐射温度 (radiant temperature)：若实际物体的辐射亮度（包括全部波长）与绝对黑体的总辐射亮度相等，则该黑体的温度即为实际物体的辐射温度，表示为

$$\frac{1}{\pi}\varepsilon(T_s)\sigma T_s^4 = \frac{1}{\pi}\sigma T_p^4 \tag{2.17}$$

式中，$\varepsilon(T_s)$ 为实际物体的发射率（包括全部波长）；σ 为斯蒂芬-玻尔兹曼常数；T_p 为等价于绝对黑体的温度或实际物体的辐射温度 (K)；T_s 为实际物体的真实温度。由于 $\varepsilon(T_s)$ 是小于 1 的正数，因此实际物体的辐射温度总小于它的真实温度，即 $T_p < T_s$。物体的发射率越小，其辐射温度偏离真实温度越大。

(8) 亮度温度 (brightness temperature)：简称亮温，指辐射出与观测物体相等的辐射能量的黑体温度，即等效黑体温度，公式表示为

$$T_b(\lambda, \theta) = B_\lambda^{-1}\left[\varepsilon_\lambda(\theta) \cdot B_\lambda(T_s)\right] \tag{2.18}$$

式中，$T_b(\lambda, \theta)$ 为某一观测方向上物体的亮度温度；$B_\lambda^{-1}(x)$ 为普朗克函数的反函数；$\varepsilon_\lambda(\theta)$ 为该观测方向上物体的发射率；$B_\lambda(T_s)$ 为普朗克函数；T_s 为物体的真实温度。由于 $\varepsilon_\lambda(\theta)$ 总是小于 1 的正数，因此实际物体的亮度温度总小于该物体的真实温度。物体的波谱发射率偏离 1 越远，则其亮度温度偏离真实温度就越大；反之，发射率越接近 1，那么亮度温度就越接近真实温度。

在实际测量中，被测物体的真实温度通常是一个确定的值。这样，在某一观测方向上，物体的亮度温度是一个与波长相关的量。因此在用具有不同波长的辐射温度计对同一物体进行测温时，所测的亮度温度是不一样的。如果物体为选择性辐射体，那么在不同波长处观测到的亮度温度将会是不一样的；如果物体为灰体则 $T_b = \varepsilon^{1/4} \cdot T_s$，即灰体的亮温与发射率的 1/4 次方成正比。实际工作中，可以把基于各类表观辐射推导的等效黑体温度都称为亮温（如地面亮温、星上亮温等）。也就是说，各种具体用途中"亮温"的物理含义会有一些差别，需要注意甄别。

2.4　微波电磁辐射的物理模式

1. 极化

极化是指雷达天线发射或接收的电磁波电场方向。水平极化（H极化）是天线只沿天线长度方向，即平行于地表方向发射或接收电磁波；垂直极化（V极化）是天线发射或接受电磁波的方向与其高度方向一致。如果发射和接收的电磁波都是水平极化（或垂直极化）的电磁波，则得到同极化HH（VV）图像，否则得到的就是交叉极化（HV或VH）图像。

极化雷达能够测量VV、HH、HV、VH四种不同极化电磁波地表后向散射能量。由于雷达波散射的互易性，HV与VH是等价的。

2. 后向散射系数

极化雷达的测量值被称为散射矩阵，从中可以得到雷达后向散射系数σ^0，类似于可见光图像中代表散射强度的反照率，代表图像上对应于地表每单位面积的一个像素（量纲为m^2）的散射截面（量纲为m^2）。通常以σ_{ij}^0代表雷达接收的不同极化的后向散射系数，其中i代表接收极化方向，j代表发射极化方向，i、j＝H或V。不同极化的不同回波是相应的电场方向与地物目标相互作用的结果。显然，目标的性质影响着极化。电磁波经过传播、反射、散射和绕射（衍射）后会发生电场矢量的改变，即发生去极化现象。

2.5　典型地物波谱特性分析

自然界中的任何地物都有它们本身的特有规律，如具有反射和吸收可见光、红外线和微波的某些波段的特性。此外，其自身又时刻在按照本身的波谱发射电磁波，少数地物还具有透射电磁波的特性，这种特性叫做地物的光谱特性。使用特征曲线来表示地物的光谱特性，即地物光谱随波长变化而变化的曲线图。通常用平面坐标曲线表示，横坐标表示波长λ，纵坐标表示光谱特征值。地物电磁波光谱特征的差异是遥感识别地物性质的基本原理。

对于可见光-近红外波段而言，地物波谱特性主要表现为反射率随波长的变化；对于热红外波段而言，是发射率的变化；对于侧视雷达而言，表现为地物对某一波长（包括不同极化方式）或某几个波长的雷达波束的不同散射特性。

1. 可见光-近红外地物波谱特征

物体的反射波谱限于紫外、可见光和近红外波段。反射波谱特征取决于物体对入射辐射的反射、吸收和透射的选择性。物体对入射辐射的选择性受物体的组成成分、结构、表面状态以及物体所处环境的控制和影响。物体结构和组成成分不同，反射光谱特性也不同。图2.5是不同典型地物的反射光谱曲线示意图。例如，雪在0.49 μm有个波峰，呈现蓝白色；沙漠在橙色0.6 μm有峰值；湿地反射率较低，影像上色调发暗灰。

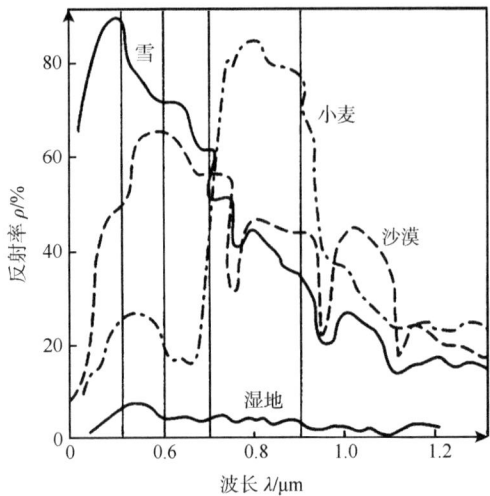

图 2.5 不同地物的反射光谱曲线示意图
（雪、小麦、沙漠、湿地）

农作物是重要的绿色植物，图 2.6 展示了健康绿色植物的反射光谱特征。0.55 μm 为绿光波峰，0.45 μm（蓝）、0.67 μm（红）出现两个吸收谷，是由于叶绿素对蓝光和红光吸收作用强，对绿色反射作用强，这也是绿色植物呈现绿色的原因。0.8～1.3 μm，受植被叶的细胞结构影响，除了吸收和透射的部分，形成高反射率；这一长波峰段还处在太阳光能波谱中主要能量分布区（0.2～1.4 μm），占有全部太阳光能量 90.8%，这是遥感识别植被并判断植被状态的主要依据。1.3～2.5 μm 红外波段受到绿色植物含水量影响，吸收率增加，光谱反射率下降。

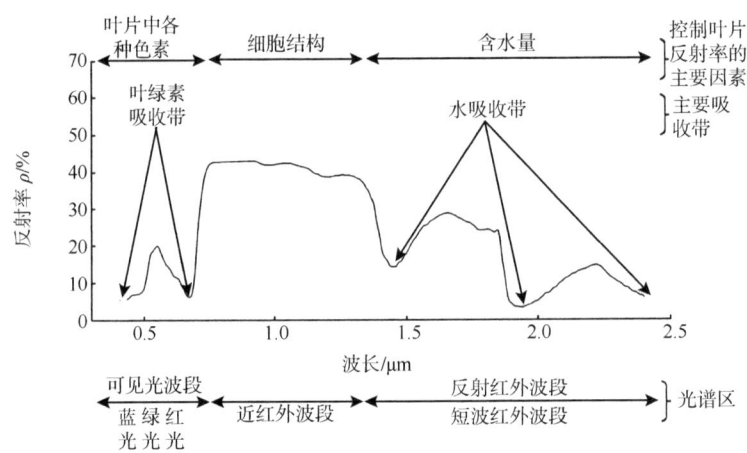

图 2.6 健康绿色植物反射光谱特征示意图

影响植物波谱特性曲线因素主要包括植物种类、季节、病虫害、含水量等。如图 2.7 所示，同一地物的反射波谱特性具有时间效应，即地物的光谱特性随时间季节而变化。植物与其他地物的反射光谱曲线显著不同，为遥感识别农作物提供了基础。

2. 热红外地物波谱特征

图 2.8 是一些典型地物发射率随波长的变化曲线。绝大多数地物在热红外

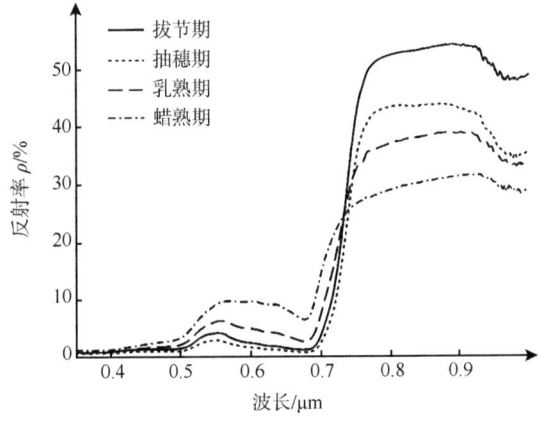

图 2.7 水稻在不同生长期的反射光谱曲线

的大气窗口内的发射率都在95%以上,但不同类型地物的发射率曲线又呈现出不同的分布模式。即使对于同一种地物,不同的生长状态下发射率曲线也相差很大。例如,干草的发射率随波长增加呈现出一个凹形变化,而绿草的发射率基本稳定,同时绿草的发射率远大于干草。水体的发射率在10.5 μm之后保持在一个较高的值(99%),而土壤的发射率相对较低(≤98.5%),因此不同含水量下土壤的发射率也会有所不同。这些发射特性都会为遥感技术在农业领域的应用提供理论依据。

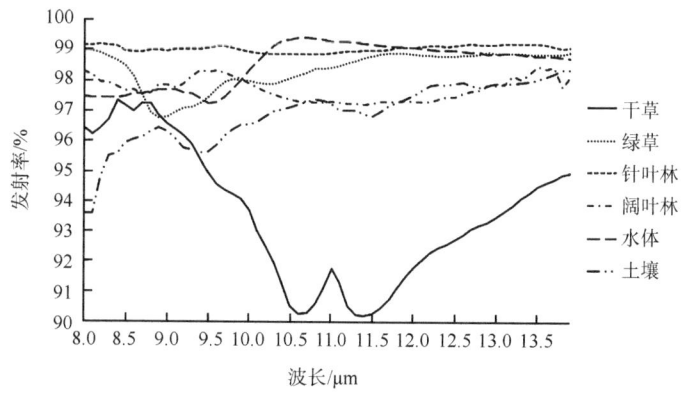

图2.8 不同地物的发射光谱曲线示意图

3. 微波地物波谱特征

图2.9是不同农作物和草地的散射特性。可以看出,HH和VV、HV和VH极化方式之间,后向散射系数差别很小,只是在同向与交叉极化方式之间存在5~15 dB的差异,曲线之间呈平行趋势,对入射角不很敏感,甚至几乎没有什么变化(如小麦),仅水稻散射曲线在接近垂直入射角时散射系数增大,这主要是由于水稻田中水的反射所致。一般而言,农作物的散射回波是植物与土壤回波的叠加,土壤的影响主要表现在接近垂直入射角时的回波信号之中,而随着农作物叶穗形状、密度、方向及含水量等不同,散射信号呈现不同数值,与土壤回波的叠加也呈现不同的状况(舒宁等,2003)。

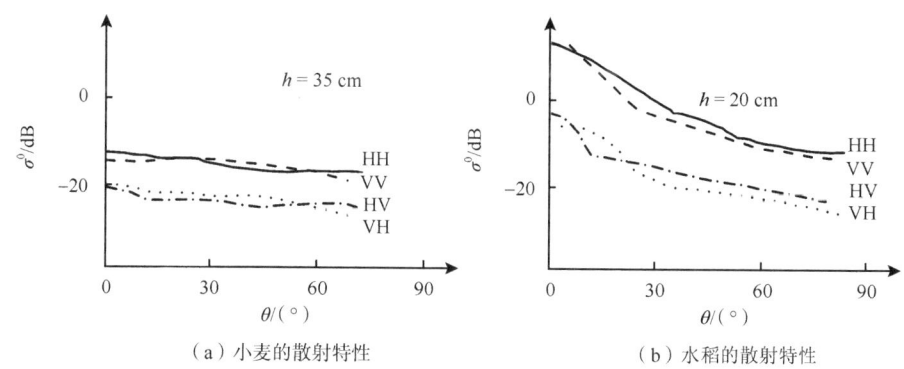

(a) 小麦的散射特性　　　　　(b) 水稻的散射特性

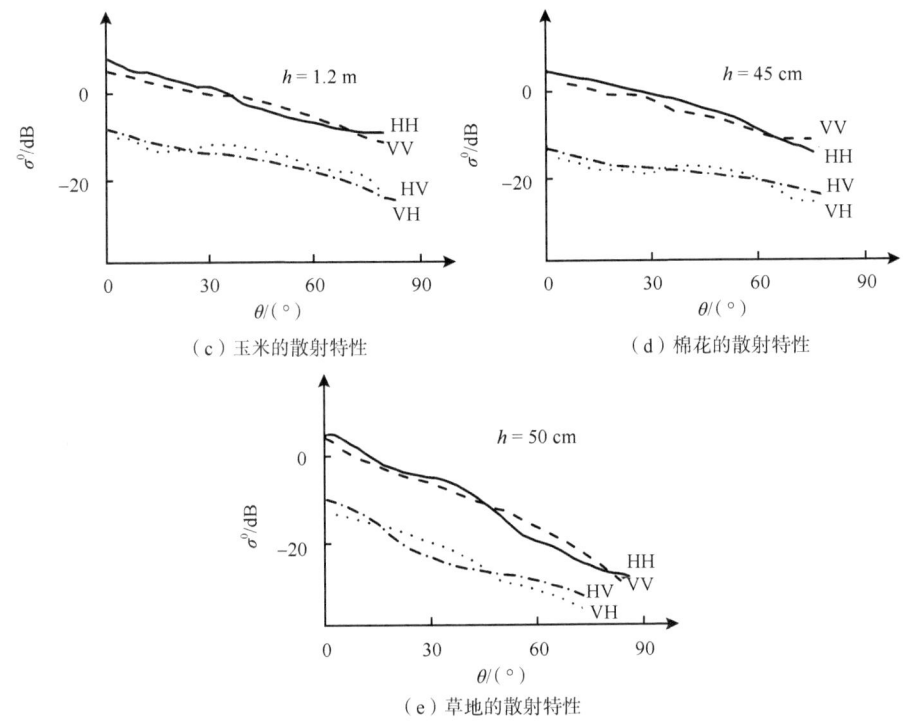

图2.9 几种农作物的散射特性（舒宁等，2003）

不同生长期对农作物的散射特性也有轻微的影响。图2.10表现了小麦在不同高度（不同生长期）时的散射特性。一般情况下，小麦散射特性基本稳定，即曲线的形状大体一致。散射随入射角的变化幅度基本不变，只是曲线的位置，或者说散射数值有微小改变。但是当病虫害肆虐时，由于叶片密度、形状等都会出现变化，农作物的散射特性就会呈现不同趋势。

土壤的散射特性主要与入射角、地表粗糙度、含水量等有关。图2.11说明了裸露土

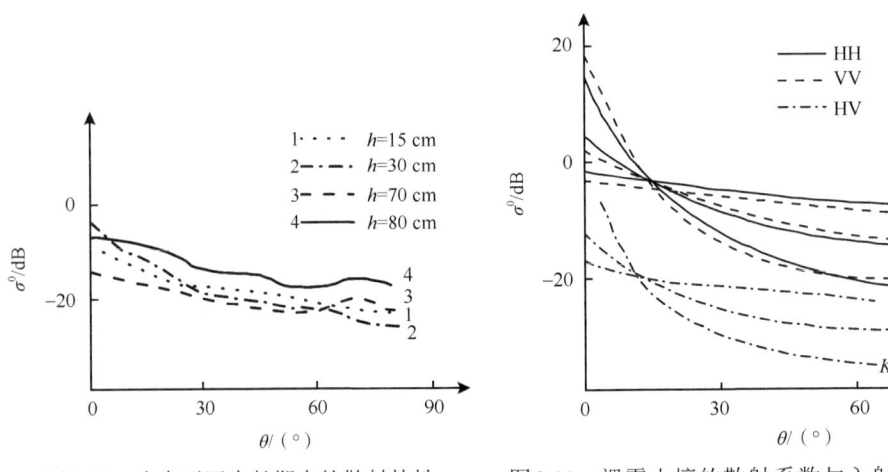

图2.10 小麦不同生长期内的散射特性　　图2.11 裸露土壤的散射系数与入射角的关系曲线
（舒宁等，2003）　　　　　　　　　　　（舒宁等，2003）

壤的散射系数随入射角增大而减小，曲线随地表粗糙度增加（从K_3到K_1）而变得平缓，并且不管在哪一种极化组合情况下，不同粗糙度的土壤散射特性曲线都交于同一入射角。

参 考 文 献

段四波，高彩霞，李召良，等.2020.静止卫星数据地表温度遥感反演研究.北京：科学出版社.

舒宁，等.2003.微波遥感原理.武汉：武汉大学出版社.

田国良.2006.热红外遥感.北京：电子工业出版社.

严泰来，王鹏新.2008.遥感技术与农业应用.北京：中国农业大学出版社.

赵英时.2003.遥感应用分析原理与方法.北京：科学出版社.

Tang H，Li Z L. 2014. Quantitative Remote Sensing in Thermal Infrared. Germany：Springer Berlin，Heidelberg.

第3章 农业定量遥感

3.1 农业定量遥感研究内容
3.1.1 概　　述

定量遥感是利用遥感传感器获取地表地物的电磁波信息，在先验知识和计算机系统的支持下，定量获取观测目标参量或特性的方法与技术。遥感信息具有空间和波谱双重特性，这些特性在物体的相互作用、传输、记录、再现的过程中经受着各种方面的影响，产生着各种畸变。遥感信息的定量化就是在遥感信息流的每一个环节中探求其变化原因，纠正各种畸变，恢复地表信息的真实特征。遥感信息的定量化有两重含义：其一是遥感信息在电磁波的不同波段内给出的地表物质定量的物理量和准确的空间位置，例如在可见光-近红外波段内地表的反射率，热红外波段内地表的辐射温度和真实温度，在微波波段内地表物体的后向散射系数等的定量数值；其二是从这些定量的遥感信息中，在计算机系统支持下，通过数学的、实验的或物理的模型将遥感信息与观测地表目标参量联系起来，定量地反演或推算某些地学、生物学及大气学等的目标参量，例如植被生物量、叶面积指数、农田蒸散量等。

根据遥感定量化流程，定量遥感内容主要包括传感器定标、大气校正、几何校正、地表要素反演等四部分（图3.1）。

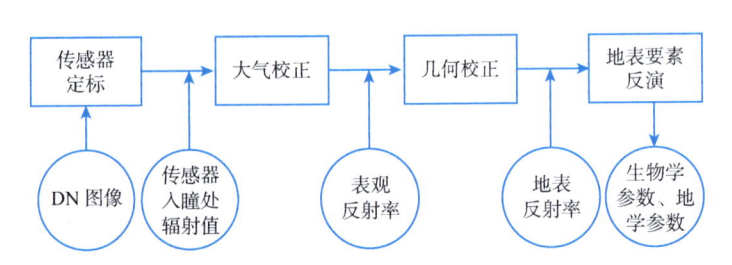

图3.1　遥感定量化处理过程

由于传感器运行时所获取的遥感信息受到如传感器系统的畸变、大气传播的干扰、地形要素等诸多因素影响，导致传感器采集到的辐射能量与目标地物实际的辐射能量之间存在较大偏差。因此，需要对传感器进行定标。传感器定标是建立传感器每个探测元件所输出信号的数值与该探测器对应像元内的实际地物辐射亮度值之间的定量关系，将传感器记录的灰度值（DN值）转换为传感器入瞳处/大气顶层（top of atmosphere，TOA）的辐射值。传感器定标是遥感数据定量化处理中的最基本环节，其定标精度直接影响到遥感数据的可靠性和精度，也直接关系到遥感应用产品的通用性。传感器常用的定标技术包括实验室定标、星上内定标、场地外定标等，具体算法参见文献（高海亮等，2010）。

传感器在获取地表信息时受到大气分子、气溶胶、云粒子、水汽等大气成分的吸收和散射的影响，导致目标反射和辐射的能量被衰减，同时部分与目标物无关的大气散射辐射进入传感器视场。因此，传感器收到的目标辐射信息是失真的，不能准确地反映地表物理特征。大气校正是消除光谱信息在大气辐射传输过程中引起的失真的一种图像和光谱处理方法。对于已经经过绝对辐射标定的遥感影像，还必须经过大气校正才可以得到地表目标的真实信息。关于大气校正方法的详细介绍参见文献（赵英时，2013）。

卫星成像时因倾斜扫描、地形起伏及传感器姿态角等因素，会使遥感影像产生像点位移，造成影像变形。同时，传感器本身结构性能和扫描镜的不规则运动，也会造成遥感图像的几何变形。原始遥感图像通常都包含严重的几何变形。几何校正就是利用一系列控制点，根据计算模型对遥感影像数据与标准图像或地图进行几何整合的过程。其基本过程包括地面控制点的选取、像元坐标变换、重采样模型的确定等。关于几何校正方法的详细介绍参见文献（赵英时，2013）。

地表要素反演是指从遥感的图像数据中定量提取地表、大气和植被的生物物理参数。对于农业定量遥感，遥感反演的目的是对遥感直接获取的信息进行处理和计算，通过建立的模型反演出与农业相关的地表物理参数（如地表温度、土壤湿度等）、作物理化参量（植被指数、叶面积指数、植被覆盖度、叶绿素含量等）。

定量遥感可以根据探测能量的波长和探测方式、应用目的不同分为可见光-近红外定量遥感、热红外定量遥感、微波定量遥感三种基本类型。可见光-近红外定量遥感主要是提供可见光-近红外波段范围的实际地表反射率，并定量地反演或推算某些地学、生物学等的目标参量。热红外定量遥感主要是通过探测地表地物发射的热辐射来定量测定地表温度和发射率（比辐射率）等参数，并进行高精度的地表温度和土壤湿度估算（李召良等，2016）。微波定量遥感包括主动微波定量遥感和被动微波定量遥感，主动微波定量遥感的基础是通过合成孔径雷达（SAR）不断地发射脉冲信号并接收地面的回波信号，经信号的成像处理形成二维SAR影像，影像中每一像素的值与目标的后向散射系数有关；被动微波定量遥感通过微波传感器被动接收地表地物发出的微波辐射，经过大气校正和发射率校正，从而获取地表信息（施建成等，2012）。

3.1.2 农业定量遥感研究内容

如图3.2所示，农业定量遥感是一个双向模型，既可进行前向模拟，也可以进行后向模型反演。农业定量遥感研究内容较多的是地表参数后向模型反演，是利用遥感数据及其各种分析应用模型，根据应用需要，分别导出作物、土壤、农田环境等遥感对象的物理、生物、几何等方面特征参数的信息提取过程。

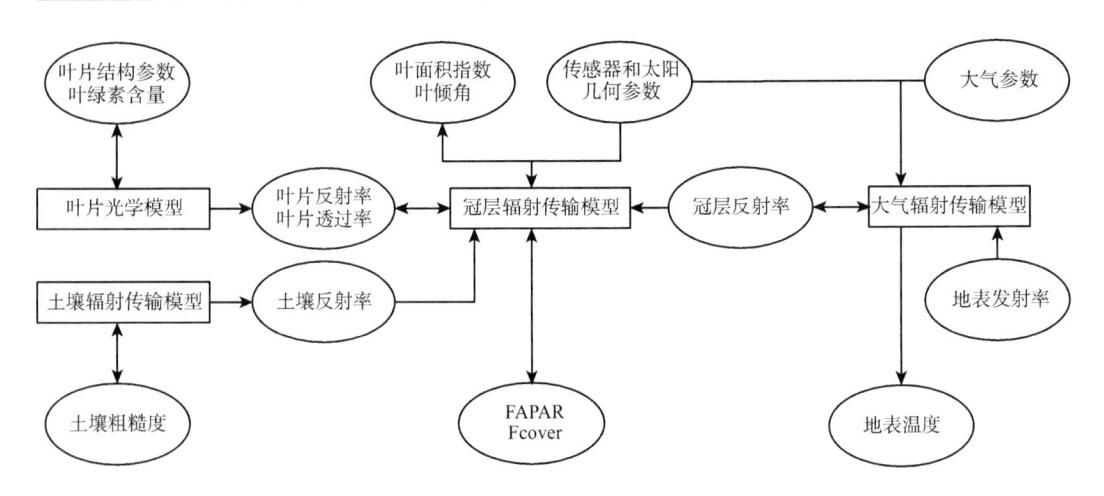

图 3.2　农业定量遥感双向模型（王纪华等，2008）

农业定量遥感研究内容主要包括作物生理生化组分参数、农田环境要素、土壤参数等反演和估算。

1. 作物生理生化组分参数反演

作物生物物理参数包括叶面积指数（LAI）、植被覆盖度、叶倾角分布等冠层结构参数，作物生化组分参数包括叶绿素含量、作物水分含量等。

叶面积指数物理模型遥感反演是基于冠层辐射传输模型，通过冠层反射率、叶片反射率、叶片透过率、土壤反射率、太阳光源几何参数、观测几何参数等输入参数反演得到，是作物长势、产量遥感监测的重要输入参数。叶绿素含量物理模型遥感反演是基于叶片光学模型（如 PROSPECT 模型），通过叶片反射率、叶片结构参数、等效水厚度、干物质含量等输入参数反演得到。

2. 农田环境要素

农田环境要素是指与作物相关的光、温、土壤含水量等参数的定量反演。这些参数包括地表温度、农田蒸散发相关参数、光合有效辐射吸收系数（FAPAR）等。

地表温度的遥感反演是基于大气辐射传输模型，通过星上影像辐亮度、地表发射率等输入参数反演得到，是农田蒸散发、土壤含水量、作物低温冷害、农业干旱等遥感监测的重要输入参数。

FAPAR 是基于冠层辐射传输模型（如 SAIL 模型），通过冠层反射率、几何参数（太阳天顶角和方位角、传感器天顶角和方位角）、大气参数、LAI、叶倾角等输入参数反演得到，是植被的光学特性参数，是作物产量等遥感监测的重要输入参数。

3. 土壤参数

土壤参数包括土壤有机质、土壤质地、土壤粗糙度、土壤湿度等。土壤参数的物理模型遥感反演是基于土壤辐射传输模型，通过土壤反射率等输入参数反演得到，是土壤肥力、农作物产量、农作物长势遥感监测的重要输入参数。

根据遥感反演参数的类型与要求,选择适当或有效波段的遥感数据作为其进行参数反演的对象,是在遥感反演过程中影响全局的重要问题。

3.2 农业定量遥感研究方法

农业定量遥感研究方法主要包括物理模型反演方法、经验和半经验方法、机器学习方法、数据同化方法四种。以下详细介绍这四种研究方法。

3.2.1 物理模型反演方法

物理模型反演方法包括基于物理模型和优化算法的方法。物理模型一般基于辐射传输方程,模型参数具有明确的物理意义,反演机制清晰,理论上具有较好的普适性。但在实际研究工作中,由于物理模型反演方法所要求的数据源难以满足,反演结果与反演策略、反演算法、初始场设置等有关,数值解存在非唯一性和病态性。此外,数值计算过程十分复杂、耗时费力。因此,遥感物理模型反演方法中的先验知识应用和数值计算算法优化十分重要。遥感物理模型包括大气辐射传输模型、植被冠层辐射传输模型等。

1. 大气辐射传输模型

1) 可见光-近红外大气辐射传输模型

在可见光-近红外光谱范围内,位于大气层顶的传感器所接收的总辐射亮度 L_{TOA} 如图3.3所示,可以分解为以下五个部分(戴昌达等,2004):

$$L_{TOA} = L_{pth} + L_{dir} + L_{dif} + L_{psc} + L_{dsc} \tag{3.1}$$

式中,L_{pth} 为太阳光到达地面之前被大气散射到传感器的辐射亮度[图3.3(a)]:

$$L_{pth} = \frac{\mu_s E_s}{\pi d^2} \rho_a(\mu_s, \mu_v, \phi) \tag{3.2}$$

L_{dir} 为到达地面目标的太阳直射光,经地面目标反射后,被大气直射到传感器的辐射亮度[图3.3(b)]:

$$L_{dir} = \frac{\mu_s E_s}{\pi d^2} \rho(\mu_s, \mu_v, \phi) e^{-\tau/\mu_s} e^{-\tau/\mu_v} \tag{3.3}$$

L_{dif} 为到达地面目标的太阳散射光,经地面目标反射后,被大气直射到传感器的辐射亮度[图3.3(c)]:

$$L_{dif} = \frac{\mu_s E_s}{\pi d^2} \bar{\rho}(\mu_s, \mu_v, \phi) t_d(\mu_s) e^{-\tau/\mu_v} \tag{3.4}$$

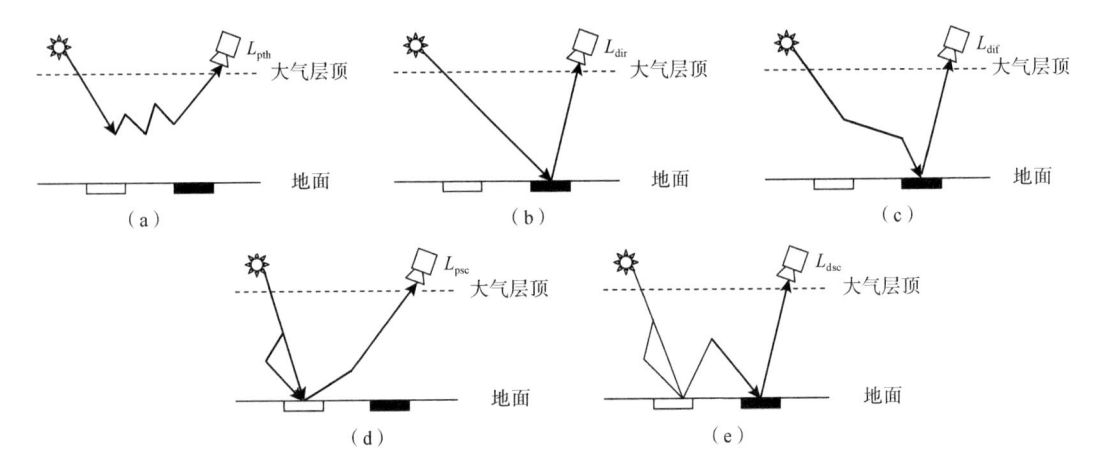

图3.3 传感器接收的五部分辐射亮度示意图

(黑色方块表示地面目标，白色方块表示周围环境)

L_{psc}为到达地面目标周围的总辐射，经周围环境与大气的相互作用后，被大气散射到传感器的辐射亮度[图3.3(d)]：

$$L_{psc} = \frac{\mu_s E_s}{\pi d^2} \left[\frac{<\rho(\mu_s, \mu_v, \phi)> t_d(\mu_v)(e^{-\tau/\mu_s} + t_d(\mu_s))}{1-<\rho(\mu_s, \mu_v, \phi)>S} \right] \quad (3.5)$$

L_{dsc}为到达地面目标周围的总辐射，经周围环境与大气的相互作用后，再经地面目标反射后被大气直射到传感器的辐射亮度[图3.3(e)]：

$$L_{dsc} = \frac{\mu_s E_s}{\pi d^2} \left[\frac{\overline{\rho}(\mu_s, \mu_v, \phi)<\rho(\mu_s, \mu_v, \phi)>(e^{-\tau/\mu_s} + t_d(\mu_s))e^{-\tau/\mu_v}S}{1-<\rho(\mu_s, \mu_v, \phi)>S} \right] \quad (3.6)$$

式中，E_s为大气层顶的太阳辐照度；d为用天文单位表示的日地平均距离；S为大气半球反射率；$e^{-\tau/\mu_s}$为从太阳到地表路径上的直射透过率；$\mu_s=\cos\theta_s$，为太阳天顶角θ_s的余弦值；$e^{-\tau/\mu_v}$为从地表到传感器路径上的直射透过率；$\mu_v=\cos\theta_v$，为观测天顶角θ_v的余弦值；$\phi=\phi_s-\phi_v$，为相对方位角；ϕ_s为太阳方位角；ϕ_v为观测方位角；τ为大气光学厚度；$t_d(\mu_s)$为从太阳到地表路径上的散射透过率；$t_d(\mu_v)$为从地表到传感器路径上的散射透过率。

基于朗伯非均一地表假定，式(3.1)可以表示为

$$L_{TOA} = L_{pth} + \frac{F_d \left(e^{-\tau/\mu_v} \rho_{NUL} + t_d(\mu_v) <\rho> \right)}{\pi(1-<\rho>S)} \quad (3.7)$$

式中，$<\rho>$为周围环境的平均反射率：

$$<\rho> = \frac{\int_{-\infty}^{+\infty}\int_{-\infty}^{+\infty} \rho(x,y) t(x,y,\mu_v) dx dy}{t_d(\mu_v)} \quad (3.8)$$

式中，ρ_{NUL} 为朗伯非均一地表反射率。

基于朗伯均一地表假定，式 (3.1) 可以表示为

$$L_{\text{TOA}} = L_{\text{pth}} + \frac{\rho_{\text{UL}} F_d \left(e^{-\tau/\mu_v} + t_d(\mu_v) \right)}{\pi(1 - \rho_{\text{UL}} S)} \tag{3.9}$$

式中，ρ_{UL} 为朗伯均一地表反射率。

2) 中红外和热红外大气辐射传输模型

在中红外和热红外波谱区 (3~14 μm)，大气不仅吸收和散射穿过它的辐射能，而且大气本身也在向外辐射能量。在晴空大气条件下，大气顶部的波谱辐射亮度可以写成下面五部分的代数和 (Wan and Li, 1997)：

$$\begin{aligned} L(\lambda, \mu) = & \tau_1(\lambda, \mu)\varepsilon(\lambda, \mu)B(\lambda, T_s) + L_a(\lambda, \mu) + L_s(\lambda, \mu, \mu_s, \phi_s) \\ & + \tau_2(\lambda, \mu, \mu_s)\mu_s E_0(\lambda) f(\mu, \mu_s, \phi_0) \\ & + \int_0^{2\pi} \int_0^1 \mu' f(\mu, \mu', \phi) [\tau_3(\lambda, \mu) L_d(\lambda, -\mu', \phi') \\ & + \tau_4(\lambda, \mu) L_t(\lambda, -\mu', \phi')] d\mu' d\phi' \end{aligned} \tag{3.10}$$

式中，$\tau_1(\lambda, \mu)$ 表示从目标物到传感器路径方向的大气透过率；$\tau_2(\lambda, \mu)$ 表示从太阳到目标物再到传感器路径方向的大气透过率；$\tau_3(\lambda, \mu)$ 和 $\tau_4(\lambda, \mu)$ 都表示从目标物到传感器路径方向的大气透过率；μ 为观测天顶角的余弦值；$\varepsilon(\lambda, \mu)$ 为地表的波谱比辐射率；$B(\lambda, T_s)$ 为地表温度为 T_s 时黑体所发射的辐射亮度；$L_a(\lambda, \mu)$ 表示大气向上的路径热辐射；$L_s(\lambda, \mu, \mu_s, \phi_s)$ 表示大气对太阳辐射能的散射所产生的路径向上辐射；μ_s 为太阳天顶角的余弦值；$E_0(\lambda)$ 为大气顶部太阳入射的波谱辐照度；$f(\mu, \mu_s, \phi_0)$ 为双向反射率分布函数；ϕ_0 为观测方向和太阳直射方向的相对方位角；$-\mu'$ 和 ϕ' 表示辐射方向向下。方程式右边第一项表示地表直射辐射的热辐射；第四项表示地表反射的太阳直射辐射；第五项为地表反射的向下半球的大气辐射和太阳散射辐射之和，其中 $L_d(\lambda, -\mu', \phi')$ 为大气对太阳辐射能的向下散射所产生的辐射，$L_t(\lambda, -\mu'', \phi')$ 为大气向下的热辐射。

式 (3.10) 表示的是波谱意义上的辐射传输方程，对于遥感的传感器而言，是通道的概念，因此，各项分量都要与通道的响应函数进行卷积运算，即卫星传感器的通道 i 在大气顶部所获取的辐射值是由下式计算得出：

$$I_i(\theta, \phi) = \frac{\int_{\lambda\_L}^{\lambda\_U} L(\lambda, \theta, \phi) \text{RSR}(\lambda) d\lambda}{\int_{\lambda\_L}^{\lambda\_U} \text{RSR}(\lambda) d\lambda} \tag{3.11}$$

卫星红外传感器能够接收到视线方向上来自地表经大气传输的辐射信息。在局地热平衡的晴空无云条件下，根据辐射传输方程，传感器在大气顶部所接收到的通道辐亮度 I_i (图 3.4) 可以表示为

$$I_i(\theta, \varphi) = R_i(\theta, \varphi) \tau_i(\theta, \varphi) + R_{\text{at}_i\uparrow}(\theta, \varphi) + R_{\text{sl}_i\uparrow}(\theta, \varphi) \tag{3.12}$$

式中，地表辐亮度 R_i 可以表示为

$$R_i(\theta,\varphi) = \varepsilon_i(\theta,\varphi)B_i(T_s) + (1-\varepsilon_i(\theta,\varphi))R_{at_i\downarrow} + (1-\varepsilon_i(\theta,\varphi))R_{sl_i\downarrow} \\ + \rho_{bi}(\theta,\varphi,\theta_s,\varphi_s)E_i\cos(\theta_s)\tau_i(\theta_s,\varphi_s) \quad (3.13)$$

式中，θ 和 φ 分别表示观测天顶角和观测方位角。τ_i 是通道 i 的大气等效透过率。$R_i\tau_i$ 是经大气衰减之后的地表离地辐射（图 3.4 中的路径①）；$R_{at_i\uparrow}$ 是大气上行热辐射（图 3.4 中的路径②）；$R_{sl_i\uparrow}$ 是大气散射的上行太阳辐射（图 3.4 中的路径③）；ε_i 和 T_s 分别是通道 i 地表发射率和地表温度。$\varepsilon_iB_i(T_s)$ 表示地表自身发射的辐亮度（图 3.4 中的路径④）。$R_{at_i\downarrow}$ 是大气下行热辐射，$R_{sl_i\downarrow}$ 是大气散射的下行太阳辐射。$(1-\varepsilon_i)R_{at_i\downarrow}$ 和 $(1-\varepsilon_i)R_{sl_i\downarrow}$ 分别表示经地表反射之后的下行大气热辐射和散射的太阳辐射（图 3.4 中的路径⑤和路径⑥）。ρ_{bi} 是地表双向反射率，E_i 是大气顶部的太阳辐照度，θ_s 和 φ_s 分别是太阳天顶角和方位角。$\rho_{bi}E_i\cos(\theta_s)\tau_i(\theta_s,\varphi_s)$ 是经地表反射后的太阳直射辐射（图 3.4 中的路径⑦）。

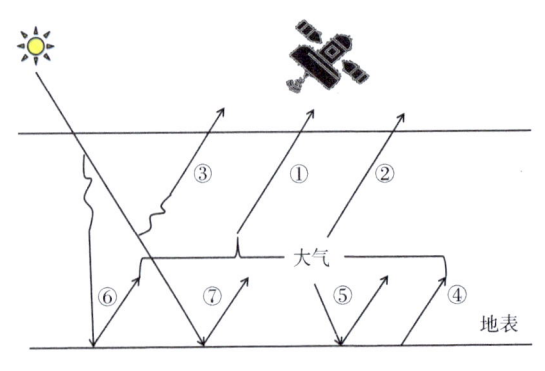

图 3.4 红外辐射传输方程示意图

注：I_i 是在大气顶部接收到的通道 i 的辐亮度，路径①表示经大气衰减的近地表处辐亮度，路径②和③分别表示上行大气热辐射和上行大气散射太阳辐射，路径④表示地表自身发射辐射，路径⑤和⑥分别表示经地表反射的下行大气热辐射和下行大气散射太阳辐射，路径⑦表示经地表反射的太阳直射辐射

由于在 8~14 μm 波谱区的白天和夜间数据和 3~5 μm 波谱区的夜间数据中，大气顶部的太阳辐射可以忽略不计，因此式 (3.4) 和式 (3.5) 中太阳辐射部分（图 3.4 中的路径③、⑥和⑦）均可以忽略，其可以简化为

$$I_i(\theta,\varphi) = R_i(\theta,\varphi)\tau_i(\theta,\varphi) + R_{at_i\uparrow}(\theta,\varphi) \quad (3.14)$$

$$R_i(\theta,\varphi) = \varepsilon_i(\theta,\varphi)B_i(T_s) + (1-\varepsilon_i(\theta,\varphi))R_{at_i\downarrow} \quad (3.15)$$

2. 植被冠层辐射传输模型

植被冠层辐射特征参数是求解大气辐射传输方程的重要参数，这些参数可以通过植被冠层辐射传输模型计算获得，其中植被冠层反射物理模型将冠层特性与传感器测得的辐射亮度联系起来，通过这些物理模型，也可以遥感定量反演植被参数和所处的环境参量，如叶面积指数（LAI）。本节也介绍叶片光学模型，叶片光学模型作为冠层辐射传输模型的基础，可以提供所需的叶片光学特性，通过该模型可以反演估算叶片的生物化学特性，如叶绿素含量。

1）叶片光学物理模型

叶片光学物理模型考虑光与叶片相互作用的物理机制及叶片的结构，详细描述了

光线在叶片内部的传输过程。PROSPECT模型（Jacquemoud and Baret，1990）是一个计算叶片方向-半球反射率和透射率的模型，它是在Allen平板模型的基础上发展起来，能够模拟植被叶片从400~2 500 nm的上行和下行辐射通量而得到叶片的光学特性。

PROSPECT模型的原理如下。电磁波辐射与植物叶片的相互作用（反射、透射、吸收）依赖于叶片的化学和物理特性。在可见光波段，光吸收作用本质上由电子在叶绿素a、叶绿素b、类胡萝卜素、褐色素及其他一些色素中的旋转、运动所形成；在近红外波段与中红外波段，主要是由电子在水中的振动、旋转所形成。因此，叶片内部生化组分和结构特性决定了整个光谱波段的叶片反射率和透射率。

PROSPECT模型假设每片叶是由N层同性层堆叠而成的，由$N-1$层气体空间分开（图3.5）。由于光的非漫反射特性只涉及最顶层，因此将第一层与其他$N-1$层分开。第一层接收的是Ω立体角的入射光线（最大入射角为α），ρ_α、τ_α为其反射率和透过率；在叶片内部，假设光通量为各向同性，ρ_{90}、τ_{90}为内部各层的反射率和透过率，则N层叶片的总的反射率和透过率为

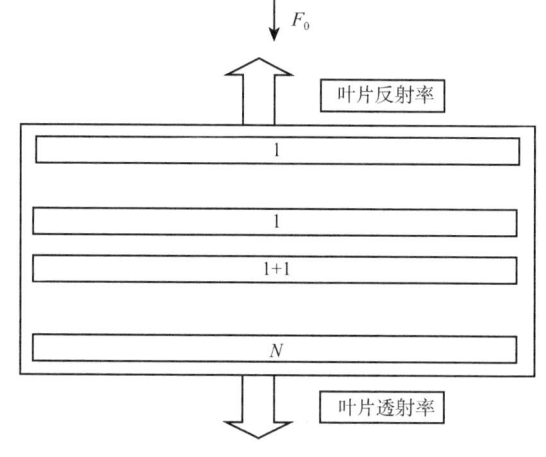

图3.5 N层平板叶片模型

$$R_{N,\alpha} = \rho_\alpha + \frac{\tau_\alpha \tau_{90} R_{N-1,90}}{1 - \rho_{90} R_{N-1,90}} \tag{3.16}$$

$$T_{N,\alpha} = \frac{\tau_\alpha T_{N-1,90}}{1 - \rho_{90} R_{N-1,90}} \tag{3.17}$$

根据式（3.16）和式（3.17），消除ρ_α、τ_α，则公式为

$$R_{N,\alpha} = x R_{N,90} + y \tag{3.18}$$

$$T_{N,\alpha} = x T_{N,90} \tag{3.19}$$

式中，x和y由式（3.20）和式（3.21）给出：

$$x = t_{av}(\alpha, n) / t_{av}(90, n) \tag{3.20}$$

$$y = x(t_{av}(90, n) - 1) + 1 - t_{av}(\alpha, n) \tag{3.21}$$

式中，$t_{av}(\alpha, n)$为平均透过率；α为入射角；n为折射指数。

将该非均匀系统转换为均匀系统是关键，则公式为

$$\frac{R_{N,90}}{b_{90}^N - b_{90}^{-N}} = \frac{T_{N,90}}{a_{90} - a_{90}^{-1}} = \frac{1}{a_{90} b_{90}^N - a_{90}^{-1} b_{90}^{-N}} \tag{3.22}$$

其中：

$$a_{90} = (1 + \rho_{90}^2 - \tau_{90}^2 + \delta_{90})/(2\rho_{90}) \tag{3.23}$$

$$b_{90} = (1 - \rho_{90}^2 + \tau_{90}^2 + \delta_{90})/(2\tau_{90}) \tag{3.24}$$

该模型只需要4个参数：入射角α、折射指数n、平板的透过系数θ和结构参数N。透过系数θ反映叶片的生化成分，可由以下公式估算出：

$$\theta - (1-k)\mathrm{e}^{-k} - k^2 \int_k^\infty x^{-1}\mathrm{e}^{-x}\mathrm{d}x = 0 \tag{3.25}$$

式中，k是吸收系数，可用下式表示：

$$k(\lambda) = k_\mathrm{e}(\lambda) + \sum_i k_i(\lambda)C_i \tag{3.26}$$

式中，λ为波长；$k_i(\lambda)$为相对于叶片第i个化学组分的吸收系数（叶片的各组分包括叶绿素、水、干物质等）；$k_\mathrm{e}(\lambda)$为常数；C_i为单位叶面积上第i组分的含量。

模型中使用的叶片结构参数N与叶片厚度有关，Jacquemoud和Baret（1990）提出一种估算N值的方法：

$$N = \frac{0.9\,\mathrm{SLA} + 0.025}{\mathrm{SLA} - 0.1} \tag{3.27}$$

式中，SLA为每单位干重的叶面积（单位：$\mathrm{cm^2/mg}$）。

另外一种计算叶片结构参数N的经验性公式：

$$N = \sqrt[4]{\frac{1}{\mathrm{SLA} - 0.1}} \tag{3.28}$$

该模型中，散射用叶的折射指数（n）和层数（N）来描述；透射用叶绿素浓度（$C_\mathrm{a+b}$）、水含量、蛋白质、纤维素来模拟。只需输入叶的层数、叶的折射指数、叶绿素含量、水的等价厚度、蛋白质含量和纤维素含量就可求出叶片的半球反射率和透射率。

2）冠层辐射传输模型

冠层辐射传输方程的基本假设是散射介质在水平方向是均匀的，垂直方向上介质的密度、性质有变化。因而它把植被冠层近似理解为无限大的水平均匀的薄层，每一层中的植被单元可以当作小的吸收和散射体，以研究辐射在冠层薄层中或单元中的传输过程为基础，通过引入光学路径和散射相函数（表征冠层的散射特征）的概念，建立它们与群体结构参数间的物理联系，来求解辐射传输方程，推算辐射与冠层相互作用，由此解释辐射在冠层中的传输机理，并进而得到冠层及下垫面对入射辐射的吸收、透过和反射的方向、分布和光谱特性。

在冠层辐射传输模型中，植被冠层结构及其基本光学特性的描述，如冠层厚度、冠层密度、叶面倾角（LAD）/叶面方向及其分布、叶面积指数LAI和冠层中各组成的基本散射特性均为模型所采用的参量。因此，冠层辐射传输模型主要适用于水平均匀植被或浑浊介质，如封垄后的小麦、玉米、大豆等。

农业定量遥感常用的冠层辐射传输模型有SAIL(Verhoef,1984)、SAILH(Kuusk,1985)。SAIL模型中，冠层反射率作为观测角度的一个函数，叶片吸收和散射系数与叶倾角相关，利用叶倾角分布函数为权重来计算任意叶倾角分布的吸收和散射系数。叶倾角分布函数可以用0°～90°中10°间隔的离散区间的九个概率值来描述，也可用连续函数来描述。常用的叶倾角分布函数包括喜平型、喜直型、球面型分布，或者以平均叶倾角为参数的椭圆分布。Kuusk(1985)对SAIL模型做了改进，考虑了热点影响，生成了SAILH模型，该模型在计算单次散射二向反射率的贡献时，考虑了叶片的尺寸以及相应的阴影影响。

SAILH模型在任意方向上计算散射系数和消光系数，从而发展出可以在空间任意方向分布的叶片条件下求解K-M方程的新模型。SAILH模型（图3.6）假设冠层具有以下性质：①冠层水平且无限延伸；②冠层组分只考虑叶片，而且叶片是小而水平的；③冠层是水平均匀分布的。SAILH模型描述了在均匀冠层中上行和下行的四个通量。模型参数包括：叶片反射率$\rho(\lambda)$、叶片透过率$\tau(\lambda)$、叶面积指数(LAI)、平均叶倾角θ_l、热点大小s、土壤反射率$\rho_s(\lambda)$以及水平能见度V_{is}(用于计算太阳辐射的散射分量)。方向光谱是通过改变测量条件来模拟的，包括太阳天顶角θ_s和方位角φ_s、观测天顶角θ_v和观测方位角φ_v。如果将PROSPECT模型嵌入SAILH模型提供叶片光谱参数，则整个PROSPECT+SAILH模型需要的参数可以分为：①冠层生理生化参数，叶绿素含量C_{ab}、水含量C_w、叶肉结构参数N、叶面积指数LAI、平均叶倾角θ_l和热点尺寸参数s；②土壤反射率$\rho_s(\lambda)$；③外部参数，太阳天顶角θ_s和方位角φ_s、观测天顶角θ_v和方位角φ_v以及水平能见度V_{is}。

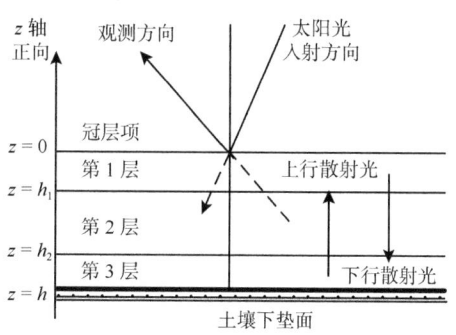

图3.6 SAILH模型示意图

冠层辐射传输模型的优点在于能考虑多次散射作用，对均匀植被尤其在红外和微波波段较重要；其缺点是复杂的三维空间微分方程即使对均匀植被，通常也只能得到数值解，很难建立起植被结构与BRDF之间明晰的解析表达式(李小文和王锦地,1995)。由于冠层辐射传输模型方程不考虑植被组分的尺寸大小和之间的距离以及各组分的非随机空间分布，因此它仅适用于植被组分与群体密度相比很小的群体（如作物群体），以及稠密、水平均匀的群体。也就是说，它适用于连续植被冠层的反射状况，如垄状特征不明显的作物、处于生长期的作物和大面积生长茂盛的草地等。

3.2.2 经验和半经验方法

经验统计方法一般基于对一系列观测数据的经验性统计描述及相关分析而得出的直接统计相关关系，建立遥感数据与地面观测数据之间的回归方程，其优点是参数较少，应用简单，但是其不具有物理基础，通常只能针对特定区域和特定条件进行应用，无法应用到大尺度长时序的数据。半经验性反演方法从遥感物理机制出发，推导并建立遥感数据和反演参数之间的数学模型，通过地面测量实验，对模型参数进行标定，这类模型的物理机制清晰，与物理模型相比又相对简单，在部分参数反演方面具有一定的优势。

1. 经验统计方法

1) 线性回归方法

线性回归方法不仅能够把隐藏在大规模原始数据群体中的重要信息提炼出来，把握住数据群体的主要特征，还可以利用关系式，由一个或多个变量值去预测和控制另一个因变量的取值，从而知道这种预测和控制达到的程度，并进行因素分析（何晓群，1997）。

设变量Y与变量X_1，X_2，$\cdots$，X_p间有线性关系：

$$Y=\beta_0+\beta_1X_1+\beta_2X_2+\cdots+\beta_pX_p+\varepsilon \tag{3.29}$$

式中，$\varepsilon \in N(0,\sigma^2)$；$\beta_0$，$\beta_1$，$\cdots$，$\beta_p$和$\sigma^2$是未知参数；$p>2$时，该模型为多元线性回归模型。

2) 多元逐步回归分析法

多元逐步回归分析方法（stepwise multiple linear regression，SMLR）是在多元回归分析方法的基础上发展起来的，是一般多元回归方法的优化。多元逐步回归分析方法的思路如下：考虑到所有变量方差贡献值的大小，按照其重要性，逐步选入回归方程之中。在这个过程中，前面已选入的变量，由于引入的新变量而产生的误差较大时，则把它从回归模型中剔除；相同地，而先前被剔除的变量，又因为新的变量的引入，相对变为显著的时候，则把它重新选入回归模型之中，直至无可剔除又无可引入时，计算终止。

设已知因变量Y和k个自变量x_1，x_2，$\cdots$，x_k，样本数为n，构成数据表$X=[x_1, x_2, \cdots, x_k]_{n \times k}$和$Y=[Y]_{n \times 1}$。建立回归方程时，对自变量$x$进行逐步筛选，只找出那些对$Y$影响大的自变量$x_i (i=1, 2, \cdots, k)$参与回归计算，舍弃对$Y$影响较小的自变量。多元逐步回归分析方法通过$F$统计量来选择与剔除自变量，$F$统计量包括$F_{\text{ENTER}}$值和$F_{\text{REMOVE}}$值，其计算过程如下。

假设回归模型到目前为止已经入选了x_1，$\cdots$，x_h个自变量，对于一个新的自变量x_{h+1}来说，

$$F_{\text{ENTER}} = \frac{\text{SSE}(x_1, x_2, \cdots, x_h) - \text{SSE}(x_1, \cdots, x_h, x_{h+1})}{\text{SSE}(x_1, x_2, \cdots, x_h) / (n-h-1)} \tag{3.30}$$

式中，SSE作为Y的预测误差平方和，计算公式为$\text{SSE}=\sum_{i=1}^{n}(y_i-\hat{y})^2$；$y_i$为实际值；$\hat{y}$为预测值；$n$为样本量。

假设回归模型到目前为止已经入选了x_1，$\cdots$，x_h个自变量，对于第$i(1\leqslant i\leqslant h)$个

自变量 x_{h+1} 来说

$$F_{\text{REMOVE}} = \frac{\text{SSE}(x_1, \cdots, x_{i-1}, x_{i+1}, \cdots, x_h) - \text{SSE}(x_1, \cdots, x_h)}{\text{SSE}(x_1, x_2, \cdots, x_h)/(n-h-1)} \quad (3.31)$$

3) 偏最小二乘回归 (PLSR)

偏最小二乘回归 (partial least squares regression, PLSR) 是一种新型的多元统计数据分析方法，集多元线性回归分析、主成分分析和典型相关分析的基本功能于一体，能够在自变量存在严重多重相关性、样本点个数少于变量个数的条件下进行回归建模 (王惠文，1999)。PLSR 不再直接考虑因变量与自变量的回归建模，而是对变量系统中的信息重新进行综合筛选，从中选取若干对系统具有最佳解释能力的新综合变量 (又称为成分)，用它们进行回归建模。经过这样的信息筛选，排除了对因变量无解释作用的噪声。从普通最小二乘回归法过渡到偏最小二乘回归法，其中关键的技术手段是主成分提取。

设有 q 个因变量 $y_1, \cdots, y_q$ 和 p 个自变量 $x_1, \cdots, x_p$，为了研究分析因变量与自变量的关系，对 n 个样本点观测，构成了自变量数据表 $X=[x_1, \cdots, x_p]_{n \times p}$ 和因变量数据表 $Y=[y_1, \cdots, y_q]_{n \times q}$。PLSR 分别在 X 中提取成分 t_1，在 Y 中提取成分 u_1 (也就是说，t_1 是 $x_1, \cdots, x_p$ 的线性组合，u_1 是 $y_1, \cdots, y_q$ 的线性组合)。为了回归分析的需要，在提取这两个成分时，有两个要求：①t_1 和 u_1 应尽可能多地携带数据表 X 和 Y 中的变异信息；②t_1 和 u_1 的相关程度达到最大。这两个要求表明，t_1 和 u_1 应尽可能好地代表数据表 X 和 Y，同时 X 的成分 t_1 对 Y 的成分 u_1 又有最强的解释能力。

在第一个成分 t_1 和 u_1 被提取后，PLSR 分别实施 X 对 t_1 的回归以及 Y 对 t_1 的回归。如果回归方程已经达到满意的精度，则算法终止；否则，将利用 X 被 t_1 解释后的残余信息以及 Y 被 t_1 解释后的残余信息进行第二轮的成分提取。如此往复，直到能达到一个比较满意的精度为止。若最终对 X 共提取了 m 个成分 $t_1, \cdots, t_m$，偏最小二乘回归将通过施行 y_k 对 $t_1, \cdots, t_m$ 的回归，然后再表达成 y_k 关于原变量 $x_1, \cdots, x_p$ 的回归方程，$k=1, 2, \cdots, q$。

在偏最小二乘回归建模中，成分的提取是通过交叉有效性检验来进行。如果根据交叉有效性，确定共抽取 m 个成分 $t_1, \cdots, t_m$ 可以得到一个满意的预测模型，则求 F_0 在 $t_1, \cdots, t_m$ 上的普通最小二乘回归方程为

$$F_0 = t_1 r'_1 + \cdots + t_m r'_m + F_m \quad (3.32)$$

在 PLSR 建模中，最终选取多少个主成分可以满足精度要求，可通过考察在现有的模型中增加一个新的成分，看增加的这个新成分对模型的预测精度有没有明显的改进。采用类似于抽样测试法的工作方式，把所有 n 个样本点分成两部分：第一部分是除去某个样本点 i 的所有样本点集合 (共含 $n-1$ 个样本点)，用这部分样本点并使用 h 成分拟合一个回归方程；第二部分是把刚才被排除的样本点 i 带入前面拟合的回归方程，得到 y_i 在样本点 i 上的拟合值 $\hat{y}_{hj(-i)}$。对于每一个 $i=1, 2, \cdots, n$，重复上述测试 (Leave-one-out 规则)，则可以定义 y_i 的预测误差平方和为 PRESS_{hj}，则有

$$\text{PRESS}_{hj} = \sum_{i=1}^{n}(i - \hat{y}_{hj(-i)}) \tag{3.33}$$

定义 Y 的预测误差平方和为 PRESS_h

$$\text{PRESS}_h = \sum_{j=1}^{p} \text{PRESS}_{hj} \tag{3.34}$$

模型的性能好坏需要通过相关性、稳定性和预测能力三个层面进行评价分析。建模结果精度评价参数包括校正集决定系数（R_{cal}^2）、校正集均方根误差（root mean square error of calibration，RMSEC）、验证集决定系数（R_{val}^2）、交叉验证的均方根误差（root mean square error of cross validation，RMSECV）、验证集均方根误差（root mean square error of prediction，RMSEP）和相对分析误差（residual prediction deviation，RPD）。其中：

$$\text{RPD} = \frac{\text{SD}}{\text{RMSECV}} \tag{3.35}$$

式中，SD 为验证样本标准差。当 RPD$\geqslant$2.0，说明该模型非常可靠；当 RPD$\leqslant$1.4 时，则认为该模型不可靠。

2. 半经验方法

半经验模型综合了统计模型和物理模型的优点，模型所用的参数虽是经验参数，但又具有一定的物理意义。以 Rahman 的地表二向反射模型为例，介绍半经验方法。

Rahman 地表二向反射模型（Rahman et al.，1993）无须对地表性质与结构作严格的限制性假设，而通过 ρ_0、k、h 等三个参数即可描述特定地表的二向反射。这3个经验参数虽无明确的物理意义，也不能直接测量，但都有自身的含义，且可以通过不同角度的观测值求得。ρ_0 表征地表覆盖的反射辐射强度，它与角度变化无关，而与具体地物或植被指数有关；k 是描述地物结构的参数，它表征地表各向异性的程度；h 描述地物的前向散射与后向散射特性，是相位函数的不对称因子。

Rahman 地表二向反射模型被表示为：

$$\rho_s(\theta_1, \theta_2, \varphi) = \rho_0 \frac{\cos^{k-1}\theta_1 \cos^{k-1}\theta_2}{(\cos\theta_1 + \cos\theta_2)^{1-k}} F(g)(1 + R(G)) \tag{3.36}$$

式中，ρ_s 为 θ_1、θ_2、φ 观测条件下地面的反射率；ρ_0、k、h 为地表经验参数。

为了更好地表现三维方向反射率不均匀性，Rahman 模型引入 $F(g)$ 函数以调整前向、后向散射的总贡献，可表示为

$$F(g) = \frac{1 - h^2}{\left(1 + h^2 - 2h\cos(\pi - g)\right)^{1.5}} \tag{3.37}$$

式中，相位角 g 表示为

$$\cos g = \cos\theta_1\cos\theta_2 + \sin\theta_1\sin\theta_2\cos\varphi \tag{3.38}$$

Rahman 地表二向反射模型中的热点效应表示为

$$1 + R(G) = \frac{1-\rho_0}{1+G} + 1 \tag{3.39}$$

式中，几何因子 G 为

$$G = \left(\tan^2\theta_1 + \tan^2\theta_2 - 2\tan\theta_1\tan\theta_2\cos\varphi\right)^{\frac{1}{2}} \tag{3.40}$$

3.2.3 机器学习方法

机器学习方法是近年来兴起的使用计算机模拟人类学习活动的方法，它通过计算机识别现有知识并进行学习、不断改善性能的方法。机器学习方法对物理过程和先验知识的依赖性很低，可以较好地解决复杂的、多参数的、非线性的问题。机器学习方法的问题在于其通常只能在特定区域和条件下应用，在条件变化时，需要对模型进行修改和重新训练。

1. 神经网络

神经网络是指用大量的简单计算单元（即神经元）构成的非线性系统，它在一定程度和层次上模仿了人脑神经系统的信息处理、存储及检索功能，因而具有学习、记忆和计算等智能处理功能（董长虹，2005）。神经网络目前已有几十种不同的类型，通常可按照以下五个原则进行神经网络的归类。按照网络的结构分为前馈网络、反馈网络；按照学习方式分为有教师指导的网络、无教师指导的网络；按照网络的性能分为连续型与离散型网络、确定型与随机型网络；按照连续突触的性质分为一阶线性关联网络、高阶线性关联网络；按照对生物神经系统的层次模拟分为神经元层次模型、组合式模型、网络层次模型、神经系统模型、智能型模型。

1）BP 神经网络

基于误差反向传播算法的前馈神经网络也叫 BP 网络，是一种反向传递并修正误差的多层映射神经网络，它是各种神经网络模型中具有代表意义的一种神经网络模型，也是当前获得广泛应用的神经网络模型之一。

BP 神经网络含有输入层、输出层以及处于输入输出层之间的中间层（也称隐含层）。图 3.7 为一个简单的三层 BP 网络的结构图。BP 算法的基本思想是：学习过程由信号的正向传播与

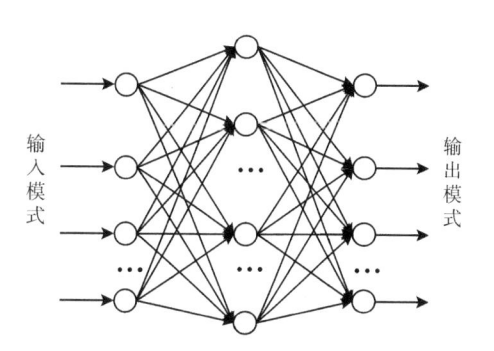

图 3.7 典型的三层 BP 网络结构图

误差的逆向传播两个过程组成。正向传播时,给网络赋予初始权值和阈值,传向输出层,在逐层处理过程中,每一层神经元的状态只对下一层神经元的状态产生影响。若输出层未能得到期望的输出,则转入误差的逆向传播阶段,将输出误差按某种形式,通过隐含层向输入层逐层返回,反向修改网络的权值和阈值,并分摊给各层的所有单元,从而获得各层单元的参考误差或称误差信号,以作为修改各单元权值的依据。如此反复进行训练使误差达到最小。这种信号正向传播、误差逆向传播及各层权矩阵的修改过程,是周而复始地进行的。权值不断修改的过程,也就是网络的学习(也称训练)过程。此过程一直进行到网络输出的误差逐渐减少到可接受的程度或达到设定的学习次数为止。

2) 径向基函数神经网络

径向基函数神经网络(radial basis function networks, RBFN)是一种多层前馈网络,它由三层神经元组成:第一层是输入层,第二层是径向基层(隐含层),第三层是线性输出层,各层有多个神经元。与 BP 神经网络不同,径向基函数神经网络的隐含层节点的基函数采用距离函数(如欧氏距离),激活函数采用径向基函数(如高斯函数)。隐含层节点通过基函数执行一个固定不变的非线性变换,将输入空间映射到一个新的空间,输出层则在该新的空间实行线性加权组合,从而实行从输入空间到输出空间的非线性转换。

2. 支持向量机

支持向量机(SVM)方法是 20 世纪 90 年代初 Vapnik 等根据统计学习理论提出的一种新的机器学习方法,其理论基础是结构风险最小化原则。通过适当地选择函数子集及该子集中的判别函数,使学习机器的实际风险达到最小,保证了通过有限训练样本得到的小误差分类器,对独立测试集的测试误差仍然较小。

支持向量机的基本思想是:首先,在线性可分情况下,在原空间寻找两类样本的最优分类超平面。在线性不可分的情况下,加入了松弛变量进行分析,通过使用非线性映射,将低维输入空间的样本映射到高维属性空间,使其变为线性情况,从而实现采用线性算法在高维属性空间对样本的非线性进行分析,并在该特征空间中寻找最优分类超平面。其次,它通过使用结构风险最小化原理,在属性空间构建最优分类超平面,使得分类器得到全局最优,并在整个样本空间在特定的概率内的期望风险满足一定上界。所谓最优分类面,要求分类面不但能将两类正确分开,而且使分类间隔最大。将两类正确分开是为了保证训练错误率为 0,也就是经验风险最小(为 0)。使分类空隙最大实际上就是使推广性的界中的置信范围最小,从而使真实风险最小。推广到高维空间,最优分类线就成为最优分类面。

概括地说,支持向量机就是通过用内积函数定义的非线性变换,将输入空间变换到一个高维特征空间,在这个特征空间中构造最优分类超平面。在形式上支持向量机分类函数类似于一个神经网络,输出是中间节点的线性组合,每个中间节点对应于一个支持向量。

3. 随机森林

随机森林是由 Leo Breiman 和 Adele Cutler 于 2001 年提出的一种以决策树为基础分类器的集成分类方法,比单棵决策树更稳健、泛化性能更好。随机森林的训练分类、分类过程主要分为以下几个步骤:首先,从给定的训练集通过多次随机的可重复采样得到多个 bootstrap 数据集;然后,通过迭代将数据点分到左右两个子集中,从而实现对每个 bootstrap 数据集构造决策树。数据点分割的过程利用式(3.41)的分割函数的参数空间,以寻求最大信息增量意义下的最佳参数的过程;最后,在每个叶节点处,通过统计训练集中达到此叶节点的分类标签的直方图经验的估计此叶节点上的类分布。迭代的训练过程一直执行到用户设定的最大树深度或不能继续通过分割获取更大的信息增益为止。

$$f_n(v) > t_n \tag{3.41}$$

式中,f 代表分割函数;t 代表阈值是分割函数的主要参数值;n 是分支节点的序号;v 是样本值。作为随机森林中最重要的组成部分之一,公式中的分割函数在很大程度上决定一个随机森林的特性和表现。从上式可以看出,经典随机森林的一个特点是某个特定样本的分类决策唯一地由其自己的特征值决定,而与其周围的样本没有任何关系。

在分类预测阶段,对一个输入样本迭代地根据训练得到的随机森林中的各个决策树进行或左或右的分支,直到各决策树的叶节点,各个叶节点上的分类分布也即是这棵树做出的分类结果。各棵树的叶节点上的分类分布通过下式进行平均,从而得到整个随机森林的对比输入样本的分类结果:

$$p(c|v) = \sum_{t=1}^{T} P_t(c|v) \tag{3.42}$$

式中,T 是森林中树的数目;c 是某一个特定的类;P 是概率函数。

4. 深度学习

"深度学习"的概念是由 Hinton 等于 2006 年提出的。深度学习方法通过抽象出来的神经网络视觉模型来模拟人类大脑的学习过程,希望借鉴人脑的多层抽象机制来实现对数据(图像、语音及文本等)的抽象表达,整合特征提取和分类器建模到一个学习框架下。深度学习方法通过学习深层非线性网络结构,实现了复杂函数逼近、表征输入数据分布的功能,体现了其提取输入样本数据本质特征的能力。

深度学习利用分层结构处理复杂的高维数据。每层由包含特征检测器的单元组成,低层检测简单特征,并反馈给高层,从而检测出更复杂的特征。深度学习算法的思想就是堆积多个非线性处理单元以产生更抽象和更有用的特征表达。其中,卷积神经网络(convolutional neural networks,CNN)是农业遥感常用的深度学习方法。卷积神经网络是 BP(back propagation)神经网络扩展,由多层神经元按照一定规律彼此连接构成。卷积神经网络最大特点是采用了权值共享的策略,即同一张特征图中的神经元共用相同的权值,这样可减少卷积神经网络的参数。

3.2.4 数据同化方法

数据同化方法利用遥感物理模型模拟数据，建立基于模拟数据的地表参数反演模型（如神经网络、查找表、统计回归模型等），目的是提供空间面状分布参数的一致性估计。数据同化方法一般分为两类：顺序同化和变分同化。

1. 顺序同化

顺序同化（sequential assimilation）是指应用观测数据作为模型初始参数值，或者利用观测数据直接更新模型的模拟值，并将其作为模型下一轮模拟的输入参数（图3.8）。

2. 变分同化

变分同化（variational assimilation）通过循环调整模型模拟初始条件，将某个或某些模型模拟值与遥感反演值（观测数据）的差异减小到最小（图3.9）。

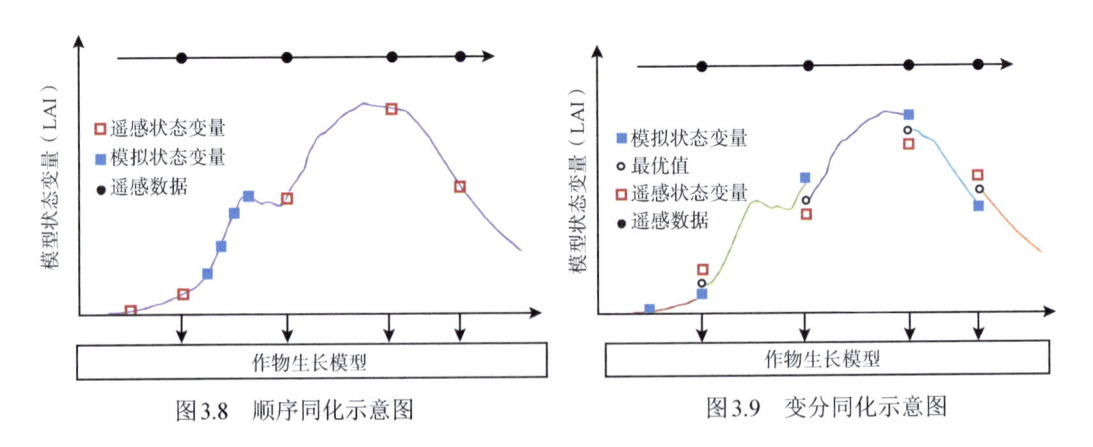

图3.8 顺序同化示意图　　图3.9 变分同化示意图

数据同化方法的一个限制因素是模型（如作物生长模型）的模拟是基于点数据的应用，而遥感数据是基于空间分布的面状信息。大多数农学过程模型用于研究一个特定地点的作物生长过程随时间的变化规律，因而模型的输出具有地点专一性的特点（site-specific）。农业是一个空间活动，因而需要将地点专一性的信息向空间扩展。因此，在进行数据同化时，需要空间扩展方法的支持。

数据同化方法的优点是不需要地面测量数据，通过模型模拟构建地表参数的反演模型，将遥感数据输入该反演模型，就可以得到遥感反演的地表参数。数据同化方法存在的缺点是，遥感反演参数不仅存在较大的不确定性，且模型误差、数据定量化误差会对反演结果带来较大的影响。

3.3 农作物生理生化参数遥感提取和反演

农作物生理生化参数与农作物复杂的生长过程密切相关，并且能够直接或间接地反映农作物长势、产量、养分亏缺以及农作物气象灾害、病虫害等信息。另外，农作物生理生化参数也直接或间接地参与地球化学循环、光合作物、蒸腾作用等过程，在指导农业生产以及生态系统的物质、能量循环等方面发挥着重要作物。因此，准确、及时和快速地大范围获取农作物生理生化参数，是科学管理农业生产的基础。农作物生理参数主要包括叶面积指数、作物覆盖度、生物量、光合有效辐射吸收比率、净初级生产力等；农作物生化参数主要包括叶绿素、叶黄素、类胡萝卜素、叶片含水量、叶片NPK、木质素、纤维素等。本节主要介绍农作物植被指数遥感提取以及叶面积指数、作物覆盖度和叶绿素含量定量遥感反演和估算方法。

3.3.1 植被指数遥感提取

在可见光波段，绿色植物叶子受叶内叶绿素含量的控制，健康绿色植被在红光波段有较强的吸收特性，而枯萎植被中因叶绿素含量大量减少，其反射率比健康植被高；在近红外波段，绿色植物叶子受叶子的细胞结构控制，健康绿色植被有很强的反射特性，而枯萎植被的反射率比健康植被低；裸土的反射率在可见光波段通常高于健康植被，但低于枯萎植被，在近红外波段明显低于健康植被。因此，研究者们利用红光波段和近红外波段的反射率数据进行线性或非线性组合，构建了一系列植被指数，作为反映绿色植物的生长状况和分布的特征指数，以及植被与土壤背景之间差异的主要指标，用来定性或定量评价植被覆盖及其生长活力。植被指数常用于增强分类与识别能力，并且植被指数与多种植被参数具有良好的相关性，可用来反演一系列植被生理生化参数，例如叶面积指数、叶绿素含量等，进而用于分析植被生长过程，如净初级生产力和蒸散（蒸腾）等。

目前，遥感领域提出的植被指数有200多种，表3.1列出了一些常用的植被指数（GB/T 30115—2013）。

表3.1 常用的植被指数

植被指数	公式	取值范围
多光谱植被指数		
比值植被指数RVI	$RVI = \dfrac{NIR}{R}$	[0, ∞]
差值植被指数DVI	$DVI = NIR - R$	[负值, ∞]
归一化差值植被指数NDVI	$NDVI = \dfrac{NIR - R}{NIR + R}$	[−1, 1]
土壤调节植被指数SAVI	$SAVI = \dfrac{NIR - R}{NIR + R + L} \times (1 + L)$ L 为土壤调节参数	[−1, 1]
增强植被指数EVI	$EVI = G \times \dfrac{NIR - R}{NIR + C_1 \times R - C_2 \times B + L}$ G 为增益因子；C_1、C_2 为大气修正参数；L 为土壤调节参数	[−1, 1]

续表

植被指数	公式	取值范围
垂直植被指数PVI	$PVI = \dfrac{NIR - a \times R - b}{\sqrt{1+a^2}}$ a为土壤线斜率；b为土壤线截距	[-1, 1]
大气阻抗植被指数ARVI	$ARVI = \dfrac{NIR - RB}{NIR + RB}$；$RB = R - \gamma(B - R)$ γ为光学路径效应因子	[-1, 1]
全球环境监测指数GEMI	$GEMI = \eta \times (1 - 0.25 \times \eta) - \dfrac{R - 0.125}{1 - R}$ $\eta = \dfrac{2 \times (NIR^2 - R^2) + 1.5 \times NIR + 0.5 \times R}{NIR + R + 0.5}$	[0, 1]
高光谱植被指数		
叶绿素吸收率指数CARI	$CARI = \dfrac{\rho_{700}}{\rho_{670}} \times \dfrac{|670 \times a + \rho_{670} + b|}{\sqrt{a^2 + 1}}$ $a = \dfrac{\rho_{700} - \rho_{550}}{150}$；$b = \rho_{550} - 550 \times a$	[0, 2]
修正叶绿素吸收率指数MCARI	$MCARI = [(\rho_{700} - \rho_{670}) - 0.2 \times (\rho_{700} - \rho_{550})] \times \left(\dfrac{\rho_{700}}{\rho_{670}}\right)$	[-1, 1]
叶绿素吸收连续区指数CACI	$CACI = \sum\limits_{\lambda_i}^{\lambda_n}(\rho_i^c - \rho_i) \times \Delta\lambda_i$；$\rho_i^c = \rho_{550} + i \times \dfrac{d\rho^c}{d\lambda} \times \Delta\lambda_i$ n为550～730 nm区间总波段数；i为波段序号，$i=1, 2, \cdots, n$；λ_i为第i波段波长；ρ_i为第i波段反射率；ρ_i^c为第i波段连续区间反射率	[-10, 50]
三角植被指数TVI	$TVI = 0.5 \times [120 \times (\rho_{750} - \rho_{550}) - 200 \times (\rho_{670} - \rho_{550})]$	[-10, 50]
结构相关色素指数SIPI	$SIPI = \dfrac{\rho_{800} - \rho_{445}}{\rho_{800} - \rho_{680}}$	[0, 2]
光化反射率指数PRI	$PRI = \dfrac{\rho_{570} - \rho_{531}}{\rho_{570} + \rho_{531}}$	[-1, 1]

注：NIR、R、B分别表示近红外波段、红波段、蓝波段的表观反射率或地表反射率；ρ_{***}表示波长在***nm处的表观反射率或地表反射率。

1. 多光谱植被指数

1）比值植被指数

比值植被指数（RVI）值一般高于2，土壤RVI值接近于1，而无植被的地面包括水体、人工建筑物以及枯死或受胁迫植被，则RVI值低，因此RVI增强了植被与土壤背景之间的辐射差异，是植被长势和覆盖度的指示参数。但RVI对大气的透明度要求很高，当植被覆盖率低于50%时，受土壤背景影响大，其辨别力会下降，因此该植被指数适合应用在植被覆盖度较高的情况下,但是由于浓密植物的红光波段反射率很小,会导致RVI无限增大。

2)差值植被指数

差值植被指数(DVI)突出了红光波段和近红外光波段反射率的差异性。当地表为裸土或无植被覆盖时,红光波段的反射率较高,而近红外波段的反射率相对较低,DVI值为负。在完全被植被覆盖的情况下,近红外波段的反射率达到最大,而红光波段的反射率相对较低,导致DVI值趋向于正无穷大。因此DVI适用于植被生长早中期或低中覆盖度的植被监测。

3)归一化差值植被指数

将RVI经非线性归一化处理得到归一化差值指数(NDVI),使其值限定在[−1,1]范围内,解决了高覆盖度时植被的红光反射率很小、RVI值无限增大的问题。水、雪等在可见光波段比近红外波段有更高的反射作用,NDVI为负值;岩石、裸土在两波段有相似的反射作用,NDVI值近于0;在有植被覆盖时,NDVI为正值,且随植被覆盖度的增大而增大。

NDVI能够部分消除与太阳高度角、卫星观测角、地形、云影等与大气条件有关的辐射变化的影响,增强了对植被的响应能力。由于NDVI足够稳定,能够减少各种因素的影响,是应用最广泛的植被指数。NDVI是农作物长势的最佳指示因子,是反演LAI、植被覆盖度、生物量、叶绿素含量等农作物生理生化参数的特征指标,广泛应用于农情监测、土地退化监测、农业灾害监测和预警等领域。该指数也是各种局部、区域和全球尺度模型的一个重要参数,其时间序列已被成功地用于农作物种植结构、物候期、复种指数等年际变化研究中。

NDVI的局限性在于当作物生长初期,NDVI将过高估计植被覆盖度;而在作物生长后期,NDVI值偏低,也没有考虑土壤背景的干扰。因此,NDVI更适用于作物生长中期或中等覆盖度的植被监测(赵英时,2013)。

4)土壤调节植被指数

土壤调节植被指数(SAVI)中增加了一个土壤调节系数(L),用来减小土壤反射变化对植被指数的影响。当$L=0$时,SAVI=NDVI;当$L=1$时,土壤背景对植被信息的提取没有任何影响。对于中等植被覆盖度,L值为0.5,对消除土壤反射率的效果较好。乘法因子$(1+L)$主要用来保证最后的SAVI值介于−1和+1之间。SAVI的局限性在于L的调整能力有限,在特定条件下,可能无法完全抵消土壤背景的影响,从而影响对植被覆盖度的准确评估。此外,SAVI的适用性也受到植被覆盖度的影响,对于中覆盖以下的植被监测较为适合,而对于高覆盖植被或其他特定环境条件下的应用可能存在局限性。

5)增强植被指数

增强植被指数(EVI)是对NDVI的改进,通过考虑大气散射和土壤反射的影响,使其在高植被覆盖区域的表现更为准确。EVI引入蓝光波段、大气调节因子(C_1、C_2)来修正红光波段大气气溶胶的散射效应,引入土壤调节因子(L),减少土壤背景的干扰。增益因子(G)用于调整植被信号的强度,有助于提高EVI对植被的敏感性和准确性,尤其是在植被茂密区域。EVI已成为MODIS推荐使用的MODIS全球植被指数产品生成算法,适用于高植被覆盖度地区的植被监测。EVI的局限性是传感器波段需要有蓝光波段。

6) 垂直植被指数

垂直植被指数(PVI)是红光-近红外波段散点图中任意一点到土壤基线的垂直距离,能在一定程度上减少土壤背景的影响。土壤线左上方的点的PVI值取正,右下方的点的PVI值取负。PVI值大于0代表植被覆盖,PVI值等于0代表裸露地表或水体。PVI受土壤背景的影响较小,适用于植被覆盖度较高的地区。

7) 大气阻抗植被指数

大气阻抗植被指数(ARVI)中引入蓝色波段,为了减少大气对植被指数的影响。引入光学路径效应因子(γ),使得ARVI适用于不同的气溶胶条件,其中最理想状态$\gamma=1$,沙漠灰尘气溶胶占优势区域$\gamma = 0.5$为宜。ARVI计算时需要输入的γ,往往难以及时获得,这给实际应用带来一定困难。

8) 全球环境监测指数

全球环境监测指数(GEMI)是一种非线性形式的植被指数。通过引入调节因子(η),降低了大气干扰,较好地区分云斑和地表,并且相对于NDVI有更加宽泛的植被覆盖度监测区间。但在植被覆盖度较低的地区,土壤背景对于GEMI的影响较为显著,不适用于植被覆盖度低的区域。GEMI计算方法比较复杂,适用于全球范围内植被长势监测。

2. 高光谱植被指数

健康植被的光谱曲线在波长700~800 nm之间有一个陡坡,反射率急剧增高,在高光谱研究中被称为植被"红边",是植被具有诊断性的光谱特征。光谱"红边"位置(植被的一阶导数光谱在700 nm附近的极大值位置的波长值),是植物敏感的光谱响应波段,其红移与蓝移与植物生长条件密切相关,反映了叶绿素含量、健康状况等多种信息。研究者利用植被参数高光谱遥感敏感波段,构建了与叶面积指数、绿色生物量、叶绿素含量等密切相关的植被指数,以提高高光谱遥感数据提取植被参数的水平和精度。

1) 叶绿素吸收率指数

Kim等(1994)发现,植被叶子即使叶绿素含量有差异,其550 nm、700 nm的反射率之比也是恒定的。基于此关系和叶绿素在670 nm的吸收,引进了$\rho700/\rho670$的比值来减少下垫面土壤的反射和植被非叶绿素物质的联合效应,提出了叶绿素吸收率指数(CARI),用以描述叶绿素红波段(670 nm)吸收谷底值与绿波段(550 nm)反射峰值、

700 nm 处反射值的相关，来获取叶绿素的含量信息。

2) 修正叶绿素吸收率指数（MCARI）

对 CARI 进行了改进，对叶绿素含量的变化具有较好的敏感性。但其对其他成分的变化不敏感，也不能线性表达植被的冠层结构参数，较难估测低叶面积指数（LAI）条件下的叶绿素含量。

3) 叶绿素吸收连续区指数（CACI）

通过计算绿色植物连续光谱中叶绿素吸收谷（550～730 nm）的形状和面积，获得高光谱植被指数。

4) 三角植被指数

三角形（绿波段、红波段、近红外波段）的面积随叶绿素吸收的增加而增加。尽管超过 700 nm 就没有叶绿素吸收，但随着叶绿素含量增加，其吸收带变宽，引起红边红移，因此 750 nm 处的植被反射率仍受叶绿素含量的间接影响。三角植被指数（TVI）由绿波段反射峰、红波段吸收谷和近红外波段高反射肩所构成的三角形面积来表示。TVI 可用于监测植被生物量。

5) 结构相关色素指数

结构相关色素指数（SIPI）用来最大限度地提高类胡萝卜素（例如 α-胡萝卜素和 β-胡萝卜素）与叶绿素比率在冠层结构（如叶面积指数）减小时的敏感度，SIPI 的增加表示冠层胁迫性的增加。该指数可用于植被健康监测、植物生理胁迫性监测和作物生长和产量分析。

6) 光化反射率指数

光化反射率指数（PRI）对于植物的类胡萝卜素（尤其黄色色素）变化非常敏感，类胡萝卜素可表示光合作用光的利用率，或者碳吸收效率。该指数可用于估算植被的光能利用率，研究植被生产力和胁迫性。

3.3.2 叶面积指数遥感反演

1. 概述

叶片是作物与环境进行物质和能量交换的主要场所。作物通过叶片吸收光能和二氧化碳，进行光合作用，并通过叶片的蒸腾作用产生拉力，促进水分和矿物质在体内的运输。叶片的大小及分布直接影响作物对光能的截获，进而影响作物生产力。观测叶面积的发育动态，有助于了解作物的生长和群体结构，为采取措施增加作物产量提供依据。叶面积指数（leaf area index，LAI）是反映作物群体叶面积变化的重要指标，其大小及其动态变化直接影响作物群体的温湿分布、太阳辐射能的吸收和输送、无机物的吸收和输送、有机物的形成,以及最终产量的高低,掌握LAI的动态变化对作物生长发育、光合生产的定量模拟和高产栽培调控具有重要的意义。

LAI通常定义为地面单位投影面积内叶片总面积的一半(Chen and Black., 1992)。也有专家定义为单位土地面积上叶面积与土地面积的比值(赵福,1975)。另外,由于叶片在冠层内的空间结构不同,植被的光合作用效率也有差别,叶面积指数被区分为真实叶面积指数(L)和有效叶面积指数(L_e),它们之间用描述植被集聚效应的聚集度指数(Ω)来转换(Chen et al., 2005),即$L = L_e/\Omega$。LAI是衡量作物群体结构是否合理的一个重要指标,也是土壤-植被-大气交换研究以及作物长势、估产、灾害评价的一个关键参数。传统叶面积指数主要通过地面测量的方法获取,仅能获得地面有限点的LAI值。遥感技术为大面积、快速监测农作物LAI提供了有效途径;但其反演精度验证和不同遥感传感器反演产品的相互比对,都需要地面LAI的准确测量。

1)叶面积指数地面测量方法

LAI地面测量方法包括直接测量方法和间接测量方法(刘镕源等,2011;阎广建等,2016)。直接测量方法是一种传统的、具有一定破坏性的方法,通过收集植株叶片,直接测量其面积或测量叶片质量、形状、长宽等参数,再转换为叶面积和LAI。该方法主要包括长宽系数法、格点法或方格法、比叶重法、仪器叶面积测量法等,比较费时费工,一般适用于小面积的田间测量,但可作为间接方法定标或评价的标准。间接测量方法是用一些测量参数或用光学仪器得到LAI,包括点接触法、基于辐射测量的光学仪器法、基于图像测量的光学仪器法、照相法等,不对植物产生伤害,能够更快、更大范围地获取LAI数据。

A. 直接测量方法

(1)长宽系数法。用直尺测量所选样点每株各叶片的叶长和最大叶宽,再乘上一个订正系数,获得单株叶面积,再依据单位土地面积种植密度,计算获取叶面积指数。该方法仅适用于禾谷类作物。

$$\text{LAI} = \frac{\text{叶片总面积}}{\text{单位土地面积}} = \frac{\text{单株叶面积} \times \text{单位土地面积种植密度}}{\text{单位土地面积}}$$
$$= \frac{N}{a \times b} \left(\frac{\sum_{j=1}^{m}\sum_{i=1}^{n}(L_{ij} \times C_{ij})}{m} \right) \quad (3.43)$$

式中,L_{ij}为每株各叶片的叶长(单位:m);C_{ij}为每株各叶片的最大叶宽(单位:m);m为测定的株数;n为第j株的总叶片数;a为行距(单位:m);b为株距(单位:m);N为订正系数,小麦和大豆为0.85,玉米为0.75,水稻为0.83,大麦为0.65,甘薯和烤烟为0.60,马铃薯为0.76。

(2)格点法或方格法。格点法是将采集到的叶片平摊在水平面上,在叶片上覆盖一块透明方格纸,然后统计在叶内的格点数和叶边缘的格点数计算叶片的面积。方格法是在叶片下方放置一块方格纸,并用铅笔描绘出叶片轮廓,数出叶片所占的格数,最后合计叶片所占的总格数作为叶面积。该方法适用于各种作物。

(3) 比叶重法。比叶重法是利用单位叶面积与叶子干重的比值来获取叶面积指数的一种方法。它的具体做法是,选定有代表性的地块,取一定面积(A)的植物样品,测定前记录取样面积上的总株数或分蘖数m;从所取样品中选几株,摘下所有展开绿色叶片,选取叶片中宽窄较为一致的地方,剪2 cm或3 cm长度的小段,用直尺测定总宽度,计算面积(S);然后烘干称质量(W_1);再将剩余绿叶全部烘干后称质量(W_2),LAI计算公式如下:

$$\text{LAI} = \frac{W_1 + W_2}{A \cdot W_1} \cdot S \cdot m \tag{3.44}$$

(4) 仪器叶面积测量法。叶面积测定仪可以分成两种类型,分别通过扫描或拍摄图像获取叶面积。扫描型叶面积仪主要由扫描器(扫描相机)、数据处理器、处理软件等组成,可以获得叶片的面积、长度、宽度、周长、叶片长度比和形状因子以及累积叶片面积等数据,主要仪器有CI-202便携式叶面积仪、LI-3000台式或便携式叶面积仪、AM-300手持式叶面积仪等。图像处理型叶面积仪由数码相机、数据处理器、处理分析软件和计算机等组成,可以获取叶片面积、形状等数据,主要仪器有WinDIAS图像分析系统、SKYE叶片面积图像分析仪、Decagon-Ag图像分析系统、WinFOLIA多用途叶面积仪等。

B. 间接测量方法

(1) 点接触法。点接触法是用细探针以不同的高度角和方位角刺入植被冠层,然后记录细探针从冠层顶部到达底部的过程中针尖所接触的叶片数目,用以下公式计算LAI。

$$\text{LAI} = n/G(\theta) \tag{3.45}$$

式中,n为探针接触到的叶片数;$G(\theta)$为投影函数;θ为天顶角。当天顶角为57.5°时,假设叶片随机分布,叶倾角椭圆分布,则冠层叶片的倾角对消光系数K的影响最小,此时采用32.5°倾角刺入冠层,会得出较准确的结果,用以下公式计算:

$$\text{LAI} = 1.1\,\text{LAI}_{32.5} \tag{3.46}$$

点接触法是由测定植被群落盖度的方法演进而来的,在小作物LAI的测量中较准确,而其缺点是采样数足够大时才能置信,并且对较高的冠层实施比较困难。

(2) 基于辐射测量的光学仪器法。该方法的理论基础为Beer定律,最初用来描述光线在均匀介质中的衰减规律,后被用于描述均匀植被冠层对光线的截获,建立了LAI与间隙率之间的关系,公式如下:

$$P(\theta) = e^{-G(\theta) \cdot \text{LAI}/\cos\theta} \tag{3.47}$$

式中,$P(\theta)$为θ天顶角方向的透过率或间隙率;$G(\theta)$为叶片在θ天顶角方向的投影比例。

基于辐射测量的光学仪器法是通过测量辐射透过率来计算叶面积指数,主要仪器有LAI-2000系列、AccuPAR、SunScan、Demon和TRAC等。这些仪器主要由辐射传感器和微处理器组成,它们通过辐射传感器获取太阳辐射透过率、冠层空隙率、冠层空隙大小或冠层空隙大小分布等参数来计算叶面积指数。前4种仪器都假设植被均一冠层、叶片随机分布和椭圆叶角分布,在测量叶簇生冠层时有困难。而TRAC通过测量集聚指数,能有效解决集聚效应的问题,使得叶面积指数计算可以不用假设叶片在空间随机分布,减少了有效叶面积指数与叶面积指数之间计算的误差。基于辐射测量仪器的优点是测量简便快速,但容易受天气影响,常需要在晴天下工作。表3.2为基于辐射测量的光学仪器适用条件比较。

表3.2 基于辐射测量的光学仪器适用条件

比较项目	LAI-2000系列	AccuPAR	SunScan	Demon	TRAC
测量值	散射光	直射光和散射光	直射光和散射光	直射光	直射光
光谱范围/nm	320~490	400~700	400~700	430	400~700
适用冠层	低矮作物、林木冠层	低矮作物	低矮作物	低矮作物	林木冠层
测量环境	均一光环境	晴天	晴天	晴天	晴天

(3) 基于图像测量的光学仪器法。该方法是通过获取和分析植物冠层的半球数字图像来计算叶面积指数,仪器主要有CI-100、WinScanopy、HemiView、HCP等。这些图像分析系统通常由鱼眼镜头、数码相机、冠层图像分析软件和数据处理器组成。其原理是通过鱼眼镜头和数码相机获取冠层图像,利用软件对冠层图像进行分析,计算太阳辐射透过系数、冠层空隙大小、间隙率参数等,进而推算有效叶面积指数。该方法测量精度较高,速度则较基于辐射测量的仪器慢,且常需要对图像进行后期处理。此外,测量时需要均一的光环境,如黎明、黄昏、阴天等,晴天会使鱼眼镜头低估或者高估太阳辐射或散射。表3.3为基于图像测量的光学仪器适用条件比较。

表3.3 基于图像测量的光学仪器适用条件

比较项目	CI-100	WinScanopy	HemiView	HCP
辐射测量	直射	直射和散射	直射和散射	直射和散射
适用冠层	低矮作物、林木冠层	低矮作物、林木冠层	林木冠层	低矮作物、林木冠层
测量环境	均一光环境	均一光环境	均一光环境	均一光环境

(4) 照相法。照相法是基于数字图像处理技术,计算数字像片上绿叶与已知实际面积 (S) 的参考物的像素之比 (P) 来求绿叶部分所占的面积,再根据植株的生长密度,进而求得叶面积指数。其LAI计算公式为

$$\text{LAI} = \frac{P \cdot S}{A} \cdot \frac{m}{n} \tag{3.48}$$

式中,A为取样面积;S为参考物的实际面积;P为像片上绿叶与参考物的像素之比;m为取样面积上的总株数;n为照片中所拍摄到的植株数。

2) 现有全球和全国主要叶面积指数遥感数据集

表3.4为现有主要全球和全国LAI遥感数据产品基本情况和采用的算法(刘洋等，2013)。

表3.4 现有主要全球和全国LAI遥感数据集

产品名称	传感器	空间分辨率	时间分辨率	覆盖范围	反演算法
MOD15	MODIS	1 km	8天	2000~	主算法：基于辐射传输模型的LUT；备用算法：LAI与NDVI经验关系
CYCLOPES	VEGETATION	1/112°	10天	1999~2007	一维辐射传输模型(PROSPECT+SAIL)(神经网络)
GEOV1	VEGETATION	1/112°	10天	1999~	MOD15和CYCLOPES融合生成训练数据，训练神经网络
GLOBCARBON	VEGETATION	1/112°	月	1999~2003	基于植被类型的4-scale模型模拟SR/RSR-LAI关系，单独考虑BRDF效应
AVHRR LAI	AVHRR	8 km	月	1981~2006	将三维辐射传输模型法与经验关系法结合
MISR	ENVISAT	1 km	3天	2000~	一维辐射传输模型(PROSPECT+SAIL)(神经网络)
ECOCLIMAP	AVHRR	1/120°	月	全球	基于LAI与归一化植被指数(NDVI)经验关系方法
CCRS LAI	SPOT VEGETATION	1/112°	10天	1998~	基于LAI与植被指数的经验关系方法
GLASS	MODIS/AVHRR	5 km/1 km	8天	1981~	基于现有LAI/FPRA产品的神经网络方法
MuSyQ	GF-1 WFV	16 m	10天	全国 2018~	三维随机辐射传输(3D-SRT)模型和查找表算法

注：GLASS(Xiao et al., 2016)；MuSyQ(张虎等，2023)。

(1) MOD15：NASA基于TERRA-AQUA/MODIS数据生成的全球2000年以来的叶面积指数产品。其主算法将全球植被归为8种生物群系类型，针对不同的生物群系类型，分别采用三维辐射传输模型模拟生成查找表，以MOD09 1~7共有7个陆地波段的方向地表反射率为输入，反演获得像元最可能的叶面积指数。当主算法失败时，采用基于植被类型的NDVI-LAI经验关系的备用算法。产品生成真实叶面积指数，同时提供产品质量信息和不确定性数据集，描述每个像元是否有云覆盖、采用的算法等信息。

(2) CYCLOPES：基于SPOT/VEGETATION数据生成的全球1999年以来的叶面积指数产品。算法采用冠层辐射传输模型SAIL联合叶片辐射传输模型PROSPECT，模拟不同冠层结构、叶片光学属性、土壤背景和观测角度状态下的红、近红外和短波红外波段冠层反射率。利用模拟数据训练神经网络，输入经过大气校正、BRDF校正的VEGETATION红、近红外和短波红外波段反射率以及角度信息，反演获得全球叶面积指数。CYCLOPES LAI在景观尺度考虑了集聚效应，接近有效叶面积指数。由于地表反射率采用前后各15天的晴空观测拟合的BRDF模型参数进行了角度归一化,因而产品的时间序列较为平滑。

(3) GLOBCARBON:基于SPOT/VEGETATION数据生成的全球1999年以来的叶面积指数产品。GLOBCARBON LAI将全球地表分为6种类型,利用VEGETATION红、近红外和中红外波段地表反射率计算SR(simple ratio)和RSR(reduced simple ratio),对于非森林类型,利用SR-LAI关系生成叶面积指数;对于森林类型,基于RSR-LAI关系提取叶面积指数以消除土壤背景效应,并采用迭代的方法消除BRDF效应。算法引入聚集度指数考虑植被的集聚效应,将基于SR/RSR-LAI关系生成的有效叶面积指数转换为真实叶面积指数。

(4) GLASS:利用一种广义回归神经网络(GRNN)方法,利用MODIS和AVHRR反射率反演得到。该方法首先在BELMANIP站点将CYCLOPES的有效LAI(LAI_{eff}),利用POLDER聚集指数(Ω)数据转换成真实LAI($LAI=LAI_{eff}/\Omega$),然后将MODIS和CYCLOPES的LAI值通过线性加权算法得到最佳的LAI估算。对MODIS(MOD09A1)和AVHRR地表反射率数据经过去云和平滑处理,然后联合最佳LAI和MODIS或AVHRR反射率数据,在BELMANIP站点对每种生态型进行神经网络训练,利用训练后的模型估算得到全年的LAI变化曲线。

(5) MuSyQ:利用高分一号宽幅相机(GF-1 WFV)高时空分辨率反射率数据,基于三维随机辐射传输(3D-SRT)模型和查找表算法生成16 m/10天的2018年以来全国叶面积指数产品。MuSyQ针对7种植被类型,包括草地、灌木、作物、常绿阔叶林、落叶阔叶林、常绿针叶林、落叶针叶林。

2. 叶面积指数遥感反演方法

利用光学卫星遥感数据反演LAI的方法可以分为4类:统计模型法、半经验性方法、机器学习法和物理模型法(图3.10)。利用雷达遥感数据(SAR)进行LAI反演的方法包括以下三种:统计模型法、机器学习法和物理模型法。

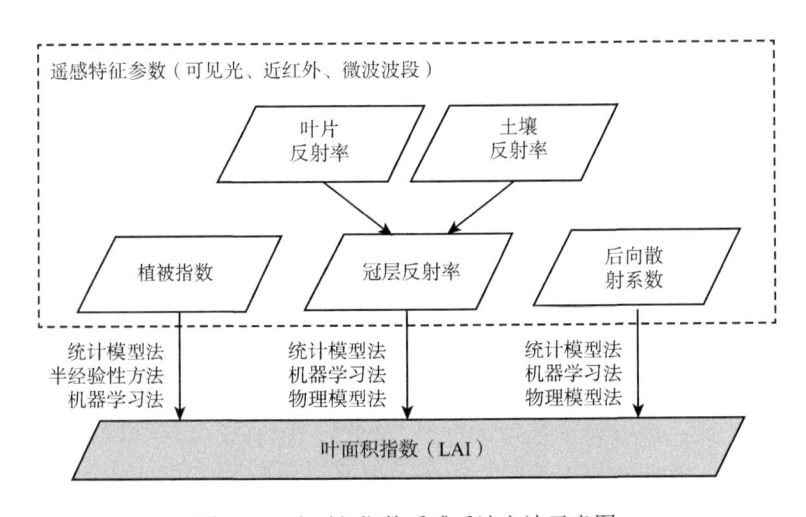

图3.10 叶面积指数遥感反演方法示意图

1) 统计模型法

LAI与遥感冠层反射率、植被指数、后向散射系数有很强的正相关关系，统计模型法认为，其具有某种函数形式的关系，通过建立这种函数关系，可以估算叶面积指数。函数关系建立的一般过程是将冠层反射率、植被指数、后向散射系数等遥感特征参数与地面LAI测量数据进行拟合，拟合模型包括线性模型、对数模型、指数模型、幂函数模型等。再将优选的拟合估算模型应用到遥感影像上，进行LAI空间分布制图。

统计模型法形式简单，是目前发展较为成熟且使用最为广泛的LAI遥感估算方法。但是，该方法仅以冠层反射率、植被指数、后向散射系数作为输入，不能充分利用传感器获得的光谱信息，而且从多个波段信息降低为一个指标，也减少了反演的约束条件，会导致结果的不确定性增加，造成函数关系随着传感器、植被类型、时间及地理位置的变化而改变，因而建立大范围适用的统计模型非常困难，模型的普适性、移植性较差。

2) 半经验性方法

半经验性方法从基本物理定律出发，推导简易的LAI遥感模型，再结合地面实测数据，对模型参数进行定标或修正。若假定植被叶片分布是各向同性分布，可以根据Beer-Lambert定律，建立植被指数和LAI的物理模型（Baret et al.，1991）：

$$\text{NDVI} = \text{NDVI}_\infty + (\text{NDVI}_s - \text{NDVI}_\infty) \times e^{(-K_{\text{NDVI}} \times \text{LAI})} \tag{3.49}$$

式中，NDVI_s为裸土的NDVI值；NDVI_∞为LAI达到无穷大时的NDVI值；K_{NDVI}为消光系数，与植被群体结构参数（如叶倾角分布）和叶片光学属性有关。

该方法具有很好的物理机制，模型简单，利用实验数据标定模型参数，就可以开展区域LAI遥感反演（刘良云，2014）。

3) 机器学习法

统计模型法和半经验性法只是基于一个植被指数、冠层反射率、后向散射系数构建LAI模型，忽略了其他与LAI相关参数的影响。另外，植物冠层高光谱反射率与植被指数相比可以提供更详细、更丰富的信息。已有研究在波段反射率或后向散射系数的基础上，将多个植被指数、波段反射率或极化分解参数作为机器学习算法的输入变量，改善LAI估算模型，取得了较好的估算精度（马怡茹等，2021；郭晗等，2022；向友珍等，2023）。采用的机器学习模型包括支持向量机、BP神经网络、偏最小二乘回归、随机森林回归、高斯过程回归等。

多个LAI相关参数的输入以及机器学习算法强大的学习能力和对数据深层信息的挖掘理解能力，提高了LAI遥感反演精度。但是过多输入变量的引入会增加计算负荷，降低大范围LAI估算效率，同时数据冗余的风险加大。

4) 物理模型法

物理模型法基于植被冠层辐射传输过程，建立冠层光谱反射率与叶面积指数等叶片、冠层和背景生物物理参数的模型，采用遥感地表反射率并结合地表已知信息，通过反转模型可以估算叶面积指数。

叶片辐射传输模型可以模拟叶片尺度的辐射传输过程，建立叶片光学属性（反射率和透射率）与叶片结构和生物物理参数的关系，常用的叶片辐射传输模型为PROSPECT模型。PROSPECT模型将叶片反射率和透过率表示为叶肉结构参数、叶绿素浓度、水分含量、干物质含量和灰分物质含量的函数。冠层辐射传输模型模拟冠层不同生物物理、结构参数以及背景状况下的冠层光谱反射率，目前常用的模型是SAIL和SAILH模型。在SAIL模型中，单个叶片是理想的朗伯表面，当给定冠层结构参数和环境参数时，可以计算任意入射方向和观测方向的冠层反射率，其中LAI、叶片反射率、土壤反射率是模型的输入参数。PROSAIL模型可以形式化表达为

$$\rho_c = \text{PROSAIL}(N, C_{ab}, C_{ar}, C_w, C_m, \text{LAI}, \text{ALA}, \text{Hotspot}, P_{soil}, r_{soil}, \theta_v, \theta_\chi, \varphi) \quad (3.50)$$

式中，ρ_c为冠层反射率；N为叶片结构参数；C_{ab}为叶绿素含量；C_{ar}为类胡萝卜素含量；C_w为水分含量；C_m为干物质含量；LAI为叶面积指数；ALA为平均叶倾角；Hotspot为热点参数；P_{soil}为土壤湿度；r_{soil}为土壤反射率；θ_v为观测天顶角；θ_χ为太阳天顶角；φ为太阳与观测间相对方位角。

通过模型建立地表反射率与叶面积指数关系后，从物理模型反演LAI实质上是基于卫星观测的地表光谱反射率估算模型参数值，在特定冠层和背景条件下，找到最佳的叶面积指数，使得在此参数条件下，模型模拟的地表反射率与卫星遥感观测的地表反射率实现最佳匹配，可以采用查找表或神经网络等方法实现LAI的快速反演。

查找表（look-up table，LUT）方法基于物理模型模拟设定植被、背景和观测状况下（以一定取值间隔）的冠层反射率，建立冠层反射率和LAI的一一对应数据组合表，通过卫星观测的各个波段影像的冠层反射率查找模型模拟的对应波段反射率查找表，反查出最佳匹配的LAI。根据代价函数公式，当δ值达到最小时，查找表中所对应的LAI，即为该像素反演的LAI，最后将各个波段反演的LAI取平均值即为该像元反演所得到的LAI。

$$\delta = \min(\rho_n - \rho_m)^2 \quad (3.51)$$

式中，ρ_n和ρ_m分别为查找表中模型模拟的反射率和卫星波段反射率。查找表简化了复杂的物理模型，实际反演中更加高效且不需要给定初始值，是一种常用的大区域业务运行的反演算法。但是，为了达到理想的反演精度，查找表的维度需要足够大，状态变量采样间隔也必须足够小，这样应用于大区域时速度会降低，而不恰当的简化又会制约反演的适用性。

神经网络可以高效、精确地逼近复杂的非线性函数，通过训练样本对网络参数进行训练，将物理模型简化为简单的黑箱模型，实现模型参数的高效反演。例如，CYCLOPES LAI产品利用辐射传输模型PROSPECT+SAIL的模拟数据训练神经网络，输入包括合成期间太阳天顶角中值以及红光、近红外和短波红外三个波段地表反射率，输出为10天合成的有效LAI产品（Bacour et al.，2006）。相对于查找表多个参数维度导

致反演速度降低的缺点，神经网络利用黑箱模型替换了复杂的物理模型，将次要信息集中在网络训练中，反演中仅引入关键参数信息，因而更加高效。

物理模型方法适用的植被类型和空间范围更广，但模型参数众多，一些参数很难获取，往往需要按照植被类型做一些简化假设。另外，查找表和神经网络虽然可以实现模型的快速反演，但反演结果的可靠性依赖于查找表和神经网络训练数据的代表性，这就需要对模型参数做合理的设置，对于具有众多参数的复杂物理模型非常具有挑战性。

3. 研究展望

叶面积指数遥感反演在以下几方面需要进一步研究。

(1) 多传感器融合改进叶面积指数反演。地表反射率的不确定性对LAI产品的质量有重要影响，其不确定性主要来源于传感器自身的光谱特性（波段中心值、波段宽度等）。当前已有多个光学传感器提供了对全球的重复观测，不同传感器在时间覆盖、数据质量、时空分辨率、角度观测、光谱分辨率等方面各有优势。如何融合现有传感器数据的优点，以提高叶面积指数的质量，并且生产时空连续的中高分辨率LAI产品需要进一步研究。

(2) 反演模型中增加特征参数。光学传感器提供的二维信息不能有效地揭示植被冠层的真实结构，随着多角度遥感和激光雷达的兴起和发展，为植被结构的提取提供了更多的技术支持，越来越多的植被物理和生物化学参数可以直接或间接由遥感数据获得，例如植被的三维结构、叶倾角、株高等。合理地将多传感器数据进行定量融合，在反演中更加细致地考虑植被的结构，能够提高LAI反演算法的精度和适用性，减少反演模型的不确定性。

3.3.3 作物覆盖度遥感估算

1. 概述

作物覆盖度是指单位面积内作物冠层（包括叶、茎、枝）垂直投影面积所占的比例（GB/T 41280—2022），其取值范围为0~1。作物覆盖度能反映作物吸收光的能力及作物发育过程中的动态变化，是作物长势遥感监测和产量估测的重要指标；作物覆盖度与作物的光合有效辐射吸收相关，反映作物蒸腾作用和光合作用，与地表土壤湿度密切相关，也是作物蒸散发估测的重要参数；另外，作物覆盖度是影响水土流失的重要因子，是评价土地退化的重要指标。因此，在农业生态系统评价与指导农业生产管理中，作物覆盖度的估算发挥着重要作用。

常规作物覆盖度的估算主要是人工地面调查测量，精度虽然较高，但费时费力，只能对较小区域进行监测，无法在宏观大尺度上进行测量。遥感具有宏观性和实时性，适用尺度相对较大，工作效率较高，为作物覆盖度的动态监测给出了新的发展方向，尤其是大范围地区的作物覆盖度测量。

1) 作物覆盖度地面测量方法

地面测量方法一般在研究区内抽取一定数量的样本（样地）区域，通过测算样本（样地）区域的植被覆盖度，利用部分推算总体的统计学原理，估算整个研究区域的植被覆盖度。作物覆盖度地面测量方法通常作为遥感测量基准数据和验证精度的来源。

A. 目测估算法

目测估算法采用肉眼并凭借经验直接判别或利用像片、网格等参照物来估计作物覆盖度。根据判别时参照方式不同，该方法有以下几种具体形式。

(1) 直接目估法。该方法根据统计学要求，在研究区选定一定数量和面积的样本，凭借经验直接估计出样本内的植被覆盖度。

(2) 像片目估法。该方法对样本内的植被垂直拍照，再对照片进行目视估测。为了提高估测的精度，常借助一定标准的覆盖度参照图进行多人判读，取平均值。

(3) 网格目测法。该方法依据植被群落的类型将样本划分为一定数量面积相等的样方，再对样方逐一进行直接目视估测，取平均值。

B. 采样法

采样法是借助一定测量工具和手段获得的研究区内植被出现的概率，视为该研究区域的植被覆盖度的一种方法，具体可分为以下几种。

(1) 阴影法。此法也称为尺测法，是在地面上平行于作物行距的方向上，放置标注刻度的直尺，每隔一定距离向前移动，分别读取直尺上植被阴影的长度，将植被阴影总长度占直尺总长的百分比作为植被覆盖度。此法仅适用于行栽的植被类型，此外受测量时天气情况限制，还需在正午太阳直射时测量。

(2) 样带长度测算法。在植被研究区内选定两个垂直交叉的矩形样带，将植株接触样带的长度占样带总长的百分比作为样带所在区域的植被覆盖度。

(3) 正方形视点框架法。正方形视点框架由两根上下对齐、并等距钻十个小孔的水平杆构成，观测者从上端水平杆的小孔向下看，以观察到植被的小孔数占总孔数的百分比作为植被覆盖度。

C. 数码相机照相法

数码相机照相法野外测量植被覆盖度的一般过程如下（GB/T 41282—2022）：

(1) 观测环境需选择阴天或者一天中早晚阳光不强时拍摄植被，以避免阴影的干扰。

(2) 将数码相机置于观测架或搭载在无人机平台，从上往下垂直观测。

(3) 照片植被覆盖度计算。利用图像分类算法（如监督分类、非监督分类或其他自动分类算法），对数码照片进行植被、非植被分类，统计分类图像中植被占比，得到照片的植被覆盖度。

(4) 抽样单元植被覆盖度计算。对于行播低矮植被，如照片空间范围小于2倍行距，需对行和行间拍照得到的植被覆盖度分别按照行宽和行间宽比例加权，作为抽样单元的植被覆盖度；对于行播高植被，按照式(3.52)分别得到行和行间的植被覆盖度，再按照宽度比例加权，作为抽样单元的植被覆盖度。其他情况，以照片得到的植被覆盖度作为抽样单元的植被覆盖度。

$$\text{FVC} = f_{\text{up}} + (1 - f_{\text{up}}) \times f_{\text{down}} \tag{3.52}$$

式中，FVC为样本内一个采样单元的植被覆盖度；f_{up}为采样单元向上拍照的植被覆盖度；f_{down}为采样单元向下拍照的植被覆盖度。

（5）样区植被覆盖度计算。使用算术平均法对样区抽样单元的植被覆盖度计算，得到样区植被覆盖度。

数码相机照相法克服了其他地面测量法的主观性，结果精度高，稳定性好，野外易于操作和实现，成为目前最为广泛使用的地面测量植被覆盖度的方法。

2）现有全球植被覆盖度遥感数据集

表3.5为现有全球植被覆盖度遥感数据产品基本情况和采用的算法（贾坤等，2013）。

表3.5　现有主要全球植被覆盖度遥感数据集

产品名称	传感器	空间分辨率	时间分辨率	覆盖范围	反演算法
CNES/POLDER	POLDER	6 km	10天	1996~1997年，2003年	物理模型结合机器学习算法；模型采用的是Kuusk辐射传输模型
FP5/CYCLOPES	SPOT VGT	1 km	10天	1998~2007年	经验模型
ESA/MERIS	MERIS	300 m	月/10天	欧洲 2002年至今	一维辐射传输模型（PROSPECT+SAIL）和神经网络模型
Geoland-2	AVHRR/SPOT VGT	0.05°（1981~2000年），1 km（1999年至今）	10天	1981年至今	神经网络模型
GLASS-FVC	AVHRR/MODIS	1982~2015年（5 km）/0.5 km（2000年至今）	8天	1982~2015/2000年至今	经验模型结合机器学习算法

注：GLASS-FVC（Kun Jia et al.，2019）

2. 作物覆盖度遥感反演方法

目前遥感估算作物覆盖度的方法有很多种，各种方法基于不同的理论基础，对各种方法进行归纳分类，分为四种类型：经验模型法、半经验模型法、机器学习法和物理模型法。

1）经验模型法

经验模型法是通过对遥感数据的某一波段、波段组合光谱反射率或其变换形式（如植被指数）与实际测量的作物覆盖度进行回归，建立线性或非线性统计估算模型，即FVC=$f(x)$，其中x为光谱反射率数据或植被指数等，并将模型推广到更大尺度上的作物覆盖度估算。以植被指数作为经验统计模型的自变量是常用的FVC遥感定量估算方法。常用的植被指数包括比值植被指数（SR）、差值植被指数（DVI）、归一化植被指数

(NDVI)、垂直植被指数(PVI)、土壤调整植被指数(SAVI)、绿度植被指数(GVI)、大气阻抗植被指数(AVRI)、修正的归一化植被指数(MNDVI)等。

经验模型法简单易实现，对输入参数要求不高，但是其函数形式不确定，需要足够多的地面数据支撑，对于不同的数据源、植被类型及地点，需要重新拟合参数，模型需要不断调整，仅适用于特定区域与特定植被类型的作物覆盖度估算。

2) 半经验模型法

半经验模型法采用较为简单的模型形式，同时参数具有一定的物理意义。常用方法是混合像元分解模型法。根据输入数据不同，又分为光谱混合分解法（输入数据为波段光谱反射率）和基于植被指数的混合像元分解法（输入数据为植被指数）。该模型的基本原理是图像中的一个像元可能是由多个组分构成的（如农作物、裸土、草），每一个组分对传感器观测到的信息都有贡献，所以可以将遥感信息（反射率或植被指数）分解，建立像元分解模型，并以此模型估算作物覆盖度。最常用的混合像元分解模型是线性混合分解模型，其数学形式可表达为

$$R_b = \sum_{i=0}^{n} f_{i,b} r_{i,b} + e_b \tag{3.53}$$

式中，R_b 为波段 b 的像元反射率；$f_{i,b}$ 为端像元 i 在波段 b 混合像元中所占的比例；$r_{i,b}$ 为端像元 i 在波段 b 中的反射率；n 为端像元的个数；e_b 为拟合波段 b 的误差。通过最小二乘等方法，可以求解出各组分在混合像元中的比例，而其中植被组分所占的比例为作物覆盖度。各组分比例的求解精度很大程度上取决于端元的合理选取。

像元二分模型是线性混合分解模型中最常用的，它假设由遥感传感器观测到的信息，仅由绿色植被部分贡献的信息和裸土部分贡献的信息两部分组成，通常使用 NDVI 数据估测覆盖度，其数学表现形式为

$$\text{FVC} = (\text{NDVI} - \text{NDVI}_{\text{soil}}) / (\text{NDVI}_{\text{veg}} - \text{NDVI}_{\text{soil}}) \tag{3.54}$$

式中，$\text{NDVI}_{\text{soil}}$ 为全裸土覆盖区域的植被指数值；NDVI_{veg} 为纯植被覆盖像元的植被指数值；NDVI 为混合像元的植被指数值。像元二分模型形式简单，参数较少，被广泛应用于作物覆盖度产品生产。

半经验模型法具有一定的机理性，不依赖于实测数据，有一定普适性，在大区域尺度应用时具有较大的潜力。但此类模型，特别是植被指数法，在特定区域估算作物覆盖度的结果有比经验模型低的可能性。由于植被类型和生长状况的复杂性，以及下垫面的多样性，导致纯植被像元光谱和土壤像元光谱的选择具有不确定性，增加了此类方法的难度。

3) 机器学习法

作物覆盖度估算的机器学习法模型包括神经网络、决策树、支持向量机等。机器学习方法的步骤，一般为确定训练样本、训练模型和估算作物覆盖度。根据训练样本选取的不同，机器学习方法分为基于遥感影像相关参数和基于辐射传输模型两大类。

基于遥感影像相关参数的方法是首先分析与植被覆盖度相关的特征参数，作为机器学习模型的输入参数，进而估算作物覆盖度。基于辐射传输模型的方法首先由辐射传输模型模拟出不同参数情况下的光谱反射率值，再根据传感器的光谱响应函数将模拟的光谱反射率值重采样，不同的参数和模拟的波段值作为训练样本对机器学习模型进行训练。徐珂（2023）利用Sentinel-1卫星影像的VV和VH极化后向散射系数，构建了比值微波植被指数（RVI_{SAR}）、差值微波植被指数（DVI_{SAR}）和归一化微波植被指数（$NDVI_{SAR}$），并与分析选取的敏感微波参数一起作为BP神经网络模型自变量，进行了夏玉米拔节期、喇叭口期、抽雄期的作物覆盖度计算，相关系数（r）分别为0.8175、0.7700、0.8936。

4) 物理模型法

基于物理模型的反演方法是通过描述冠层反射率与冠层生物物理参数的植被冠层辐射传输模型（如PROSPECT+SAIL），来实现作物覆盖度的反演。基于辐射传输模型的作物覆盖度估算方法是，首先通过植被冠层辐射传输模型建立冠层反射率与作物覆盖度一一对应的数据组合；然后分别对卫星各个波段影像的冠层反射率查找对应波段的反射率查找表，计算最小代价函数（δ），当δ值达到最小时候，查找表中所对应的作物覆盖度即为该像素反演的作物覆盖度；最后将各个波段反演的作物覆盖度取平均值即为该像元反演所得到的作物覆盖度。

物理模型法机理性强，估算结果精度较高。但该方法应用时需考虑很多因素，通常情况下某些因素的数据无法满足。ESA/MERIS全球植被覆盖度产品算法采用的是辐射传输模型（PROSPECT+SAIL）和神经网络模型。

3. 研究展望

作物覆盖度遥感提取在以下几方面需要进一步研究。

（1）多源遥感数据的协同利用。综合利用多源遥感数据源，深入研究和生产完整的长时间序列、高时空分辨率的作物覆盖度数据集，对于提高农作物长势监测和农业生产管理水平具有重要的科学意义，是农作物覆盖度遥感提取的一个研究热点。

（2）作物覆盖度遥感提取的尺度效应。不同尺度的观测数据、遥感反演产品不具有可比性，遥感反演模型也不能混用，因此，需要解决作物覆盖度遥感提取面临的"尺度转换"问题。

3.3.4 叶绿素含量遥感反演

1. 概述

叶绿素含量直接影响作物光合作用的光能利用，是作物生长状况和营养状况的良好指示剂，是作物长势监测、产量估算、病虫害监测的重要参考因子。由于作物叶片和冠层反射光谱变化在可见光范围内主要受叶绿素的影响，叶绿素吸收峰是蓝光和红光区域，吸收低谷在绿光区域，近红外区域几乎没有吸收。因此可以用可见光、近红外范围内的反射光谱来估算叶绿素含量。

传统叶绿素含量测定方法通常将新鲜叶片样本捣碎,采用化学溶剂提取叶绿素,再使用分光光度计测定其吸光度,根据吸光度测定值和标准曲线来计算叶绿素的含量。该方法要求在黑暗中测定,以避免光照对叶绿素的破坏。

野外快速叶绿素含量的检测方法,通常采用叶绿素速测仪的光电无损检测法,如SPAD叶绿素仪,该方法测量的是叶片叶绿素含量的相对值。具体过程是,让由发光二极管发射红光(峰值波长650 nm)和近红外光(峰值波长940 nm)。叶绿素吸收波长为650 nm的红光,但并不吸收波长为940 nm的近红外光。红光到达叶片后,一部分被叶片的叶绿素所吸收,少量被反射,剩下的透过叶片的透射光被接收器转换成为相应的电信号,然后通过A/D转换器转换为数字信号,微处理器利用这些数字信号计算叶绿素的相对含量,表示为SPAD值,显示并存储。SPAD的计算公式如下:

$$\text{SPAD} = K \times \lg(\text{IR}_t/\text{IR}_0)/(R_t/R_0) \tag{3.55}$$

式中,K 为常数;IR_t 为接收到的经过叶片的940 nm近红外光强度;IR_0 为发射的近红外光强度;R_t 为接收到的经过叶片的650 nm红光强度;R_0 为发射的红光强度。

叶绿素含量传统检测方法测量的是样本点数据,不是田块尺度的叶绿素含量面状分布数据。遥感技术以其简便快速、灵敏准确、非破坏性等优点,为区域尺度大范围的作物叶绿素含量监测提供了有效途径,被广泛应用于农作物生化参数的估算。

2. 叶绿素含量遥感反演方法

农作物叶绿素含量遥感反演方法可分为四大类:经验统计法、机器学习法、辐射传输模型反演法和耦合模型法。

1) 经验统计法

经验统计法是基于叶绿素含量与光谱特征量间的相关性,运用统计分析方法,得到叶绿素反演模型。光谱特征量包括植被指数、基于位置信息的光谱特征量、基于面积信息的光谱特征量等。其中植被指数包括多光谱植被指数(如NDVI、SAVI、EVI等)、高光谱植被指数(如修正叶绿素吸收率指数MCARI、三角植被指数TVI等)。常用统计分析方法包括一元线性回归方法、多元回归方法、指数回归分析、幂函数回归分析、偏最小二乘回归等。

田明璐等(2016)使用低空无人机平台的成像光谱仪(Cubert UHD185)获取花铃期棉花高光谱影像,提取27个光谱参数,基于一元线性回归、多元逐步回归和偏最小二乘回归模型,构建棉花叶片叶绿素相对含量(SPAD)的反演模型,结果表明,光谱参数中,与SPAD相关性最高的为DR_{526}(526 nm的光谱反射率一阶微分)、DR_{578}(578 nm的光谱反射率一阶微分)、SDy(波长560~640 nm内一阶导数光谱的积分)和D_b(波长490~530 nm内一阶导数光谱的积分),相关系数绝对值都在0.8以上,并且偏最小二乘回归方法的模型精度最高,$R^2 = 0.8734$,RMSE = 1.9207。

2) 机器学习法

作物叶绿素含量遥感反演的机器学习法模型包括神经网络、决策树、支持向量机等。通过分析与叶绿素相关的特征参数，作为机器学习模型的输入参数，进而反演作物叶绿素含量。彭晓伟等（2022）采用无人机载 Gaiasky mini 2-VN 高光谱相机获取的谷子冠层光谱数据，基于偏最小二乘法、人工神经网络构建叶绿素含量的遥感反演模型，结果表明，NDVI、GNDVI（绿色归一化植被指数）、PSNDa（特征色素归一化指数a）、PSSRc（特征色素简单比值指数c）、RENDV（红边归一化植被指数）及 Dy（黄边幅值）与不同生育期的 SPAD 值均呈极显著相关关系（$P<0.05$），并且 BP 神经网络估测叶绿素含量可达到最优精度，建模集的 R^2 达到 0.70 以上，RMSE 在 1.18～2.48 之间。

单一的光谱特征量进行作物叶绿素含量遥感反演，未能充分利用对叶绿素含量敏感的波段反射率差异信息，因此，对于区域遥感反演作物叶绿素含量，组合不同光谱特征量是一种重要方式。但是光谱特征量过多，将带来数据冗余、计算量大、模型复杂化。

3) 辐射传输模型反演法

辐射传输模型描述光在叶片、茎秆之间传输的光谱特性，具有明确的物理含义。当前广泛使用的辐射传输模型，是基于冠层的 PROSAIL 模型和基于叶片的 PROSPECT 模型，通过模拟不同叶绿素含量水平下作物冠层和叶片的光谱反射率，运用迭代数值优化法、人工神经网络、查找表算法、支持向量机算法等反演得到叶绿素含量。张明政等（2019）以 Sentinel-2 遥感影像为数据源，基于 PROSAIL-5B 模型（PROSPECT-5B 模型+4S SAIL 模型）构建查找表，反演夏玉米叶片的叶绿素含量，获得较高的反演精度。

4) 耦合模型法

辐射传输模型考虑作物生理参数对光谱反射率的影响，但模型过于复杂，参数较多。统计模型或机器学习模型，效率较高，但是随时空改变而变化。将这些建模方法进行耦合，融合各自优势，通过辐射传输模型模拟不同叶绿素含量下的光谱曲线，分析叶绿素含量与光谱曲线间的关系，比如优选植被指数、训练反演模型等，再根据实测作物光谱，利用统计模型、机器学习模型进行叶绿素含量反演，最大化模型优势，同时避免辐射传输模型存在的计算复杂、参数较多等缺点。姜海玲等（2016）基于 PROSPECT 模型模拟了不同叶绿素含量（5～80 μg/cm^2）下的 5 nm 叶片光谱反射率数据，再利用波段宽为 40～65 nm 的反射率数据对 NDVI、SRI、TVI、CARI、MCARI、VIUPD 等 6 种光谱指数建立回归模型，反演植被叶绿素含量，结果表明，VIUPD 反演叶绿素含量的精度最高，反演值与真实值拟合程度最好，$R^2 = 0.991$，RMSE = 3.52 μg/cm^2。

3. 研究展望

作物叶绿素含量遥感反演在以下几方面需要进一步研究。

（1）统计模型和机器学习法反演作物叶绿素含量具有方便、快捷、易操作的优势，如何通过不同特征量组合来提升反演精度是值得探索的一个方向。

(2) 农作物对光谱辐射的吸收、透射、反射受到多种因素影响，如叶片倾角、叶片结构、叶面积指数等，并且地表环境系统包含众多不确定性因素，因此，基于光谱辐射传输模型模拟的农作物冠层或叶片反射率与其真实反射率间存在一定差异。随着光谱辐射传输理论研究的不断改进，基于辐射传输模型的作物叶绿素含量遥感反演还有很大的进步空间，值得进一步研究完善。

3.4 农田环境参数遥感反演

3.4.1 地表温度遥感反演

地表温度是表征地表过程变化的重要特征物理量，是研究地表与大气之间物质和能量交换、气候变化等方面不可或缺的重要参数。其重要性主要体现在：①地表温度是众多基础学科和应用领域的一个关键参数，能提供地表能量平衡状态的时空变化信息，除了短波净辐射之外，地表能量平衡中的其他项都能表示为地表温度的函数；②地表温度一方面可用于地表过程模型的输入参数，另一方面还可用于验证这些模型的输出结果；③国际地圈生物圈计划（IGBP）将地表温度列为优先测定的几大参数之一。同时，地表温度还可在气象预报、农情估产、灾情监测、生态与环境评估等方面满足应用需求（段四波等，2018）。

由于陆地表面的高度异质性，传统的地面观测的地表温度空间代表性时常不足1 m²，无法准确表征区域或全球尺度地表温度的时空分布特征，制约了地球科学领域某些学科的深入研究与发展。遥感是高时效准确获取区域或全球尺度地表温度的唯一手段。

然而，遥感测量的物理量是到达传感器入瞳处的辐射能，受大气辐射、地表温度和比辐射率的共同作用与影响。由于大气对热红外辐射既有吸收、散射作用，又有自身发射，故大气辐射效应校正十分复杂。同时，地表温度、比辐射率和大气下行辐射三者之间，通过地表自身发射辐射和反射辐射而相互耦合，难以进行有效分离。遥感测量可提供的方程数少于未知参数的个数，且热红外遥感通道数据之间高度相关，使地表温度遥感反演成为一个典型的病态问题。所以，地表温度的遥感反演一直被认为是遥感科学界公认的难题。

国内外研究者自20世纪70年代起就致力于利用热红外遥感信息获取地表温度的理论方法研究，力图实现由地面"点"尺度测量到遥感"面"尺度测量的革命性变化。他们从不同的角度出发，提出了各种不同的地表温度反演算法。根据所用遥感传感器通道数的特点，地表温度遥感反演算法可以分为单通道算法、分裂窗算法和多通道算法等。

1. 单通道算法

基于辐射传输理论，对于热力学平衡下的无云天气，大气顶部卫星传感器通道观测到的辐射亮度 $B_i(T_i)$ 可以表示为（Xu et al.，1998）

$$B_i(T_i) = \varepsilon_i B_i(T_s)\tau_i + R_{\text{atm}\_i}^{\uparrow} + (1-\varepsilon_i)R_{\text{atm}\_i}^{\downarrow}\tau_i \tag{3.56}$$

式中，T_i是在大气顶部第i通道的亮度温度；B_i是普朗克函数；$B_i(T_s)$是在假定地表是黑体并且地表温度是T_s的情况下测量的辐射亮度；ε_i是通道i的发射率；τ_i是沿着目标到传感器路径通道总的大气透过率；$R_{\text{atm}\_i}^{\uparrow}$是通道$i$大气向上的辐亮度；$R_{\text{atm}\_i}^{\downarrow}$是整个半球在通道$i$上向下的大气辐射通量除以$\pi$。

对上述方程求逆，得到

$$T_s = B_i^{-1}\left[\frac{B_i(T_i) - R_{\text{atm}\_i}^{\uparrow} - (1-\varepsilon_i)R_{\text{atm}\_i}^{\downarrow}\tau_i}{\varepsilon_i \tau_i}\right] \tag{3.57}$$

式中，B^{-1}是普朗克函数的逆函数。如果已知通道发射率ε_i、大气参数τ_i以及$R_{\text{atm}\_i}^{\uparrow}$和$R_{\text{atm}\_i}^{\downarrow}$，则可以很容易地得到地表温度$T_s$。这种利用一个热红外通道观测数据反演地表温度的方法，即地表温度的单通道算法。

利用单通道算法反演地表温度，需要已知地表发射率和大气廓线，同时必须要有一个精确的辐射传输模型（RTM）。大气辐射传输模型，如LOWTRAN、MODTRAN、4A/OP（Scott and Chédin, 1981）和MOSART，已经被广泛用来校正大气的影响。大气廓线通常是由无线电探空数据、卫星垂直探测器或者气象预测模型的输出获得，虽然这些方法提供了很好的理论结果，但实际操作起来却非常困难，因为它需要已知大气中的温度和水汽的垂直分布。实际应用中，人们通常采用非实时的再分析数据进行时间尺度的内插，或者大气辐射传输模型中的标准大气廓线数据来进行计算。由于大气廓线数据的非真实性或非实时性，导致计算得到的大气参数数据存在一定的误差，从而影响到地表温度的反演精度。

为了减少对大气廓线数据的依赖，Qin等（2001）引入"大气平均作用温度"的概念，将大气平均作用温度（T_a）和大气下行平均作用温度合二为一，进而将热辐射传输方程简化为

$$B_i(T_i) = \varepsilon_i B_i(T_s)\tau_i + (1-\tau_i)[1+\tau_i(1-\varepsilon_i)]B_i(T_a) \tag{3.58}$$

实验表明，普朗克函数（B_i）随温度的变化趋近于线性。因此，为了求解的方便，将普朗克函数进行Taylor展开式，可表示为

$$B_i(T_j) = B_i(T) + (T_j - T)^{\partial B_i(T)/\partial T} \tag{3.59}$$

式中，T_j可代表亮度温度（当$j=i$时）、地表温度（当$j=s$时）和大气平均作用温度（当$j=a$时），将三种温度所对应的普朗克函数分别代入热辐射传输简化方程。通过一系列假设，Qin等（2001）建立了适合于Landsat TM 6的单通道算法，其公式如下：

$$T_s = [a(1-C-D) + (b(1-C+D) + C + D)T_6 - DT_a]/C \tag{3.60}$$

式中，T_s为地表温度；T_6为传感器观测到的亮温；T_a为大气平均作用温度，单位为K；a和b为常量，在一般情况下（即当地表温度在0～70℃范围内时）取值$a = -67.355351$，

$b= 0.458606$；C和D是中间变量，分别用下式表示：

$$C = \varepsilon\tau \tag{3.61}$$

$$D = (1-\tau)[1+(1-\varepsilon)\tau] \tag{3.62}$$

式中，ε为TM 6波段范围内的地表发射率；τ为TM 6波段范围内的大气透过率。通过上述公式可以看出，该算法的优点在于仅需要3个基本参数：地表发射率、大气透过率和大气平均作用温度。大气透过率和大气平均作用温度可以根据实时大气廓线数据计算，也可以根据近地面空气湿度和近地面气温的观测值来估算。其经验公式如下：

$$T_a = 16.0110 + 0.9262T_0 \text{（中纬度夏季大气）} \tag{3.63}$$

$$T_a = 19.2704 + 0.9118T_0 \text{（中纬度冬季大气）} \tag{3.64}$$

$$\tau = 0.974290 - 0.08007w \text{（中纬度夏季大气）} \tag{3.65}$$

$$\tau = 0.982007 - 0.09611w \text{（中纬度冬季大气）} \tag{3.66}$$

式中，T_0是近地表大气温度；w为大气水汽含量。该算法的不足之处是，其推导的估算大气透过率和大气平均作用温度的经验公式只使用了标准大气廓线数据，而标准大气廓线在大多数情况下不能满足实际应用，因而限制了该算法的适用性。

Jiménez-Muñoz和Sobrino（2003）提出了一个普适性的单通道算法，该算法可以针对任何一种热红外数据反演地表温度，同样适用于TM 6数据。其公式如下：

$$T_s = \gamma\left[(\psi_1 L_{\text{sensor}} + \psi_2)/\varepsilon + \psi_3\right] + \delta \tag{3.67}$$

$$\gamma = \left\{\frac{c_2 L_{\text{sensor}}}{T_{\text{sensor}}^2}\left[\frac{\lambda^4}{c_1}L_{\text{sensor}} + \lambda^{-1}\right]\right\}^{-1} \tag{3.68}$$

$$\delta = -\gamma L_{\text{sensor}} + T_{\text{sensor}} \tag{3.69}$$

式中，L_{sensor}为传感器接收的辐亮度，单位为：W·m^{-2}·sr^{-1}·μm^{-1}；T_{sensor}是传感器上所获得的亮度温度，单位为：K；λ是等效波长（对TM 6来说是11.457 μm）；c_1、c_2是辐射常量；ψ_1、ψ_2、ψ_3为大气函数，可以利用大气水汽含量w来获得。对于TM 6，计算公式如下：

$$\psi_1 = 0.14714w^2 - 0.15583w + 1.1234 \tag{3.70}$$

$$\psi_2 = -1.183w^2 - 0.3760w - 0.52894 \tag{3.71}$$

$$\psi_3 = -0.0455w^2 + 1.8719w - 0.39071 \tag{3.72}$$

与Qin等（2001）的单通道算法相比，该算法更为简单，所需的输入参数除了地表发射率以外，仅需要大气水汽含量。因此，该算法的关键在于如何获取精确的大气水汽含量。

2. 分裂窗算法

分裂窗算法最早由McMillin(1975)提出，这种方法不需要任何大气廓线信息，利用了中心波长在11～12 μm之间的两个通道水汽吸收不同的特点。从20世纪80年代开始，国内外学者努力尝试将其用于陆地表面温度(LST)反演(Atitar and Sobrino, 2009; Tang et al., 2015)。这些算法假设两个通道的地表发射率是已知的。下面将介绍不同形式的分裂窗算法。

1) 线性分裂窗算法

线性分裂窗算法使用10～12.5 μm之间相邻的不同水汽吸收通道，根据温度或波长对辐射传输方程线性化处理。这种方法将地表温度表达为两个热红外通道亮度温度的线性组合。典型的线性分裂窗算法可以写为

$$\text{LST} = a_0 + a_1 T_i + a_2 (T_i - T_j) \tag{3.73}$$

式中，$a_k (k=0, 1, 2)$ 主要与两个通道的波普响应函数$g_i(\lambda)$和$g_j(\lambda)$、两个通道的地表发射率ε_i和ε_j、大气水汽含量以及观测天顶角有关，因此可以表示为

$$a_k = f_k(g_i, g_j, \varepsilon_i, \varepsilon_j, \text{WV}, \text{VZA}) \tag{3.74}$$

需要指出的是，这种地表温度反演方法的精度有赖于系数a_k的正确选择，这些系数可以通过对模拟数据的回归或者比较卫星数据和实测地表温度数据之间的经验关系来确定。要在卫星像元尺度上（几平方千米）获得与卫星观测同步的有代表性的地面实测温度数据是极其困难的。因此，利用辐射传输方程如MODTRAN来模拟大气顶部的亮度温度，是一种有效的生产数据的方式，通过比较模拟卫星数据与模型中预设的地表温度，可以准确地确定系数a_k。

2) 非线性分裂窗算法

由于对辐射传输方程线性处理以及分裂窗算法中的近似处理会产生误差，如把大气透过率近似处理为水汽含量的线性函数，最终导致线性分裂窗算法反演的地表温度在湿热的大气条件下误差较大。为了提高反演精度，发展了一种非线性分裂窗算法：

$$\text{LST} = c_0 + c_1 T_i + c_2 (T_i - T_j) + c_3 (T_i - T_j)^2 \tag{3.75}$$

式中，系数$c_k (k=0～3)$如式(3.74)中的系数a_k一样，利用不同大气和地表参数下的模拟数据，根据式(3.75)拟合回归得到。

与线性分裂窗算法一样，有的非线性分裂窗算法将地表发射率加入到c_k的表达式中，有的则同时考虑了发射率和水汽含量，有的还考虑了观测天顶角。

3. TES算法

TES算法是由Gillespie等(1998)针对ASTER数据提出的一种温度与发射率分离算法，在多光谱热红外数据进行温度与发射率分离的应用中较为广泛。TES算法

吸收了归一化发射率法(normalized emissivity method,NEM)、光谱比值法(spectral ratio method,SR)和最大-最小发射率差值法(maximum-minimum apparent emissivity difference method,MMD)三种算法的优点,并针对其不足做出了相应的改进。温度与发射率分离方法(TES)是由三个模块构成的,分别为归一化发射率(NEM)模块、发射率比值(SR)模块和MMD模块。该算法首先利用NEM算法估算地表温度和发射率;然后利用SR算法将通道发射率与所有通道的平均值相除来计算发射率比值,作为发射率波形的无偏估计;最后根据MMD算法中的最小发射率与最大最小相对发射率差值的经验关系来确定最小发射率,从而得到地表温度和发射率。TES地表温度和地表发射率分离法的流程图如图3.11所示。

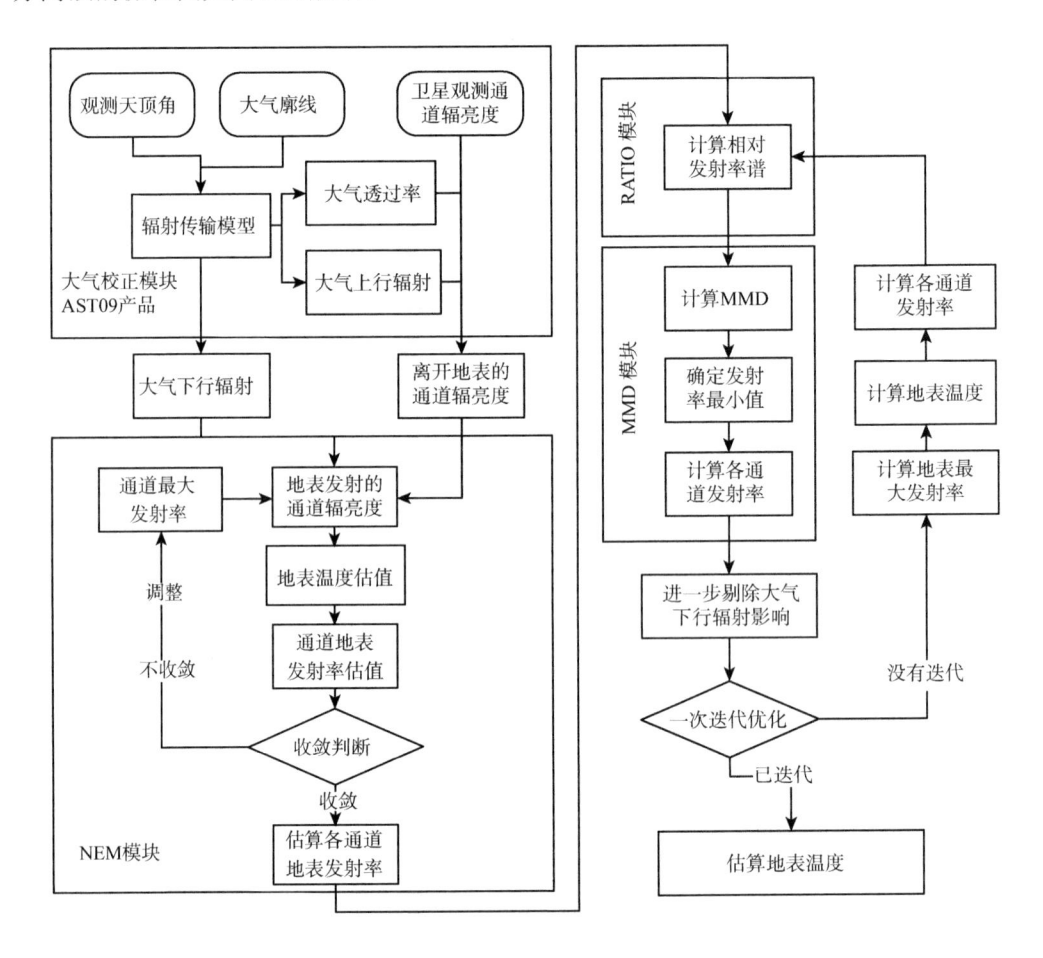

图3.11 TES地表温度和地表发射率分离法流程图

1)NEM模块

该模块首先假定ASTER第10～14波段的最大发射率ε_{max}=0.99(接近于发射率较高的植被和水体),用迭代方法逐步去除大气下行辐射,从而初步估算地表温度和发射率:

$$T_b = \frac{c_2}{\lambda_0 \ln\left(\dfrac{c_1 \varepsilon_{\max}}{\pi \lambda_b^5 R_b} + 1\right)}, \quad b=10\sim 14 \tag{3.76}$$

$$T_{\text{NEM}} = \max(T_b), \quad b=10\sim 14 \tag{3.77}$$

$$\varepsilon_b = \frac{R_b}{B_b(T_{\text{NEM}})}, \quad b=10\sim 14 \tag{3.78}$$

式中，T_b 为第 b ($b=10\sim 14$) 波段的地表温度；c_1 和 c_2 为普朗克常量；λ 为波长；T_{NEM} 为 T_b 中的最大值；B 为普朗克函数；R_b 为第 b ($b=10\sim 14$) 波段去除大气下行辐射后的地表自身辐射。R_b 的初值为

$$R_b = L_{\text{grnd}} - (1-\varepsilon_{\max})L_{\text{atm}\downarrow}, \quad b=10\sim 14 \tag{3.79}$$

式中，L_{grnd} 为来自地表的辐射（包括地表的自身辐射和地表反射的大气下行辐射）；$L_{\text{atm}\downarrow}$ 为大气下行辐射。

每次获得新的发射率后，重新计算 R_b。再重新计算式 (3.77)～式 (3.79) 进行迭代，直到相邻迭代次数中 R_b 的变化小于阈值限制或者超过迭代次数的限制时结束。

2) RATIO 模块

根据 NEM 模块计算的发射率 ε_b 获得相对发射率 β_b：

$$\beta_b = \frac{5\varepsilon_b}{\sum \varepsilon_b}, \quad b=10\sim 14 \tag{3.80}$$

3) MMD 模块

首先计算相对发射率的最大值和最小值之差 MMD：

$$\text{MMD} = \max(\beta_b) - \min(\beta_b), \quad b=10\sim 14 \tag{3.81}$$

然后根据最小发射率 $\varepsilon_{\min}$ 与 MMD 之间的经验关系，计算最小发射率 $\varepsilon_{\min}$：

$$\varepsilon_{\min} = 0.994 - 0.687\text{MMD}^{0.737} \tag{3.82}$$

最后计算五个波段的发射率：

$$\varepsilon_b = \beta_b \left(\frac{\varepsilon_{\min}}{\min(\beta_b)}\right), \quad b=10\sim 14 \tag{3.83}$$

4) 地表温度反演

根据 MMD 模块计算的新的发射率重新计算地表温度：

$$T_{b^*} = \frac{c_2}{\lambda_{b^*} \ln\left(\dfrac{c_1 \varepsilon_{\max}}{\pi \lambda_{b^*}^5 R_{b^*}} + 1\right)} \tag{3.84}$$

式中，b^* 为发射率最大的波段。

由于TES算法利用地物发射率的光谱差异来实现地表温度和发射率的分离，因此该方法更适用于发射率光谱差异较大的地物（例如岩石和土壤）。利用模拟和实际数据表明，在准确的大气校正情况下，TES算法反演的地表温度和发射率的精度分别大约为1.5 K和0.015(Sobrino et al., 2007)。为了提高TES算法的反演精度，许多研究者对TES算法进行了修正。Sabol等(2009)利用最小发射率$\varepsilon_{\min}$和MMD的线性关系代替指数关系，在一定程度上减弱了光谱差异对反演精度的影响。

4. 日夜法

日夜双时相多通道物理反演法（简称日夜法）首先由Wan和Li于1997年共同提出，该方法不需要事先知道较精确的地表发射率和大气参数等先验知识，利用辐射传输方程，建立了一种利用白天和晚上双时相多通道的观测数据实现地表参数和大气参数的同时反演的方法(Wan and Li, 1997)。该方法主要目的是解决干旱和半干旱地区，地表发射率的动态变化范围较大，而通过简单分类赋值的方法反演的地表发射率精度不高的问题。日夜双时相多通道物理反演法的流程图如图3.12所示。

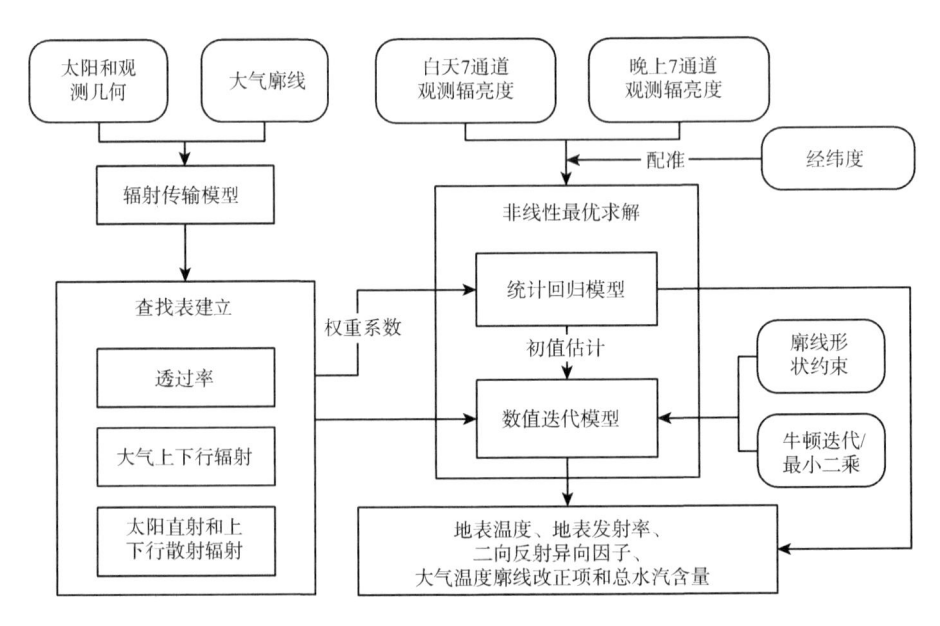

图3.12 日夜双时相多通道物理反演法流程图

日夜法主要包括以下几个假设条件：

(1) MODIS的探空通道及其相应的算法能够提供大气水汽和温度廓线。虽然

MODIS 大气廓线产品的精度还不能满足地表温度反演的需求，但是可以假设大气廓线的形状是准确的，只需对其作一个整体的修正。这使得可以只用两个未知参数（即大气底层温度和大气总水汽含量）来描述大气状态。

(2) 地表发射率在白天和晚上是一样的，并且可作朗伯假定。

(3) 对中红外通道反射的太阳辐射考虑二向性反射，但是假定中红外通道都具有相同的二向反射比因子。

该算法基于的模型可以表示为

$$L(j) = t_1(j)\varepsilon(j)B_j(T_s) + L_a(j) + L_s(j) + \frac{1-\varepsilon(j)}{\pi}[t_2(j)\alpha\mu_0 E_0(j) + t_3(j)E_d(j) + t_4(j)E_t(j)] \tag{3.85}$$

式中，$\varepsilon(j)$ 为通道 j 的平均发射率；T_s 为地表温度；α 为地表二向反射比因子；$B_j(T_s)$ 为第 j 通道的黑体辐射亮度；$E_0(j)$ 是通道的太阳辐射通量；$L_a(j)$、$L_s(j)$ 分别表示观测方向的大气路径热辐射亮度和反射的太阳辐射亮度；$E_d(j)$、$E_t(j)$ 分别表示大气下行辐射中来自太阳辐射的分量和来自大气自身热辐射的分量；t_1、t_2、t_3、t_4 为大气透过率。

该模型包括 14 个未知参数，分别为 7 个波段的地表发射率（7 个）、白天的地表二向反射比因子（1 个）、白天和晚上的地表温度（2 个）、白天和晚上的大气参数 T_a 和 w（4 个）。结合 MODIS 中红外和热红外 7 个波段的白天和晚上观测数据组成 14 个非线性方程组，通过统计回归和最小二乘拟合方法求解这 14 个方程，同步反演地表温度和发射率。

3.4.2 土壤湿度遥感反演

1. 可见光-近红外方法

遥感传感器在可见光-近红外波段接收的主要是来自地表对太阳短波辐射的反射信息。在此光谱区间内，不同的土壤水分会直接导致不同的光谱反射特征。可见光-近红外遥感土壤湿度反演便是利用了这种光谱反射特征。一般来说，当前利用可见光-近红外波段反演土壤湿度的方法可以分为以下三类。

1）土壤光谱与土壤湿度的经验回归关系

根据土壤反射率随着土壤水分的增大而减小这一规律，一些学者针对土壤光谱与土壤湿度的经验回归关系进行了研究 (Nolet et al., 2014)。

土壤光谱与土壤湿度的经验回归关系大多是在实验室中进行测量，或者利用模型模拟数据分析得到。这些经验关系很难在实际应用中发挥作用，这是因为实际地表往往较为复杂，且大气对短波信号通常存在较大的影响。除此之外，包含在这些经验回归关系中的系数，也一般需要土壤的先验知识进行假定或者标定得到。因此，当前利用土壤光谱与土壤湿度的经验回归关系进行区域土壤水分反演的研究较为鲜见。

2) 基于多波段反射率的指数法

基于可见光-近红外波段反射率发展而来的植被指数，是间接估算土壤水分尤其是进行干旱监测的较为常用的方法。其中，归一化差值植被指数 (NDVI)、土壤调节植被指数 (SAVI) 和减小大气影响的增强型植被指数 (EVI) 是较为简单且被广泛用来监测干旱或者土壤水分状况的植被指数。然而，这些植被指数更多的意义仍然在于指示植被的生长状态，虽然它们在一定程度上能够反映干旱或者土壤水分状况，但在表征定量的土壤水分含量方面还远远不足。另外，一些学者还基于长时间序列的植被指数 (如NDVI)，陆续发展了植被状态指数 (VCI) 和距平植被指数 (AVI) 等。但是这些要求长时间序列遥感数据的指数，实际上只是通过植被的长势来判断一个时期内相对土壤水分状况，它们无论从时间上还是空间上都与实际的土壤水分含量相去甚远。除了植被指数之外，学者们还根据可见光-近红外波段反射率的组合发展了许多不同的指数来表征干旱或者土壤水分状况，如 Wang 和 Qu (2007) 根据一个近红外 (0.86 μm) 和两个短波红外 (1.64 μm 和 2.13 μm) 反射率提出的归一化多波段干旱指数 (NMDI)。与之前植被指数类似的是，这些指数仍然只是一种表达土壤相对干湿状况的指标，并不是真正的土壤水分含量。

尽管上述基于多波段反射率的指数并不能直接得到土壤水分多少，但是它们对土壤水分状况具有较好的指示作用，仍然在实际的土壤水分状况与干旱监测中发挥着十分重要的作用。

3) 基于辐射传输理论的土壤湿度反演模型

有少数学者试图从辐射传输理论来阐述土壤水分变化与土壤反射率之间的物理机理，从而发展具有物理基础的模型来估算土壤水分 (Sadeghi et al., 2015)。当前基于辐射传输模型的土壤湿度反演模型仍然处于实验室研究的阶段，难以进行区域应用的推广。随着卫星遥感技术的不断发展和高空间分辨率卫星数据的获取，这类具有物理机理的土壤水分反演模型也将得到进一步的发展，以适应实际应用的需求。

2. 热红外方法

1) 热惯量法

热红外遥感是通过 3.5～14 μm 波段探测地表的热特性，而与地表热特性密切相关的遥感地表温度反演技术的发展，为热红外遥感反演土壤水分提供了有力的数据支撑。当前，在热红外遥感土壤水分反演中，热惯量法是最为常用的一种。热惯量是一种量度物质热惰性大小的物理量，它是物质热特性的一种综合量度，反映了物质与周围环境能量交换的能力，即反映物质阻止热变化的能力。热惯量被定义

$$P = (K\rho c)^{1/2} \tag{3.86}$$

式中，P 为热惯量 (单位：$J \cdot cm^{-2} \cdot s^{-1/2} \cdot K$)；$K$ 为热传导率 (单位：$J \cdot cm^{-1} \cdot s^{-1} \cdot K^{-1}$)；$\rho$ 为物质密度 (单位：$g \cdot cm^{-3}$)；c 为物质比热容 (单位：$J \cdot g^{-1} \cdot K^{-1}$)。

对大多数物质来说,热惯量随着物质热传导率、密度和比热容的增加而增加。由于土壤热传导率和热容量等特性的变化在一定条件主要取决于土壤水分的变化,因此土壤热惯量与土壤水分之间存在一定的相关性,这也是利用热惯量反演土壤水分的物理基础。利用热惯量反演土壤水分,其首要任务是从遥感数据中得到热惯量。当前,获取热惯量的方法主要有以下三种。

(1) 具有物理基础的解析方法。从宏观来看,土壤热惯量具有反映土壤阻止土壤温度变化的能力,它能够决定土壤温度日较差的大小,因此可以利用热红外遥感得到土壤温度日较差,进而计算土壤热惯量。Price(1977)提出了一个简单的热惯量计算方法,该方法假定潜热和显热及长波净辐射之和可以近似用地表温度的线性函数来表示,根据能量平衡原理,结合地表温度变化的傅立叶形式展开,可以得到一天内地表温度变化曲线:

$$T(t) = \bar{T} + S_0\tau(1-A)\sum_{n=1}^{\infty}\frac{C_n\cos(nwt-\phi_n)}{P(nw)^{1/2}[1+\alpha^2/n+\alpha(2/n)^{1/2}]^{1/2}} \quad (3.87)$$

式中,$T(t)$ 为 t 时刻的地表温度(K);$\bar{T}$ 为日平均地表温度(K);S_0 为太阳常数($1367\text{W}\cdot\text{m}^{-2}$);$\tau$ 为大气透过率;A 为地表反照率;$\alpha = B/[P(\omega)^{1/2}]$,其中 B 为包含空气湿度、风速等气象因素的综合参数,P 为热惯量,ω 是地球自转角速度;$\phi_n = \cos^{-1}\left[1+\alpha(2/n)^{1/2}\right]$;$C_n$ 是傅立叶展开级数,可表示为

$$C_n = \frac{2}{\pi(n^2-1)}\left[n\sin(nk)\cos k - \cos(nk)\sin k\right] \quad (3.88)$$

式中,$k = \arccos(\tan\delta\tan\phi)$;$\phi$ 表示纬度;δ 表示赤纬。

根据地表温度的日周期变化形式,在地表反照率已知的条件下,热惯量可以利用每天的温差 $\Delta T = T(t_1) - T(t_2)$ 进行计算:

$$P = \frac{2S_0\tau(1-A)}{w^{1/2}\left[1+\alpha^2+\alpha\sqrt{2}\right]^{1/2}\cdot\Delta T} \quad (3.89)$$

式中,$T(t_1)$ 和 $T(t_2)$ 分别为 t_1 和 t_2 时刻的地表温度,这两个时刻的地表温度之差 ΔT 最好能够近似地描述地表温度的日变化幅度。例如,可以将这两个时刻分别选在当地时间下午1:30和凌晨1:30左右。

在式(3.89)的基础上,进一步对潜热和显热通量作一定的近似后,保留一级傅立叶展开级数,热惯量 P 可以表示为

$$P = \frac{2S_0\tau(1-A)C_1/\sqrt{w}}{\Delta T} - \frac{1.3B}{\sqrt{w}} \quad (3.90)$$

式中,$C_1 = (1/\pi)\left[\sin\delta\sin\phi(1-\tan^2\delta\tan^2\phi)^{1/2}\arccos(-\tan\delta\tan\phi)\right]$;$B$ 是一个综合参数,其包含了空气湿度、风速等气象因素的信息。

通过上式可知,参数 B 是一个包含空气湿度、风速等气象因素的综合参数,很难

对其进行求解，从而导致真实热惯量的求取十分困难。基于此，Price(1985)简化了潜热蒸发的表达形式，系统地总结了热惯量法及热惯量的遥感成像机理，提出了"表观热惯量"的概念：

$$\text{ATI} = 1000\pi * \frac{(1-A)C_1}{T(1330) - T(0230)} \tag{3.91}$$

式中，增加的 $1\,000\pi$ 是为了使ATI范围在 $0\sim255$ 之间；$T(1330)$ 和 $T(0230)$ 分别为13:30 和 2:30 时刻由卫星数据得到的地表温度。如果从卫星数据上可以得到地表反照率和最高最低温度，根据公式便能够方便地得到ATI。表观热惯量概念的提出，使利用遥感图像获得区域热惯量成为可能。此后，越来越多的研究者致力于遥感热惯量的获取，从而更方便地利用热惯量进行土壤水分反演。

(2) 基于地表温度日变化信息的计算方法。Sobrino 和 Kharraz(1999a, 1999b) 提出了利用一天4个时刻(2:30，7:30，14:30和20:30)的卫星数据计算真实热惯量的方法，达到了仅用卫星数据计算热惯量的目的。这些方法虽然理论上可行，且能够消除热惯量的计算对辅助观测信息的依赖，从而最大限度地实现热惯量的遥感估算。然而，由于这些方法对卫星数据的要求更高，而除了静止气象卫星，对于给定的研究区来说，当前其他遥感卫星一般难以满足一天中获取多于两幅的高质量数据的要求，从而导致这些方法在实际应用过程中会遇到很多困难。

(3) 基于能量来源分析方法。Verhoef(2004)认为，热惯量的能量来源为土壤热通量而不是地表净辐射，并提出了利用日落与日出的温差求解热惯量的方法。该方法假设潜热通量和显热通量均为0，并且在晴朗无风的夜晚，净辐射恒定。然而，由于该方法要求的条件较为苛刻，导致其在实际应用中较为困难。

在利用表观热惯量反演土壤水分方面，Verstraeten(2006)基于时间序列的MSG数据获取了最大和最小表观热惯量，提出了饱和土壤水分指数SMSI(soil moisture saturation index)，进而通过SMSI计算了土壤水分含量。

热惯量法基于土壤的热特性，物理意义明确。在热惯量的基础上简化而来的表观热惯量计算简单，已经被广泛用来表征土壤水分状况。但是，表观热惯量受到蒸发影响较大，当蒸发明显时，表观热惯量通常会失效，不能替代热惯量。所以在表层土壤水分变化较大，或者有一定量的植被覆盖情况下，表观热惯量将不能使用。此外，当前将热惯量或表观热惯量与土壤水分联系起来的仍然是传统的统计学方法和经验模型，而这些经验模型并不是唯一的，模型中的系数通常会随着土壤质地以及研究区的变化而变化，这些都使热惯量法在区域土壤水分反演中受到了极大的限制。

2) 温度-植被指数特征空间法

地表温度与植被指数之间的散点形成的近似三角或者梯形形状的特征空间(图3.13)，以及基于该特征空间发展的各种指数，当前仍然在区域土壤水分反演，尤其是在获取植被覆盖条件下土壤水分起到了十分重要的作用。

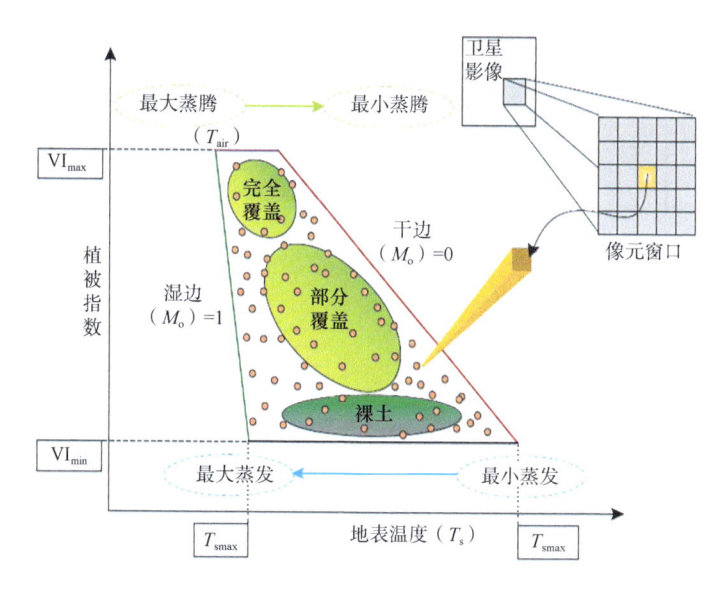

图3.13 温度-植被指数特征空间的物理基础和描述

基于地表温度与植被指数特征空间，Goward(2002)发现地表温度与植被指数的斜率与土壤水分呈负相关，并强调了从温度-植被指数特征空间获取土壤水分信息的可行性。由于在一定区域范围内，地表温度与植被指数普遍存在这种三角分布关系，为了寻找一种普适的三角关系，Carlson等(1995)对部分植被覆盖条件下地表温度与植被指数的分布进行了深入探讨，并建立了通用的三角关系模型。

温度-植被指数特征空间法是一种非线性拟合地表土壤水分的方法，计算方便快捷，不需要已知大气条件，且不需要地面辅助数据的支持。此外，该方法对地表温度反演中的大气纠正以及陆面过程模型模拟中大气环境选择和地表参数设定的影响也相对不太敏感。然而，该方法依然受到许多方面的限制，这主要包括：要求研究区地势平坦，拥有足够多的像元包含不同的土壤水分和植被覆盖情况；特征空间的干边和湿边的确定具有一定的主观性。

3) 基于热红外的其他指数法

(1) 温度植被干旱指数(temperature vegetation dryness index, TVDI)。Sandholt(2002)认为，地表温度/归一化植被指数特征空间中存在一系列的土壤水分等值线，这些等值线是不同土壤水分条件下地表温度与归一化植被指数的斜率。在Sandholt(2002)的定义中，湿边被认为是一条与X轴平行的直线，而干边则是利用不同植被指数对应的最大温度拟合得到。图3.14为计算TVDI的示意图。该指数假设土壤水分是温度变化的主要来源，而且TVDI与土壤水分的关系主要受热惯量和蒸发的影响。作为一个无需地面辅助数据、直接通过遥感数据就能直接获取的干旱指数，TVDI被广泛地用来反演区域土壤水分和评价干旱状况。

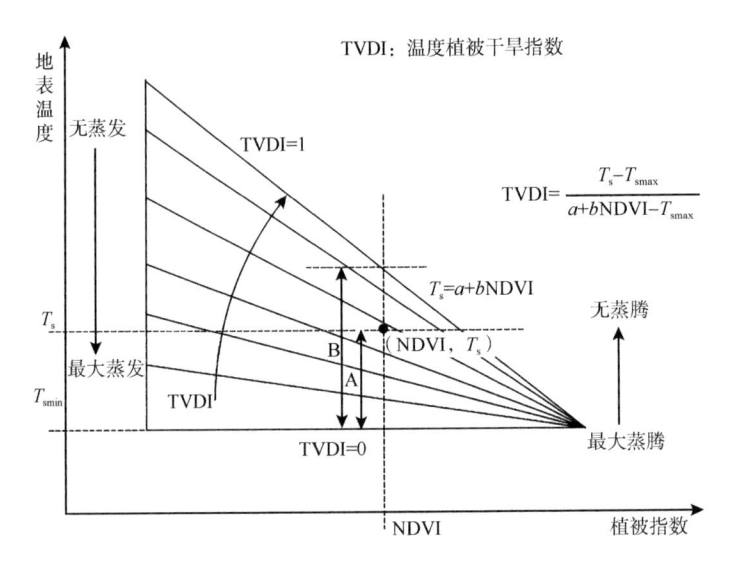

图3.14 TVDI计算示意图

虽然TVDI的理论相对成熟，简单易行，能够从遥感数据上提取主要的信息，但是它对下垫面要求较为严苛，且确定干湿边还有待进一步深入的研究。与其他光学以及热红外遥感土壤水分反演方法类似的是，TVDI仍然只是一种地表相对干湿的指标，而不是定量的土壤水分含量。

(2) 作物水分胁迫指数(crop water stress index，CWSI)。在植被覆盖地区，土壤水分的盈亏直接影响植被蒸腾作用，进而导致植被冠层温度发生变化。Jackson(1981)从经验角度出发，认为作物在潜在蒸发条件下，冠层温度(T_c)与空气温度(T_a)之差与饱和水汽压差(VPD)具有线性关系，进而提出了基于冠层温度的作物水分胁迫指数CWSI：

$$\text{CWSI} = \frac{(T_c - T_a) - (T_c - T_a)_{\min}}{(T_c - T_a)_{\max} - (T_c - T_a)_{\min}} \tag{3.92}$$

式中，T_c为植被叶片温度；T_a为空气温度；$(T_c-T_a)_{\min}$为作物在潜在蒸发情况下植被冠层温度与空气温度之差，是温差的下限；而$(T_c-T_a)_{\max}$为作物在无蒸腾情况下植被冠层温度与空气温度之差，是温差的上限。Jackson(1981)基于植被冠层能量平衡的单层模型，从理论的角度对上述CWSI中冠层与空气温差的上下限进行了解释，并在能量平衡的阻抗模式基础之上，提出了作物水分胁迫指数的理论模式：

$$\text{CWSI} = 1 - \frac{E_d}{E_p} \tag{3.93}$$

式中，E_d为实际蒸发量；E_p为潜在蒸发量。根据彭曼公式可以得到

$$\text{CWSI} = \frac{\gamma(1 + r_c/r_a) - \gamma^*}{\Delta + \gamma(1 + r_c/r_a)} \tag{3.94}$$

式中，
$$\gamma^* = \gamma(1 + rC_p / r_a) \tag{3.95}$$

$$r_c / r_a = \frac{\gamma r_a R_n / (\rho C_p) - (T_c - T_a)(\Delta + \gamma) - (e_a^* - e_a)}{\gamma \left[(T_c - T_a) - r_a R_n / (\rho C_p) \right]} \tag{3.96}$$

式中，γ 为干湿球常数 (Pa/℃)；r_c 为作物冠层对水汽传输的阻抗 (s/m)；r_a 为空气动力学阻抗 (s/m)；Δ 为饱和水汽压和温度关系曲线的斜率 (Pa/℃)；rC_p 为潜在蒸散时的冠层阻抗 (s/m)；R_n 为净辐射 (s/m)；ρ 为空气密度 (kg/m³)；C_p 为空气比热 (J/kg·℃)；e_a^* 为空气在 T_a 时的饱和水汽压 (kPa)；e_a 为空气在 T_a 时的实际水汽压 (kPa)。

作为蒸散法的主要方法之一，作物水分胁迫指数利用热红外遥感温度和气象资料来间接反演作物覆盖条件的土壤水分。该方法以热量平衡原理为基础，物理意义明确。然而，CWSI 是以冠层能量平衡单层模型为理论基础的，在作物生长的早期或者部分植被覆盖时效果较差。此外，应用作物缺水指数法时需要较多的气象资料，且计算过程较为复杂。

(3) 水分亏缺指数 (water deficit index，WDI)。为了克服 CWSI 在部分植被覆盖时不能使用的限制，Moran(1994) 在能量平衡双层模型的基础，提出了水分亏缺指数 WDI，其定义为

$$\text{WDI} = \frac{(T_s - T_a) - (T_s - T_a)_{\min}}{(T_s - T_a)_{\max} - (T_s - T_a)_{\min}} \tag{3.97}$$

式中，T_s 为地表温度；T_a 为空气温度；$(T_s - T_a)_{\min}$ 为地表与空气温差的最小值，是温差的下限；而 $(T_s - T_a)_{\max}$ 为地表与空气温差的最大值，是温差的上限。

WDI 采用地表温度信息，成功地扩展了作物水分胁迫指数 CWSI 在部分植被覆盖条件下不适用的局限。

(4) 温度条件指数 (temperature condition index，TCI)。温度条件指数的定义与植被条件指数的定义相似，但它强调的是温度与植被生长的关系，即认为高温对植物生长不利。温度条件指数的定义为

$$\text{TCI} = 100 \times \frac{T_{\max} - T_i}{T_{\max} - T_{\min}} \tag{3.98}$$

式中，T_i 为某个特定年份第 i 时期的地表温度；$T_{\max}$ 和 $T_{\min}$ 分别是所研究年限第 i 时期地表温度的最大和最小值。一般来说，TCI 越小，表示地表越干旱。

(5) 归一化温度指数 (normalized difference temperature index，NDTI)。为消除地表温度季节变化的影响，McVicar 等 (1992) 提出了归一化温度指数 (NDTI)，其定义为

$$\text{NDTI} = \frac{\text{LST}_\infty - \text{LST}}{\text{LST}_\infty - \text{LST}_0} \tag{3.99}$$

式中，LST_∞ 和 LST_0 分别表示地表阻抗为无限大和为 0 时模拟的地表温度，两者是在特定气象条件和地表阻抗下的地表温度最高和最低值，并可以利用卫星过境时刻的气温、

太阳辐射、相对湿度、风速和叶面积指数等数据,结合能量平衡和空气动力学阻抗模型计算得到。

(6) 植被供水指数(vegetation supply water index,VSWI)。植被供水指数 VSWI 是以植被指数和作物冠层温度为因子,综合考虑这两个参数的干旱监测指数,其定义为

$$\text{VSWI} = \frac{\text{NDVI}}{T_s} \tag{3.100}$$

式中,T_s 为地表温度。VSWI 的物理意义是:当作物供水正常时,卫星遥感的植被指数在一定的生长期内保持在一定的范围,而卫星遥感的作物冠层温度也保持在一定范围。如果遇到干旱,作物供水不足,一方面会影响作物的生长,植被指数会降低;另一方面作物的冠层温度将会升高。因此,利用植被供水指数可以较好地监测生长季土壤湿度和干旱动态。然而,由于干旱导致的作物缺水最终体现在植被指数和温度上,需要一定的过程,因此,该指数并不能实时反映区域土壤水分状况。

3. 微波方法

微波遥感反演土壤湿度的主要方法,分为基于雷达或散射计的主动微波遥感方法、基于微波辐射计的被动微波遥感方法和主被动微波联合反演法。主动微波反演土壤湿度的原理是,根据遥感器发射的微波信号和接收的后向散射回波,获取后向散射系数。后向散射系数与地表的介电常数相关,而土壤水分是影响介电常数的重要因素,如果建立了土壤水分和后向散射系数的关系,便可通过主动微波反演土壤湿度。土壤的含水量会影响土壤的介电常数,也会影响辐射计观测到的亮度温度。被动微波反演土壤湿度就是利用辐射计观测到的亮度温度反演土壤湿度。被动微波遥感监测土壤湿度的历史较长,相对来说方法比主动微波更加成熟。目前,被动微波反演土壤湿度主要有两种方法:一种是经验(统计)方法;另一种是基于正向模型的土壤湿度反演算法。

经验方法就是通过野外实地测量的大量数据,建立起星上亮度温度和土壤湿度的关系。另一个统计方法的典型应用是,在研究中引入降雨指数 API 和微波极化差指数 MPDI 等作为土壤湿度和植被生物量的指示因子,建立土壤湿度或者生物量和微波指数之间的统计关系(毛克彪,2007)。在植被覆盖的地区,土壤湿度的反演精度并不理想。由于被动微波的像元分辨率较低,绝大多数像元都是混合像元,这就使得对植被覆盖地区的土壤湿度反演更加困难。

在被动微波遥感中,随机粗糙地表的微波辐射在经过植被、大气等介质后被传感器接收的整个过程称为正向遥感过程。正向模型的输入是地表及大气的各个参数,输出则为传感器所观测的辐射亮度。反演过程就是通过星上亮度温度来求输入参数,反演通常需要借助迭代方法和最小二乘法求解非线性方程得到地表参数。此外,还有一种方法是理论模型和神经网络联合反演,利用理论模型或者实际测量一组数据集,反复训练和测试得到最佳的神经网络反演结构。一旦训练完成,就可以用训练好的网络进行参数反演(毛克彪,2007)。

主动微波遥感反演土壤湿度研究也取得了较大的成功。研究人员已经提出了双极

化L波段主动微波定量反演土壤湿度算法(Shi,1997)以及三种极化雷达观测反演土壤湿度的算法(Oh et al.,1992)。

3.4.3 农田蒸散参数反演

蒸散发(evapotranspiration,ET)是重要的水循环要素和地表能量平衡组分。随着全球气候变化影响加剧,水资源短缺等问题日益突出,蒸散发的研究受到水文、生态、农业等领域专家的日益重视,区域及全球尺度的ET估算成为共同关注的焦点。深入了解地表水热通量变化对水循环过程分析、农业及水资源管理、全球变化影响评估及适应等相关研究具有重要意义。

传统的地表水热通量观测技术包括蒸渗仪、液流计、波文比、水量平衡系统等,这些观测技术通常是基于单点测量。虽然目前的涡动相关技术和大孔径闪烁仪技术,可以将单点尺度拓展至局地尺度,但是其测量范围仅为几十米到几十千米。而在更大空间尺度上,陆面特征和水热传输具有较大的非均匀性,用上述方法难以获取区域尺度的蒸散发信息。

与传统点尺度上的测量相比,遥感技术可快速、周期性或连续性地获取区域尺度上的地表状态参数,其中与ET密切相关的参数主要包括地表温度、植被指数、植被覆盖度、能量组分、土壤水分、地表粗糙度等。基于遥感技术的区域ET反演方法,主要包括传统经验回归法、地表能量平衡法(单层模型、双源模型)、地表参数空间变化信息法(植被指数—地表温度三角空间,梯形空间)、时间变量模型法等。本节重点介绍两种常用的单层地表能量平衡模型——SEBAL模型(surface energy balance algorithm for land)和SEBS模型(surface energy balance system)。

1. 基于SEBAL模型的区域蒸散发反演

1) SEBAL模型原理

SEBAL模型由Bastiaanssen于1998年提出,具有较为明确的物理意义。模型利用可见光、近红外、热红外波段的遥感数据和气温、风速等气象数据,可计算出地表净辐射量、土壤热通量、显热通量(吴炳方等,2006)。然后根据地表能量平衡方程[式(3.101)]计算出瞬时潜热通量,最后应用蒸发比恒定等方法进行时间尺度扩展,得到日尺度蒸发量。

$$R_n + G + H + \lambda * \mathrm{ET} = 0 \quad (3.101)$$

式中,R_n是净辐射量($\mathrm{W \cdot m^{-2}}$);G是土壤热通量($\mathrm{W \cdot m^{-2}}$),即地面与土壤间的热量交换;H为地面与大气间的感热交换($\mathrm{W \cdot m^{-2}}$);λ是蒸发潜热($\mathrm{W \cdot m^{-2} \cdot mm^{-1}}$);ET是蒸散量(mm)。

计算净辐射量前,首先要分别计算下行太阳短波辐射、下行长波辐射、上行长波辐射,具体见式(3.102)~式(3.105),然后将各分项进行线性组合,获得净辐射量。

$$R_{s\downarrow} = \frac{G_x \times \cos\theta}{d_r^2} \times \tau_{sw} \tag{3.102}$$

$$R_{L\downarrow} = \varepsilon_a \sigma T_a^4 \tag{3.103}$$

$$R_{L\uparrow} = \varepsilon \sigma T_s^4 \tag{3.104}$$

$$R_n = (1-\alpha)R_{s\downarrow} + R_{L\downarrow} - R_{L\uparrow} - (1-\varepsilon)R_{L\uparrow} \tag{3.105}$$

式中，α 是地面反射率（无量纲）；$R_{s\downarrow}$ 是下行太阳短波辐射（W·m^{-2}）；$R_{L\downarrow}$ 是下行长波辐射（W·m^{-2}）；$R_{L\uparrow}$ 是上行长波辐射（W·m^{-2}）；ε 为地面比辐射率（无量纲）；G_x 是太阳常数，为1367 W·m^{-2}；σ 是斯蒂芬-玻尔兹曼常数，为5.67×10^{-8} W·m^{-2}·K^{-4}；θ 是太阳天顶角；T_a 和 T_s 分别为空气温度和地表温度（K）；τ_{sw} 为大气单向透射率（无量纲），可通过DEM计算得出；ε_a 为大气比辐射率，可通过 τ_{sw} 计算得出；T_s、α、ε 可在遥感影像预处理中获取；T_a 可通过地面台站测量得到。

土壤热通量是指由于传导作用而存储在土壤和植被中的那部分能量，可根据地表温度 T_s、净辐射量 R_n、地表反射率 α、NDVI的经验关系获得，公式如下：

$$G = \frac{T_s - 273.16}{\alpha} \times [0.0032 \times \frac{a}{C_{11}} + 0.0062 \times (1 - 0.978\text{NDVI}^4) \times R_n \tag{3.106}$$

式中，C_{11} 为卫星过境时间影响因子，在中午12点前为0.9，12~14点为1，14点到16点为1.1。

显热通量的计算是模型的重要内容，涉及空气动力学阻抗计算、各像元点上空气温度参数获取等。SEBAL模型采用了较为复杂的递归计算流程来计算显热通量，计算中有以下假定：

(1) 假设地表以上大气存在着一个掺混层（高度为100~200 m），此高度上各像元点的风速相等，不再受地面粗糙度的影响。

(2) 在计算地表与空气温差过程中，SEBAL模型需要在计算区域卫星图像上确定两个极端点：一个为极端湿润点（冷点），如水体或植被较密集区，净辐射量完全转换为潜热通量；另一个为极端干燥点（热点），如干燥的裸地，净辐射量完全转换为显热通量。

(3) 由于近地层大气的不稳定性，通过一次选取冷点、热点并不能取得稳定的值，需要多次迭代运算对空气热力学阻抗 r_{ah}、空气密度 ρ_{air} 等参数进行校正直到得到稳定的 H 值，计算迭代过程见图3.15。

该模型通过建立空气动力学温度与空气温度的差异（地气温差）与地表温度之间线性关系，巧妙避免了空气动力学温度的求解难题。线性关系参数拟合主要利用空间信息对地气温差进行参数化，通过选择研究区内极干、极湿点，即可拟合出线性参数，实现对地气温差的估算，见式(3.107)~式(3.109)。

$$dT = a + bT_s \tag{3.107}$$

$$dT_{\text{dry}} = \frac{H_{\text{dry}} \times r_{\text{ah}}}{\rho_{\text{air}} \times C_p} \tag{3.108}$$

$$dT_{\text{wet}} = 0 \tag{3.109}$$

式中，a 和 b 分别为利用干湿点特征回归得到的经验系数；dT_{dry} 和 dT_{wet} 分别为极端像元点的地气温差；r_{ah} 是空气动力学阻抗 ($\text{s} \cdot \text{m}^{-1}$)；$\rho_{\text{air}}$ 是空气密度 ($\text{kg} \cdot \text{m}^{-3}$)；$C_p$ 是空气比热 ($\text{J} \cdot \text{kg}^{-1} \cdot \text{K}^{-1}$)，取 1004。干点通常是指非常干燥没有植被覆盖的裸地，在遥感图像上通常表现为地表温度很高的像元点；湿点是指植被浓密，土壤水分充足，蒸散发达到最大而显热通量为 0 的像元点。

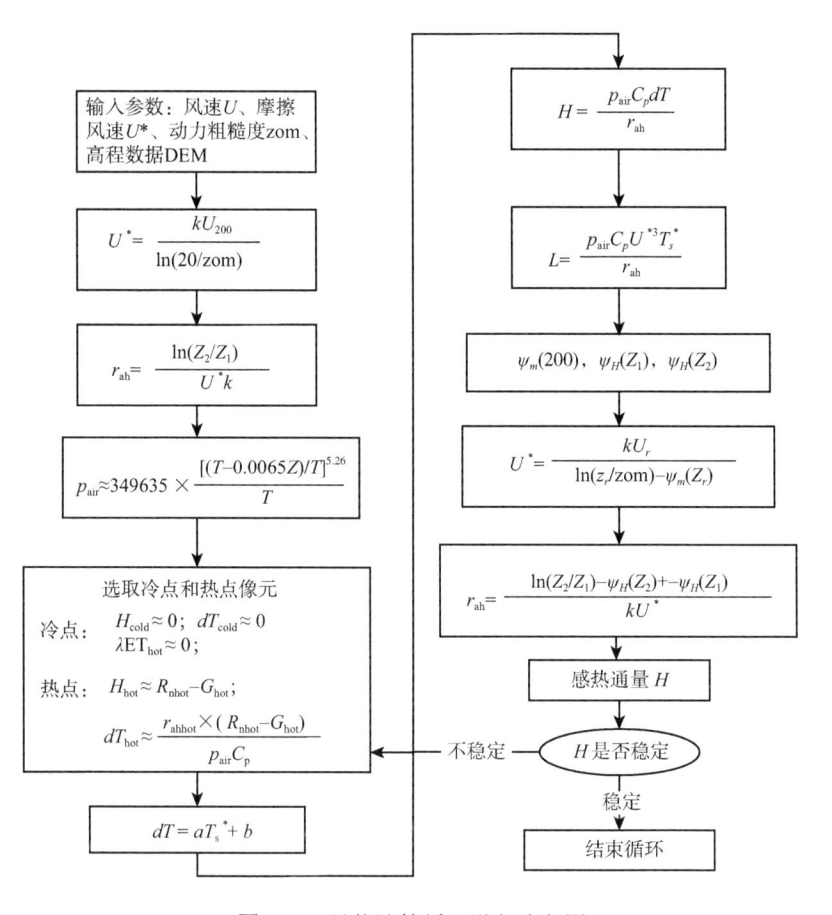

图 3.15 显热计算循环递归流程图

通过计算获取净辐射 R_n、土壤热通量 G 和显热通量 H，然后对于图像单个像元点，根据能量平衡方程，利用余项法计算得到卫星过境时刻每个像元的潜热通量 λET 和瞬时蒸散量 ET_{inst}。

$$\text{ET}_{\text{inst}} = \frac{R_n - G - H}{\lambda} \tag{3.110}$$

以上是由卫星过境时刻利用SEBAL模型求得的瞬时ET值,然后利用蒸发比恒定法等时间尺度扩展方法由瞬时ET值扩展得到全天或更长时段的ET值。

2) SEBAL模型的优缺点

SEBAL模型的主要优点在于需要较少的地面辅助数据,模型应用时无需精确的大气校正过程。模型存在的主要问题是:①需要研究区域内必须存在干点和湿点两种极限情况;②干点和湿点的确定具有较大主观性;③忽略了平流和传感器观测角度的影响;④该模型通常只适于平坦地区,当用于山区时,需要对地表温度、风速和辐射等进行校正(Bastiaanssen,2005)。

2. 基于SEBS模型的区域蒸散发反演

1) SEBS模型原理

SEBS模型应用净辐射R_n、土壤热通量G和蒸发比EF来确定蒸散发λET。EF的确定考虑了极限条件下的能量平衡,在干限条件下,由于土壤水分的限制,潜热通量(λET_{dry})为0,显热通量最大,为地表可利用能量,即$H_{dry}=R_n-G$;湿限条件下,蒸发(λET_{wet})以潜在速率进行,通过PM(Penman-Monteith)公式(3.111)计算,H_{wet}通过能量平衡获得,即$H_{wet}=R_n-G-\lambda ET_{wet}$。通过引入相对EF($EF_r$,实际蒸发与潜在蒸发的比值)的概念,实际EF表示为

$$EF = \frac{\lambda ET}{R_n - G} = \frac{EF_r \times \lambda ET_{wet}}{R_n - G} \tag{3.111}$$

其中,
$$EF_r = \frac{\lambda ET}{\lambda ET_{wet}} = 1 - \frac{H - H_{wet}}{H_{dry} - H_{wet}} \tag{3.112}$$

$$H_{dry} = R_n - G \tag{3.113}$$

$$H_{wet} = \left((R_n - G) - \frac{\rho C_p}{r_a} \frac{VPD}{\gamma} \right) \bigg/ \left(1 + \frac{\Delta}{\gamma} \right) \tag{3.114}$$

$$\lambda ET = \frac{\Delta(R_n - G) + \rho C_p VPD / r_a}{(\gamma + \Delta) + \gamma r_s / r_a} \tag{3.115}$$

式(3.115)中,当地表阻抗r_s为0时,得到潜在蒸发量(λET_{wet});Δ为饱和水汽压和温度关系曲线的斜率(Pa/℃);γ为干湿球常数(Pa/℃);VPD为饱和水汽压差(kPa)。

H是实际的显热通量,当地表温度与参考高度的气象条件给定时,H根据相似性理论及SEBS模型发展的对于显热传输的粗糙度长度模型进行估算,这种H不受可利用能量的限制。当地表温度或气象变量误差大时,EF估算存在不确定性,通过考虑极限条件下的能量平衡,式(3.115)能减少这种不确定性。有关SEBS模型的详细介绍,参考Su(2002)的研究。在近地面层,平均风速u和平均温度$\theta_0-\theta_a$的大气剖面相似性关系,

可表示为式 (3.116)～式 (3.118):

$$u = \frac{u_*}{k}[\ln\left(\frac{z-d_0}{z_{0m}}\right) - \Psi_m\left(\frac{z-d_0}{L}\right) + \Psi_m\left(\frac{z_{0m}}{L}\right)] \tag{3.116}$$

式中，u 为参考高度处的风速 (m/s); u_* 为摩擦速度 (m/s); z 为参考高度 (m); d_0 为零平面位移 (m/s); z_{0m} 为动量传输粗糙长度 (m); Ψ_m 为动量交换的MOS稳定度校正函数; L 为Obukhov长度 (m); z_{0h} 为热量传输粗糙光度 (m); $k=0.4$，为卡门常数。

$$L = -\frac{\rho C_p u_*^3 \theta_v}{kgH} \tag{3.117}$$

式中，θ_v 为近地表势虚温 (K); g 为重力加速度 (m/s²)。

$$\theta_0 - \theta_a = \frac{H}{ku_*\rho C_p}[\ln\left(\frac{z-d_0}{z_{0h}}\right) - \Psi_h\left(\frac{z-d_0}{L}\right) + \Psi_h\left(\frac{z_{0h}}{L}\right)] \tag{3.118}$$

因此，计算显热通量需要参考高度处的风速、温度和地表温度。其中，参考高度风速和温度需要气象观测资料推演生成卫星过境时刻的温度场、风速场。地表温度可以根据遥感影像反演获得。

联立式 (3.116)～式 (3.118)，可以计算获取显热通量 H。求解公式的前提条件是需要已知动量传输粗糙长度 z_{0m} 和热量传输粗糙长度 z_{0h}。现有研究对 z_{0m} 的确定，已有多种方法，主要是依据植被参数和风速综合确定；而 z_{0h} 的确定，则是根据 z_{0m} 乘以一个经验系数 (Allen, 1998)。但是 z_{0h} 随地表特征、空气流和地表热力学效应而变化。SEBS模型的一个重要创新之处，就是建立了动量传输粗糙长度 z_{0m} 和热量传输粗糙长度 z_{0h} 的空气动力学参数关联模型，即：

$$z_{0h} = z_{0m} / \exp(kB^{-1}) \tag{3.119}$$

式中，B^{-1} 是Stanton倒数，是一种无量纲的热量转换系数。

$$kB^{-1} = \frac{kC_d}{4C_t\frac{u_*}{u(h)}(1-e^{-n_{ec}/2})}f_c^2 + 2f_c f_s \frac{k\frac{u_*}{u(h)} \cdot \frac{z_{0m}}{h}}{C_t^*} + kB_s^{-1}f_s^2 \tag{3.120}$$

式中，f_c 是植被覆盖率; $f_s=1-f_c$; C_d 是叶片的拖曳系数; C_t 和 C_t^* 分别是叶片和土壤的热量交换系数; $u(h)$ 是冠层顶部的风速 (m/s); n_{ec} 是植被内风速廓线消减系数。式 (3.120) 右边第一项为全植被覆盖所对应数值，第三项为裸土所对应数值，而第二项则描述了植被和裸土之间的相互作用。

因此，SEBS模型在应用过程中，首先根据地面实测参数通过式 (3.119)～式 (3.120)，确定了动量传输粗糙长度 z_{0m} 和热量传输粗糙长度 z_{0h}；再根据式 (3.116)～式 (3.118)，求解实际的显热通量；最后利用式 (3.111)～式 (3.115) 通过计算各个像元在极端水文条件下的干限和湿限,进行区域地表蒸发比和蒸散发的估算(杨永民,2008)。

2) SEBS 模型的优缺点

SEBS 模型的优点在于:①通过考虑极限状态下的能量平衡,控制了由地表温度和气象变量带来的不确定性;②发展了新的能量传输粗糙度长度估算方法,而不是用固定值表达;③不需要地表湍流通量的先验知识。

然而,由于需要较多的地面参数及相对复杂的显热通量求解方法,当地面参数不易获取时,模型的应用会受到限制。

参 考 文 献

戴昌达,姜小光,唐伶俐.2004.遥感图像应用处理与分析.北京:清华大学出版社.
董长虹.2005.神经网络与应用.北京:国防工业出版社.
段四波,李召良,范熙伟.2018.地表温度热红外遥感反演方法.北京:科学出版社.
高海亮,顾行发,余涛,等.2010.星载光学遥感器可见近红外通道辐射定标研究进展.遥感信息,(4):117-128.
郭晗,陆洲,徐飞飞,等.2022.基于全局敏感性分析与机器学习的冬小麦叶面积指数估算.浙江农业学报,34(9):2020-2031.
国家标准.2013.卫星遥感影像植被指数产品规范(GB/T 30115—2013).北京:中国标准出版社.
国家标准.2022a.卫星遥感影像植被覆盖度产品规范(GB/T 41280—2022).北京:中国标准出版社.
国家标准.2022b.植被覆盖度遥感产品真实性检验(GB/T 41282—2022).北京:中国标准出版社.
何晓群.1997.回归分析与经济数据建模.北京:中国人民大学出版社.
贾坤,姚云军,魏香琴,等.2013.植被覆盖度遥感估算研究进展.地球科学进展,28(7):774-782.
姜海玲,张立福,杨杭,等.2016.植被叶片叶绿素含量反演的光谱尺度效应研究.光谱学与光谱分析,36(1):169-176.
李小文,王锦地.1995.植被光学遥感模型与植被结构参数化.北京:科学出版社.
李召良,段四波,唐伯惠,等.2016.热红外地表温度遥感反演方法研究进展.遥感学报,20(5):899-920.
刘良云.2014.植被定量遥感原理与应用.北京:科学出版社.
刘镕源,王纪华,杨贵军,等.2011.冬小麦叶面积指数地面测量方法的比较.农业工程学报,27(3):220-224.
刘洋,刘荣高,陈镜明,等.2013.叶面积指数遥感反演研究进展与展望.地球信息科学学报,15(5):734-743.
马怡茹,吕新,易翔,等.2021.基于机器学习的棉花叶面积指数监测.农业工程学报,37(13):152-162.
毛克彪.2007.基于热红外和微波数据的地表温度和土壤水分反演算法研究.北京:中国农业科学技术出版社.
彭晓伟,张爱军,杨晓楠,等.2022.谷子叶绿素含量高光谱特征分析及其反演模型构建.干旱地区农业研究,40(2):69-77.
施建成,杜阳,杜今阳,等.2012.微波遥感地表参数反演进展.中国科学:地球科学,42(6):814-842.
田明璐,班松涛,常庆瑞,等.2016.基于无人机成像光谱仪数据的棉花叶绿素含量反演.农业机械学报,47(11):285-293.
王纪华,赵春江,黄文江,等.2008.农业定量遥感基础与应用.北京:科学出版社.

王惠文. 1999. 偏最小二乘回归方法及其应用. 北京：国防工业出版社.

吴炳方, 邵建华. 2006. 遥感估算蒸腾蒸发量的时空尺度推演方法及应用. 水利学报, 37(3): 286-292.

向友珍, 王辛, 安嘉琪, 等. 2023. 基于分数阶微分和最优光谱指数的大豆叶面积指数估算. 农业机械学报, 54(9): 329-342.

徐珂. 2023. 冬小麦-夏玉米轮作区植被覆盖度遥感估算方法研究. 山东农业大学硕士学位论文.

阎广建, 胡容海, 罗京辉, 等. 2016. 叶面积指数间接测量方法. 遥感学报, 20(5): 958-978.

杨永民, 冯兆东, 周剑. 2008. 基于SEBS模型的黑河流域蒸散发. 兰州大学学报: 自然科学版, 44(5): 1-6.

张虎, 李静, 柳钦火, 等. 2023. 基于三维随机辐射传输模型的高分一号中国叶面积指数产品算法. 遥感学报, 27(3): 677-688.

张明政, 苏伟, 朱德海. 2019. 基于PROSAIL模型的玉米冠层叶面积指数及叶片叶绿素含量反演方法研究. 地理与地理信息科学, 35(5): 28-33.

赵福. 1975. 叶面积和叶面积指数的计算. 内蒙古农业科技, (7): 31-32.

赵英时. 2013. 遥感应用分析原理与方法. 北京：科学出版社.

Allen R, Pereira L, Raes D, Smith M. 1998. Crop evapotranspiration (guidelines for computing crop water requirements). FAO Irrigation and Drainage Paper No.56. Food and Agriculture Organization of the UN, Italy.

Atitar M, and Sobrino J A. 2009. A split-window algorithm for estimating LST from Meteosat 9 data: Test and comparison with in situ data and MODIS LSTs. IEEE Geoscience and Remote Sensing Letters, 6, 122-126.

Bacour C, Baret F, Beal D, et al. 2006. Neural network estimation of LAI, fAPAR, fCover and LAIx C(ab), from top of canopy MERIS reflectance data: Principles and validation. Remote Sensing of Environment, 105(4): 313-325.

Baret F, Guyot G. 1991. Potentials and limits of vegetation indices for LAI and APAR assessment. Remote Sensing of Environment, 35(3-2): 161-173.

Bastiaanssen W G M, Noordman E J M, Pelgrum H, et al. 2005. SEBAL model with remotely sensed data to improve water-resources management under actual field conditions. ASCE J. Irrig. Drain. E., 131, 85-93.

Carlson T, Gillies R, and Schmugge T. 1995. An interpretation of methodologies for indirect measurement of soil water content. Agricultural and Forest Meteorology, 77, 191–205.

Chen J M, Black T A. 1992. Defining leaf-area index for non-flat leaves. Plant Cell and Environment, 15(4): 421-429.

Chen J M, Menges C H, Leblanc S G. 2005. Global mapping of foliage clumping index using multi-angular satellite data. Remote Sensing of Environment, 97(4): 447-457.

Gillespie A R, Cothern J S, Matsunaga T, et al. 1998. A temperature and emissivity separation from advanced spaceborne thermal emission and reflection radiometer (ASTER) images. IEEE Transactions on Geoscience and Remote Sensing, 36, 1113-1126.

Goward S, Xue Y, and Czajkowski K. 2002. Evaluating land surface moisture conditions from the remotely sensed temperature/vegetation index measurements: An exploration with the simplified simple biosphere model. Remote Sensing of Environment, 79, 225-242.

Jackson R, Idso S, Reginato R, and Pinter Jr P. 1981. Canopy temperature as a crop water stress indicator. Water Resource Research, 17, 1133-1138.

Jacquemoud S, Baret F. 1990. PROSPECT: A model of leaf optical properties spectra. Remote Sensing of Environment, 34(2): 75-91.

Jiménez-Muñoz J C and Sobrino J A. 2003. A generalized single-channel method for retrieving land surface temperature from remote sensing data. Journal of Geophysical Research, 108(D22): 4688-4695.

Kim M S, Daughtry C S T, Chappelle E W, et al. 1994. The use of high spectral resolution bands for estimating absorbed photosynthetically active radiation(APAR). In: Proceedings of the 6th Symposium on Physical Measurements and Signatures in Remote Sensing, 299-306.

Jia K, Yang L Q, Liang S L, et al. 2019. Long-term global land surface satellite(GLASS) fractional vegetation cover product derived from MODIS and AVHRR data. IEEE Journal of Selected Topics in Applied Earth Observations and Remote Sensing, 12(2): 508-518.

Kuusk A. 1985. The hotspot effect of uniform vegetative cover. Soviet Journal of Remote Sensing, 3: 645-658.

McMillin L M. 1975. Estimation of sea surface temperature from two infrared window measurements with different absorptions. Journal of Geophysical Research, 80: 5113-5117.

McVicar T, Jupp D, Yang X, and Tian G. 1992. Linking regional water balance models with remote sensing. Proceedings of the 13th Asian Conference on Remote Sensing. 1-6. Ulaanbaatar, Mongolia.

Moran M, Clarke T, Inoue Y, and Vidal A. 1994. Estimating crop water deficit using the relation between surface-air temperature and spectral vegetation index. Remote Sensing of Environment, 49: 246–263.

Nolet C, Poortinga A, Roosjen P, et al. 2014. Measuring and modeling the effect of surface moisture on the spectral reflectance of coastal beach sand. Plos One, 9, e112151.

Oh Y, Sarabandi K, Ulaby F T. 1992. An empirical model and inversion technique for radar scattering from bare soil surface. IEEE Trans Geosci Remote Sensing, 30: 370-381.

Price J. 1977. Thermal inertia mapping: a new view of the earth. Journal of Geophysical Research, 82: 2582-2590.

Price J. 1985. On the analysis of thermal infrared imagery: The limited utility of apparent thermal inertia. Remote Sensing of Environment, 18: 59-73.

Qin Z, Karnieli A, Berliner P. 2001. A mono-window algorithm for retrieving land surface temperature from Landsat TM data and its application to the Israel-Egypt border region. International Journal of Remote Sensing, 22(18): 3719-3746.

Rahman H, Pinty B, Verstraete M M. 1993. Coupled surface - atmosphere reflectance(CSAR) model: 2. Semiempirical surface model usable with NOAA advanced very high resolution radiometer data. Journal of Geophysical Research: Atmospheres, 98(D11): 20791-20801.

Sabol D E, Gillespie A R, Abbott E and Yamada G. 2009. Field validation of the ASTER temperature–emissivity separation algorithm. Remote Sensing of Environment, 113(11): 2328-2344.

Sadeghi M, Jones S, and Philpot D. 2015. A linear physically-based model for remote sensing of soil moisture using shortwave infrared bands. Remote Sensing of Environment, 164: 66-76.

Sandholt I, Rasmussen K, and Andersen J. 2002. A simple interpretation of the surface temperature/vegetation index space for assessment of soil moisture status. Remote Sensing of Environment, 79: 213-24.

Scott N A, Chédin A. 1981. A fast line-by-line method for atmospheric absorption computations: The automatized atmospheric absorption atlas. Journal of Applied Meteorology, 20: 802-812.

Shi J, Wang J, Hsu A, et al. 1997. Estimation of bare surface soil moisture and surface roughness parameters using L-band SAR image data. IEEE Trans Geosci Remote Sensing, 35: 1254-1266.

Sobrino J, EI Kharraz M. 1999a. Combining afternoon and morning NOAA satellites for thermal inertia estimation: 1. Algorithm and its testing with hydrologic atmospheric pilot experimental data. Journal of Geophysical Research, 104: 9445-9454.

Sobrino J, EI Kharraz M. 1999b. Combining afternoon and morning NOAA satellites for thermal inertia estimation: 2. Methodology and application. Journal of Geophysical Research, 104: 9455-9466.

Sobrino J A, Jiménez-Muñoz J C, Balick L, et al. 2007. Accuracy of ASTER level-2 thermal-infrared standard products of an agricultural area in Spain. Remote Sensing of Environment, 106: 146-153.

Su Z. 2002. The Surface Energy Balance System (SEBS) for estimation of turbulent heat fluxes. Hydrology and Earth System Sciences, 6(1): 85-99.

Tang B H, Shao K, Li Z-L, et al. 2015. Estimation and validation of land surface temperature from Chinese second generation polar-orbiting FY-3A VIRR data. Remote Sensing, 7: 3250-3273.

Verhoef W. 1984. Light scattering by leaf layers with application to canopy reflectance modeling: the SAIL model. Remote Sensing of Environment, 16(2): 125-141.

Verhoef A. 2004. Remote estimation of thermal inertia and soil heat flux for bare soil. Agricultural and Forest Meteorology, 123: 221-236.

Verstraeten W, Veroustraete F, Sande C, et al. 2006. Soil moisture retrieval using thermal inertia, determined with visible and thermal spaceborne data, validated for European forests. Remote Sensing of Environment, 101: 299-314.

Wan Z M, Li Z L. 1997. A physics-based algorithm for retrieving land-surface emissivity and temperature from EOS/MODIS data. IEEE Transactions on Geoscience and Remote Sensing, 35(4): 980-996.

Wang L, Qu J. 2007. NMDI: A Normalized Multi-band Drought Index for monitoring soil and vegetation moisture with satellite remote sensing. Geophysical Research Letters, 34: L20405, doi: 10.1029/2007GL031021.

Xiao Z, Liang S, Wang J, et al. 2016. Long time-series global land surface satellite (GLASS) leaf area index product derived from MODIS and AVHRR data. IEEE Transactions on Geoscience and Remote Sensing, 54(9): 5301-5318.

Xu X, Liu Q, Chen J. 1998. Synchronous retrieval of land surface temperature and emissivity. Sci. China Ser. D-Earth Sci., 41: 658-668.

第4章 农情遥感

农情遥感监测是利用遥感技术对农业生产过程进行的动态监测。农情遥感监测的内容是主要粮食农作物和经济农作物的种植面积、长势、产量等生长过程。本章主要介绍基于遥感技术手段的农作物种植面积监测、长势监测和产量估算的方法。

4.1 农作物种植面积遥感监测

4.1.1 概 述

农作物的种植面积反映了农业生产在空间范围利用农业生产资源的情况,是了解农作物种类、分布特征的重要信息,是农作物产量预测的基本要素,也是进行农业结构调整的依据,对于农业生产管理十分必要。农作物种植面积的遥感监测,是在收集分析不同农作物光谱特征、物候特征及其他特性的基础上,通过遥感影像记录的地表信息,识别农作物的类型,计算统计农作物的种植面积。

1. 农作物遥感分类识别基础理论

农作物独特的反射光谱特征、物候特征及其他特性,是农作物遥感分类识别与种植面积监测的基础。

(1) 农作物反射光谱特征。农作物的反射光谱特征随着叶片中叶肉细胞、叶绿素、水分含量、氮素含量及其他生物化学成分的不同,在可见光-近红外波段会呈现出不同的形态和特征的反射光谱曲线。农作物种植面积遥感监测利用农作物独特的光谱反射特征,将农作物种植区和非种植区分开。

(2) 农作物物候特征。不同农作物类型的遥感识别主要依据两点:一是农作物在近红外波段的反射主要受叶子内部构造的控制,不同类型农作物的叶子内部构造有一定的差别,作为识别不同农作物类型的依据之一;二是根据不同区域、不同类型农作物物候期的差异,可利用遥感影像信息的时相变化规律进行不同农作物类型的识别(刘佳等,2017)。

农作物物候特征是农作物为了适应气候条件的节律性变化而形成与此相应的生长发育节律。农作物物候特征导致农作物在不同生长发育阶段表现不同的光谱特性,例如棉花在不同生育时期光谱反射特征曲线具有细微的差异(图4.1)。

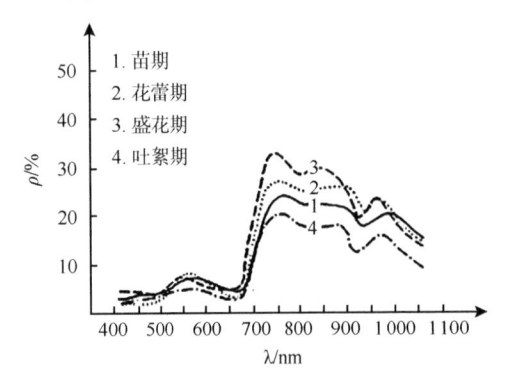

图4.1 棉花不同生育时期光谱特征曲线

另外，农作物季相节律在不同农作物类型之间也存在差异，图4.2为不同农作物物候期增强植被指数（EVI）的变化规律。以冬小麦为例，冬小麦在10月初播种，此时EVI较小，耕地上主要表现为土壤背景信息；经过出苗期到12月上旬的分蘖期，冬小麦具有较高的叶绿素含量，其EVI也较大，此时与背景地物具有较大的季相差异，在卫星图像上表现为十分明显的影像特征；次年3月中下旬，冬小麦处于返青期，同样具有较高的叶绿素含量，且此时其他农作物还没有播种或刚刚播种，在卫星图像上也表现为十分明显的影像特征；而5月中旬冬小麦处于抽穗期，EVI达到最大值，因此选择这几个时相或其组合均能较好地将冬小麦与其他农作物区分开。了解农作物的物候特征，可以为选择适宜的遥感数据时相以及进行农作物类型的遥感识别和分类提供十分有用的参考，也是农业遥感应用的参考依据。

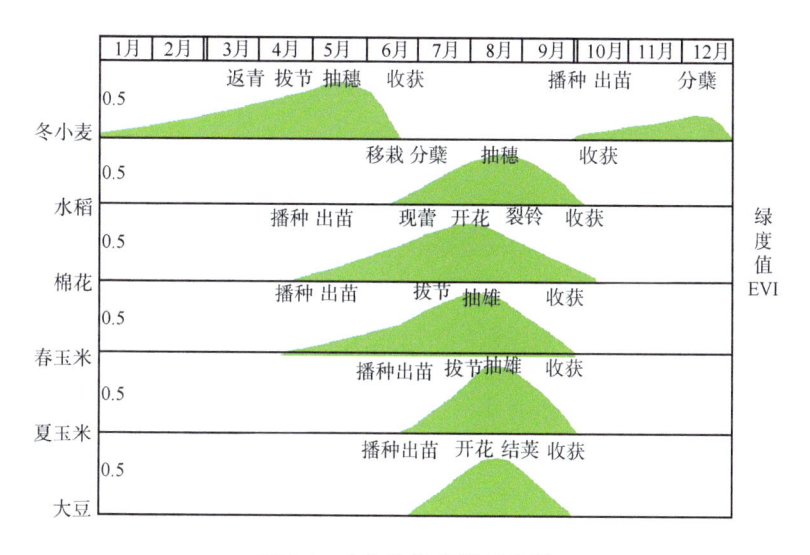

图4.2 农作物物候期示意图

（3）农作物的其他特性。除了农作物的光谱特征与物候特征外，农作物还具有区别于其他地物的典型特性。例如，农作物生长的耕地一般为平地，坡度较小，可以结合数字高程模型资料进行辅助解译；农作物的纹理一般较为细致，有规则分割的田埂，水稻田附近有灌溉沟渠等。综合这些农作物相关特性，进行农作物面积遥感识别和种植面积监测，可以有效提高农作物分类提取的精度。

2. 农作物种植面积遥感监测技术流程

农作物种植面积遥感监测技术流程主要包括数据获取、遥感数据预处理、农作物类型识别遥感特征参数提取、农作物遥感分类体系建立、农作物遥感分类方法选择及分类、分类识别精度评价、农作物种植面积量算和统计、农作物种植面积分布图制作与报告编写等。其总体技术流程如图4.3所示。

（1）数据获取与处理。农作物种植面积遥感监测需要获取的数据包括遥感数据、样本数据以及其他辅助数据。

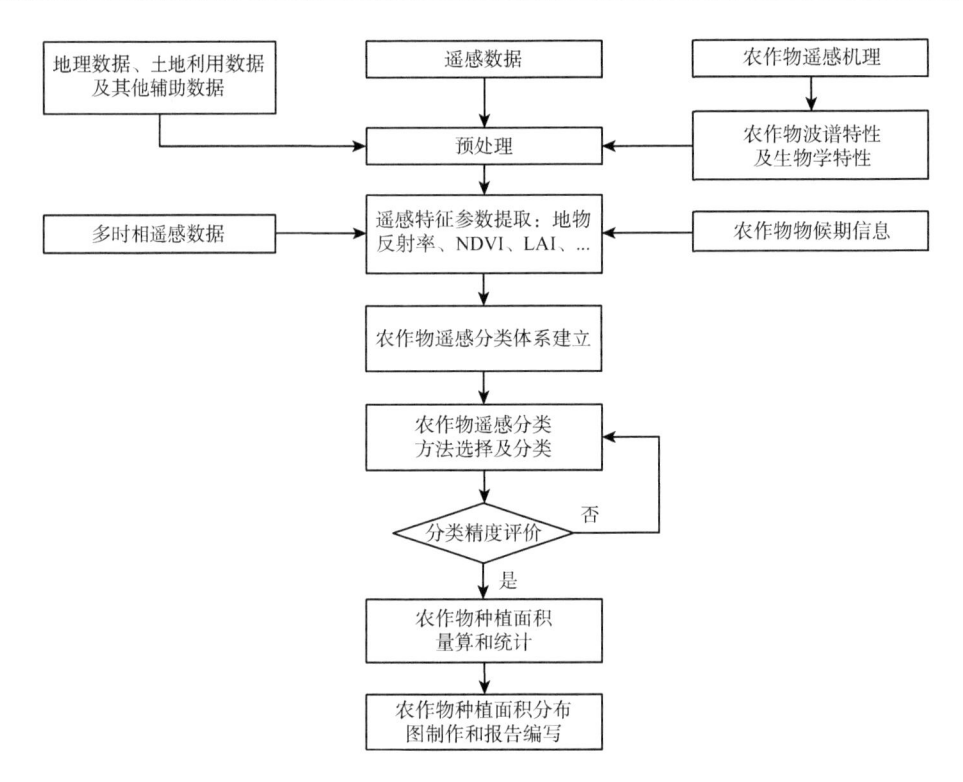

图 4.3　农作物种植面积遥感监测技术流程图

遥感数据电磁波波段范围是可见光-近红外波段，可以是监测区域农作物种植面积最佳监测时间范围的单时相影像数据，也可以是最佳监测时间前期、后期同一季农作物不同生育时期的多时相影像数据，参与农作物遥感分类，提高监测精度。遥感数据预处理包括辐射校正、几何校正等。农情监测遥感数据预处理算法参见 NY/T 3526—2019。

样本数据包括训练样本数据和验证样本数据。训练样本用于进行农作物遥感分类的学习和训练，以建立分类模型或分类函数的样本；验证样本用于验证分类结果精度。样本数据可由实地调查方法获取，或者通过航空拍摄以及更高空间分辨率的卫星影像或图像解译方法，选取确定已知地物属性或特征的图像像元。

其他辅助数据包括监测区域数字高程模型图、土地利用分布图以及包含农作物种植面积信息的统计年鉴数据等，以便提高农作物遥感分类识别的精度。

(2) 遥感分类特征参数提取。农作物遥感分类特征参数包括光谱反射率、由光谱反射率衍生计算的植被指数（如 NDVI）、叶面积指数（LAI）以及空间纹理特征等。不同的农作物遥感分类识别模型方法，需要不同的遥感分类特征参数，例如监督分类方法中的最大似然分类（MLC）主要采用光谱反射率特征；决策树分类方法主要通过农作物不同物候期的光谱特征及 NDVI 特征，构建分类决策，实现农作物遥感影像的分类。

(3) 农作物遥感分类体系建立。针对卫星影像空间分辨率，选择能够达到预期识别精度的农作物、其他地物类型建立农作物遥感分类体系。基于样本数据获取监测区域的监测农作物类型、其他农作物类型，以及水体、裸地等地物的遥感分类参数，用于农作物遥感识别的训练样本。

(4) 农作物遥感分类识别方法选择和分类。基于训练样本数据，可以选择监督分类、非监督分类、目视判读、面向对象、深度学习等分类方法，或组合进行分类。

(5) 分类精度评价及农作物种植面积量算和统计。基于验证样本，采用分类精度评价指标，评价农作物遥感识别精度。精度合格后，进行农作物种植面积量算和统计等。

4.1.2 农作物种植面积遥感监测主要技术方法

1. 遥感最佳时相选择方法

农作物种植面积遥感监测时间一般选择待监测农作物与其他农作物、背景地物的遥感影像特征差异最显著、识别效果最佳的时间节点，最佳时相选择方法包括经验法、J-M空间距离法。

1) 经验法

农作物在不同生长发育阶段的影像特征（如NDVI值）不同，根据经验法选择监测农作物与其他农作物、背景地物的遥感影像特征差异最显著、识别效果最佳的时间节点。表4.1为主要农作物种植面积遥感监测最佳时间（NY/T 3527—2019）。

表4.1 农作物种植面积遥感监测最佳时间

农作物	种植区域	遥感监测最佳时间
冬小麦	长城以南到华南部分地区，以及新疆和青藏高原均可种植。其中，黄淮海平原是冬小麦主产区	分蘖期、返青至拔节期。例如，黄淮海平原冬小麦的监测最佳时间是3月上旬~4月下旬、12月上旬~1月上旬
春小麦	主要种植在长城以北地区。其中，东北和西北地区是春小麦主产区	拔节至抽穗期。例如，东北地区春小麦监测最佳时间是5月下旬~6月上旬
春玉米	除高寒地区外，全国其他区域均可种植。主要种植在东北、西北、华北和西南地区	抽雄期。例如，东北地区春玉米监测最佳时间是7月中旬~8月上旬
夏玉米	长城以南到海南岛均可种植。其中，黄淮海平原是夏玉米主产区	抽雄期。例如，黄淮海平原夏玉米监测最佳时间是8月上旬~8月中旬
早稻	长江以南地区。其中，湖南省和江西省是早稻主产区	移栽至抽穗期。例如，湖南省早稻监测最佳时间为5月上旬~6月下旬
中稻及一季稻	除高寒地区外，全国其他区域均可种植。其中，东北和长江中下游地区是一季稻主产区	移栽~抽穗期。例如，东北地区一季稻监测最佳时间是6月中旬~9月中旬
晚稻	长江以南地区。其中，湖南省和江西省是晚稻主产区	移栽~抽穗期。例如湖南省晚稻监测最佳时间是8月上旬~9月中旬
春大豆	主要种植在东北、华北和西北地区。其中，东北地区是春大豆主产区	开花至盛荚期。例如，东北春大豆监测最佳时间是7月中旬~8月中旬
冬油菜	长江中下游地区	蕾薹至开花期。例如，湖南省冬油菜监测最佳时间是3月下旬~4月上旬
棉花	主要种植在新疆、西北、华北和长江中下游地区	现蕾~开花期。例如，新疆棉花监测最佳时间是6月下旬~7月上旬
甘蔗	主要种植在华南地区	10月中旬~11月上旬

2) J-M 空间距离法

遥感图像是对某一时刻地物种类及组合方式的反映,地物光谱信息的相似性和相互干扰是影响地物遥感识别和分类的主要因素。因此,根据农作物物候期及典型地物波谱特点,选择波谱差异最大的时相,将有利于遥感目标的识别。J-M (Jeffeies-Matusita)距离是一种基于条件概率之差的光谱可分性度量标准,公式如下:

$$J_{ij} = \left\{ \int_x \left[\sqrt{p(x/w_i)} - \sqrt{p(x/w_j)} \right]^2 dx \right\}^{1/2} \quad (4.1)$$

式中,$p(x/w_i)$为条件概率密度,即第i个像元属于第w_i类别的概率;$p(x/w_j)$为第j个像元属于第w_j类别的概率。判别两个地物识别可分性的标准为:

$0.0 <$ JM < 1.0,两个地物类别之间不具备光谱可分性;

$1.0 <$ JM < 1.9,两个地物类别之间有一定的光谱可分性,但光谱分布有重叠;

$1.9 <$ JM < 2.0,两个地物类别之间具有很好的光谱可分性。

例如,采用J-M距离法选择冬小麦种植面积遥感监测最佳时相。首先获取了某区域含冬小麦全生育期的Landsat TM卫星影像,然后采用目视解译法识别出冬小麦及其他相关地物,并计算分类样本的J-M距离(表4.2)。从表4.2中可以看出,6月23日的TM遥感影像是冬小麦识别的最佳时相。

表4.2 主要植被类型的J-M距离

植被类型	冬小麦 4月7日	冬小麦 5月6日	冬小麦 6月23日	冬小麦 10月26日	冬小麦 11月14日
草地	1.960	1.544	1.932	1.698	1.254
苜蓿	1.834	1.644	1.982	1.607	1.866
林网	1.870	1.433	2.000	1.964	1.834
大棚	1.999	2.000	1.963	1.866	1.767
春玉米			1.932		
夏玉米			2.000		

2. 农作物种植类型遥感识别分类方法

农作物种植类型遥感识别,主要是利用其光谱特征和空间特征向量存在的"同类相聚、异类相离"的现象,按照某种规则或算法与其他地物区分开,再结合农作物的物候特征确定其类型。

目前农作物种植类型遥感分类识别和面积提取的主要技术方法有目视解译、监督分类、非监督分类、面向对象分类、深度学习分类以及几个分类方法的综合等(图4.4)。从数据源上考虑,又可分为单时相影像分类、多时相影像分类以及地面数据辅助遥感影像分类等。需要注意的是,在实际分类中,并不存在一个单一"正确"的分类形式,选择哪种分类方法,取决于图像的特征、应用要求和能利用的计算机资源。

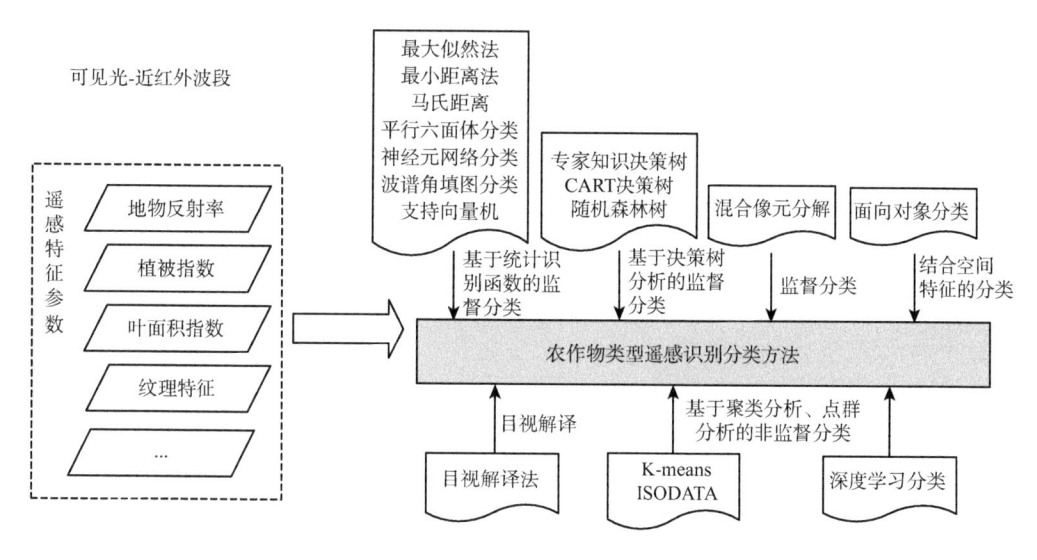

图4.4 农作物类型遥感识别主要技术方法

1) 目视解译法

遥感图像目视解译是专业人员通过直接观察或借助辅助判读软件，在遥感图像上获取特定目标地物信息的过程，即利用图像的影像特征（色彩或彩色，即波谱特征）和空间特征（形状、大小、阴影、纹理、图型、位置、布局等），与多种非遥感信息资料相结合，运用生物地学相关规律，对地物进行综合分析和逻辑推理的思维过程。

遥感图像目视解译是高空间分辨率卫星农作物类型精细识别的重要方法之一，利用目视解译，不但可以精确获取监测区域的农作物类型分布，而且目视解译结果具有较高精确性。该方法需要解译人员具备专业的图像解译知识，了解地物判读分类的基本知识。解译过程中，通过合适的影像增强方法（如波段组合），将目标农作物与背景地物最大化分开；解译人员通过经验知识、实地考察等方式，基于目标地物的光谱特征、空间特征和时间特征，并综合其他间接解译知识，如地物之间的相互关系等，建立影像地物分类的综合解译特征；通过地物提取工具软件，对目标地物进行手动提取，勾绘其范围矢量边界，并赋予地物属性。

目视解译的主要优点是分类精度较高，可以避免使用机器分类导致的错分和误分，农作物分类结果，可以作为小范围区域农作物类型识别制图依据，也可以作为农作物计算机分类的训练样本及精度验证的基准数据。该方法的缺点是工作效率低，无法应用于大范围区域农作物的常态化监测，并且如果解译人员对分类农作物特性不熟悉，则可能导致分类精度的降低。因此在实际工作中，都利用计算机自动分类与目视解译相结合的方法，进行农作物类型识别和信息提取。

2) 非监督分类法

遥感影像的非监督分类（unsupervised classification）是在多光谱图像中搜寻、定义其自然相似光谱集群的过程。其依靠影像上不同类别地物光谱（或纹理）特征参数，以聚类中对象的均值为中心对象，统计特征的差别，使同一类别像素之间的距离尽可能小，而不同类别像素之间的距离尽可能大，达到分类的目的，最后对已分出的各个类别实际属性进行确认。

非监督分类不需要人工选择训练样本，采用聚类分析或点群分析的方法，根据多光谱图像像元光谱或空间统计特征差异及自然点群的分布情况，与参考数据比较来划分地物类别的分类处理。目的是使得属于同一类别的像元之间的差异（即距离）尽可能地小，不同类别中像元间的差异（即距离）尽可能地大。其分类结果只是区分了存在的类别，但不能确定类别的属性，类别的属性需要通过目视解译或实地调查后确定。非监督分类常用的算法包括K-均值算法和ISODATA算法。

(1) K-均值算法。K-均值（K-means）使用了聚类分析方法，随机选取初始聚类中心，通过迭代计算每个对象与各聚类中心的聚类相似度，并将其分类至相似度最高的聚类簇中，并重新计算聚类中心，直至其不再变化。聚类相似度使用聚类中对象的均值所获得的"中心对象"进行计算。

(2) ISODATA算法。迭代自组织数据分析技术（iterative self-organizing date analysis, ISODATA）算法的基本步骤为：①初始随机地选择集群组C_{max}中心；②计算其他像元离这些中心的距离，按照距离最小规则划分到其对应的集群中；③重新计算每个集群的均值，按照前面定义的参数合并或分开集群组；④重复②和③，直到其达到最大不变像元百分比，或最大迭代次数才停止计算。

与监督分类方法相比，非监督分类主要依赖影像的地物光谱特征或纹理特征的差异，通过聚类分析进行分类，不需要先验知识的确定和训练样本的输入，对专家经验知识的依赖性较低，地物分类的细度增强，能够快速了解监测区域不同类型农作物的大概分布。非监督分类的主要缺点是，分类结果与实际需要的分类结果之间，往往无法一一对应，类别需要重新定义，合并相同类别，剔除错分类别，而且图像中各类别的光谱特征会随着时间、地形等变化，不同图像及不同时段的图像之间的光谱集群组无法保持其连续性，使不同图像之间的对比变得困难。

3) 监督分类法

遥感影像的监督分类（supervised classification）根据已知训练区提供的样本，通过选择特征参数（如光谱反射率、植被指数、叶面积指数）、空间特征、纹理特征等作为决策规则，建立判别函数以对各待分类影像进行图像分类。监督分类要求训练样本具有典型性和代表性。监督分类包括基于统计识别函数的分类，如最大似然法、最小距离法、神经元网络分类法、波谱角填图分类法、支持向量机法等；基于决策树分析的分类，如专家知识决策树、随机森林法等；混合像元分解法分类等。

(1) 最小距离分类（minimum distance classifier）。最小距离分类是利用训练样本中各类别在各波段的均值，根据各像元离训练样本平均值的距离大小来决定其类别。距离的计算方法包括马氏距离、欧式距离、计程距离等。最小距离分类法首先计算待分像元到每一类中每一个统计特征量间的距离，取其中最小的一个距离作为该像元到该类别的距离，将其归属于距离最小的一类。

最小距离分类法原理简单，计算速度快，可以在快速浏览分类概况中使用。该分类方法的主要缺点是，没有考虑不同类别内部方差的不同，从而造成一些类别在其边界上的重叠，引起分类误差。

(2) 最大似然分类(maximum likelihood classifier)。最大似然分类是基于贝叶斯准则的分类错误概率最小的一种非线性分类方法。其基本数学公式是，基于地物光谱特征近似服从正态分布的假设，利用训练样本的均值、方差以及协方差等特征参数，求出每个像元对于各类别的归属概率，将各个像元分到归属概率最大的类别中去的方法，公式如下：

$$L_k(x) = \frac{1}{(2\pi)^{\frac{n}{2}}|\Sigma_k|^{\frac{1}{2}}} \exp\left\{-\frac{1}{2}(x-\mu_k)^T \Sigma_k^{-1}(x-\mu_k)\right\} \tag{4.2}$$

式中，$L_k(x)$为像元数据x归并到类别k的似然度；n为特征空间的维数（波段数）；x为像元数据（光谱特征值）（n维列向量）；μ_k为类别k的平均向量（n维列向量）；Σ_k为类别k的方差、协方差矩阵（$n\times n$矩阵）。

最大似然分类法可以同时定量地考虑两个以上的波段和类别，是一种广泛应用的分类器。但该方法计算量比较大，对不同类别的方差变化比较敏感，并且当总体分布不符合正态分布时，其分类可靠性将下降，则不宜采用最大似然分类法。

(3) 决策树分类法。决策树分类法(decision tree classifier)通过构建一系列的分类决策方式，针对遥感影像数据及其他辅助数据进行层层分类，最终获得需要的分类结果。分类决策方式的构建方法有多种，主要有专家知识决策树、CART决策树、随机森林树(random forest tree)等。

决策树由一个根节点、一系列内部节点（分支）和终极节点（叶）组成。决策树分类分为训练和分类两步，首先利用训练样本对分类树进行训练，按照一定规则构造分类树结构；然后用训练好的分类树对像元进行逐级判定，最终确定其类别归属。这里的规则可以根据经验和目视解译人为设定，也可以按照一定的算法自动获取。决策树能够处理的数据集不仅包含光谱信息，还可以是纹理信息、空间特征和高程信息等多源数据。

决策树分类法具有结构清晰、易于理解、实现简单、运行速度快等特点，可以有效处理大量高维数据和非线性关系，能够有效地抑制训练样本噪声和解决属性缺失问题，分类精度较高。其缺点是确定最佳决策树需要花费较多的时间（黄健熙等，2015a；王利民等，2015）。

(4) 人工神经网络分类。人工神经网络(artificial neural network，ANN)是由大量处理单元（神经元）相互连接的分层式或互连网络结构，是人脑的某种抽象、简化和模拟。神经元模型描述为，从其他神经元i传递来信号x_i，输入信号和权重分量w_i的积$\Sigma w_i x_i$通过激发函数f，变换为输出信号y。激发函数f包括阶跃型函数(heaviside function)、线性阈值函数(linear threshold function)以及逻辑函数(sigmoid function)等。

分层式网络由输入层(input layer)、隐含层(hidden layer，即中间层)和输出层(output layer)等三类层组成。每层都配有多个神经元，但层内的神经元相互不连接。输入层神经元得到的输入信号传递给隐含层的神经元，然后隐含层的神经元向输出层的神经元传递。

当对输入层的各神经元给出特征矢量x的各成分,输出层的各神经元通过判别各分类类别的相似度进行输出,就可以将x归属为具有最大相似度的分类类别,从而进行分类。由于网络具有这种功能,所以当输入层给出训练样本x时,为了使得到的输出值与所定的训练信号之间的误差最小,需要调节权重w,并对全体训练样本逐次进行重复操作。

人工神经网络方法的优点是:①无需像统计模式识别那样对原始类别做概率分布假设,即使分类理论及规则不确定,也可以得到分类结果;②在输入层和输出层之间增加了隐含层,节点之间通过权重来连接,且具有自我调节能力,能方便地利用各种类型的多源数据进行综合研究,有利于提高分类精度;③对于是非线性的激发函数,能在特征空间形成复杂的非线性决策边界,从而解决非线性可分的特征空间的划分。人工神经网络分类的缺点是,对训练数据集的选择比较敏感;需要花费大量的时间进行训练学习,相关的参数多且需要不断地调整,才能有较好的分类结果;很难给出神经元之间权值的物理意义。

(5) 支持向量机分类。监督分类的依据是数理统计学理论,常规数理统计算法一般在训练样本数目趋于无穷大时,才能获得良好的分类精度,并且要求特征向量服从正态分布,但是在实际工作中训练样本的数目往往是有限的。Vapnik等于20世纪90年代提出了基于统计学理论的有限样本学习方法——支持向量机(support vector machine,SVM)理论,在解决小样本、非线性及高维模式识别中表现出许多特有的优势。

SVM的基本思想是,通过核函数将非线性变换映射到高维特征空间,在高维特征空间中构造线性判别函数来实现原空间中的非线性判别函数,求取最优分类超平面(optimal hyperplane,OHP)。该分类超平面不但能够将所有的训练样本正确分类,而且使训练样本中离分类面最近的点到分类面的距离最大,即分类间隔最大,最终得出该分类点所属的类别。其原理是:存在最优分类超平面方程$\boldsymbol{W}^T X_i + b = 0$,其权重值$\boldsymbol{W}$和偏置变量$b$满足式(4.3),目的是找寻最小训练数据的平均分类错误,公式表示为式(4.4)。

$$y_i \boldsymbol{W}^T X_i + b \geq 1 - \xi_i \tag{4.3}$$

$$\varphi(W, \xi) = \frac{W^T W}{2} + C \sum_{i=1}^{n} \xi_i \tag{4.4}$$

式中,y_i为第i类的类别;X_i为样本;C为惩罚系数;ξ_i为松弛变量。

SVM的分类参数主要有惩罚系数C和核函数参数。惩罚系数C控制对错分样本的惩罚程度,C值越大,两个超平面之间的最大间距越小,错分样本越少,训练时间越长;反之,两个超平面之间的最大间距越大,错分样本越多,训练时间越短。核函数参数包括线性核参数、多项式核参数、径向基核函数、S型核函数等,核函数取值过小,所有的样本都被视为支持向量,故而造成对新样本的测试时间长,并且会产生"过度拟合"现象;而当核函数很大时,SVM的性能也会较差,对新样本的正确分类能力几乎为零,将把所有样本都判为同一类。因此,SVM参数的正确选择对分类器泛化能力有着重要的影响。通常,SVM参数选择比较常用的方法包括穷举法、网格法和智能优化法。

SVM分类具有结构简单,泛化能力强,易解决具有高维特征、小样本与不确定性等问题的优势,并能够有效地克服统计方法所要求特征向量服从正态分布要求,也解决了神经网络方法中无法避免的局部极值问题,适合高维、复杂的小样本多维数据分类。SVM分类缺点是应用时不容易找到最优的核函数参数和惩罚系数,同时当训练样本集数量远远小于测试样本集,即便SVM善于处理小样本问题,也难以保证取得理想的分类效果。

(6) 混合像元分级分类。当图像空间分辨率较低时,一个像元内可能包含两种或两种以上地物目标,即存在混合像元。如果仅将一个混合像元归属为某一类,势必带来一定的分类误差,导致分类精度下降。因此需要将像元中的每一个地物类别对应的百分比含量表示出来,进行混合像元分级分类。

混合像元分解常用的方法是线性光谱混合模型(linear spectral mixture model,LSMM),图像中每一个像元的反射率值,是由该像元内的每种地物反射率的线性组合,其中每种地物类型在该像元内所占的面积比作为线性方程的权重系数,即每一光谱波段中,单一像元的反射率表示为它的端元组分特征反射率与各自面积比的线性组合。线性分解模型公式为

$$a_i = \sum_{j=1}^{m} p_{ij} f_j + \varepsilon_i \tag{4.5}$$

$$\sum_{j=1}^{m} f_j = 1 \quad 0 \leqslant f_j \leqslant 1 \quad 2 \leqslant m \leqslant n \tag{4.6}$$

式中,a_i为混合像元的反射率;p_{ij}为第i个波段第j个端元组分的反射率;f_j为该像元第j个端元组分的面积比;ε_i为第i波段的误差;n为波段数;m为选定的端元组分数。

基于线性光谱混合模型的混合像元分级分类构模简单,物理含义明确。但其不足的方面体现在,当典型地物选取粗糙,地物所占像元面积比有误差,会影响地物分类精度,同时难以获得某种地物的纯净像元光谱值作为参照光谱值;特别当区域内地物类型复杂时,将导致结果误差偏大(张喜旺等,2013)。

监督分类可充分利用分类地区的先验知识,预先确定分类的类别,根据地物光谱统计特性进行分类,分类精度较高。当两地物类型对应的光谱特征差异很小时,分类效果高于非监督分类,也可避免非监督分类中对光谱集群组的重新归类,是目前农作物种植面积遥感监测业务工作的主要技术方法。该方法的缺点是人为主观因素较强,只能识别训练样本中所定义的类别;对于训练者不知或因数量太少而未被定义的类别,监督分类不能识别,尤其是对于农作物类型复杂、地块破碎的地区。

4) 面向对象法

传统的以像元为基本单元的图像分类方法,常常是在遥感影像中提取地物的光谱

特征，并根据这些特征之间的相似特性来确定不同的地物类型。对于高空间分辨率遥感图像，同一类地物由相邻若干像元组成，导致同一地物类型内部的异质性增强，如果仅仅依靠光谱信息分类，会产生严重的"椒盐效应"。面向对象分类是以图像对象作为最小分析单元，而不是图像像素，实现了一种能够利用地物多种特征的图像分析方法。

面向对象分类的基本原理是，根据相邻像元之间的光谱异质性阈值，对图像的像元进行合并和分割，形成由多个同质像元组成的图像对象，然后在图像对象的基础上加入空间、纹理等几何特征和结构信息，将具有相同规则的对象归为一类，实现了一种能够充分利用高空间分辨率遥感影像丰富的地物光谱、空间、纹理、几何结构等多种特征的图像分析方法。面向对象分类步骤包括：①影像分割；②分类特征选择；③建立分类规则并进行分类。

影像分割是根据地物在影像上呈现的光谱、纹理、空间和形状等特征，选择合适的分割尺度，进行同质像元相合并和异质像元相分离，将影像分为若干对象的过程，涉及的分割参数包括波段权重、异质性计算参数（光滑度和紧致度）、分割尺度参数等。其中，分割尺度的选择直接决定了分割后影像对象的大小，并影响到后续对象分类的精度。尺度越小，分割后的对象越小，数目越多，但有时过小的分割尺度会导致产生的对象过于破碎，增大了同类对象间的光谱差异，影响分类精度，因此，要根据不同的地物类型确定对应的最优尺度。

分类特征选择是选取图像对象包含的可用于分类的特征，包括光谱特征（如NDVI）、形状、纹理、拓扑关系和专题数据，分别建立不同类别地物的隶属度函数（规则），识别不同地物类别。

根据图像对象特征及地物间的关系，建立分类层次结构。具体规则的建立主要考虑两方面内容：①各层次类型的规则建立：根据对象的特征定义判定规则；②层内子类型对父类型继承：如果存在子类型，则子类型首先继承父类型判定规则，然后增加其特有的特征作为判定规则。

面向对象分类对于提高高空间分辨率影像的地物分类速度和精度具有优势。但需要针对不同监测区域影像特征，确定适宜的分割参数值，分割结果直接影响特征提取与分类精度。

5) 基于深度学习分类

深度学习法通过多层简单的非线性结构的叠加和海量的训练数据，学习并提取多时相高、中空间分辨率遥感影像的浅层特征与深层特征，构建特征数据集，利用网络所学习到的知识建立浅层特征与深层特征之间的映射关系，最后采用全连接层将之前网络层的信息特征进行统一，进行农作物类型识别，提高农作物分类精度。遥感影像特征包括原始光谱特征（如红边波段组合）、光谱指数特征（如NDVI）、分割特征、颜色特征、纹理特征等。深度学习从"输入层"到"输出层"的隐藏层层数越多，深度也越深，通常包括5~10多层的隐藏层节点。

卷积神经网络（convolutional neural networks，CNN）是深度学习中的代表模型之一，是由人工神经网络（ANN）演化而来，专门用来训练具有类似格网结构数据的深度学习模型,包含了卷积运算以及具有深度结构的前馈神经网络(feed forward neural networks),在处理图像方面有较大优势。其应用的优点在于,避免了对图像复杂前期预处理,可以直接处理原始图像。CNN一般由输入层、卷积层、池化层、激活函数、全连接层、SoftMax层组成,每一层都是相互独立的二维结构,上一层的结果作为下一层的输入。输入图像通过可训练的卷积核和可加偏置进行卷积,在卷积层产生特征映射图(feature map);再经过子采样后,加权值、加偏置,再通过一个激活函数(如Sigmoid函数)得到池化层的特征映射图;全连接层将特征图像的高维向量转换为一维向量,完成分类任务的分类要求;输出层又可称为分类层,其主要作用是对训练结果进行分类处理(涂铭等,2021)。

(1) 卷积层。卷积运算是一种数学运算,本质是一个滤波过程。当神经网络的输入图像是多维甚至高维数据时,需要通过卷积运算来避免对输入样本的过拟合,降低神经网络复杂性,做到对样本特征的充分学习。在卷积运算中通常涉及三个参数,即输入值、核函数(或称卷积核)、输出的特征映射(或称为特征图)。通常二维卷积运算可以表示如下:

$$S(m,n) = \sum_i \sum_j A(i,j) K(m-i, n-j) \quad (4.7)$$

式中,$S(m,n)$为一个m行n列的网格数据特征映射;A为i行j列的多维或高维网格数据;K为与输入同维度的网格数据。

卷积运算具有三个重要特征:①等变表示(equivariant representations);②参数共享(parameter sharing);③稀疏连接(sparse connectivity)。卷积层利用这些特征对机器学习的卷积操作系统进行优化。等变表示是指当输入改变时,输出也以同样的方式改变;参数共享是指下一层的卷积运算训练参数共享上一层的训练参数,以便降低训练参数数量,提升网络模型训练速度;卷积运算的稀疏连接特征能够有效减少训练节点参与量,降低模型复杂度,减少网络节点的连接,避免过拟合现象,同时提升网络的泛化性。

(2) 池化层。通过卷积计算获得特征图后,能够利用这些特征图进行分类。但面临数据量过大的困扰,不利于训练,并且容易出现过拟合现象。池化层能够减少网络层输入的数据量,而且对后续的再次卷积也有利,会使学习到的特征更集中。池化函数操作是将平面内某一固定窗口及该窗口邻近位置的特征值进行统计汇总,并将汇总结果作为该窗口内的值。常用池化方式有两种:最大池化和平均池化。最大池化(maxpooling)函数计算窗口内及窗口周围矩形区域内的最大值,并将该值作为该窗口内的所有值;平均池化(average pooling)函数计算该窗口及窗口周围矩形区域内的平均值,并将该值作为该窗口内的所有值。池化操作主要作用是对特征图进行降维操作,去除部分信息的冗余,得到更有效的信息,进而提升模型的泛化能力。

(3) 激活函数层。网络中如果神经元的输出为所有输入的加权和,那么该网络可以理解为是一个线性运算,而多层卷积运算的实质是多层网络的叠加,其结果依然是个线性模型。在一个全连接的卷积中即使增加网络的深度输出结果,与输入依然保持线性关系,对深层次特征依然无法有效表达。故当数据量达到一定级别时,通过网络层数的增加,网络的拟合能力却不再增加。如果将神经元经非线性函数激活输出,就能够避免因线性堆叠导致伴随网络深度加深而网络的拟合能力不再增加的现象。该非线性函数称为"激活函数"(activation function)。目前常见的激活函数包括Sigmoid、tanh（双曲正切激活函数）、ReLU、ELU等。

(4) 全连接层。在卷积和池化操作之后连接三个全连接层，其作用是起到分类器的作用，它能够整合卷积操作和池化操作提取的特征信息，将特征图像的高维向量转换为一维向量，完成分类任务的分类要求。

(5) 输出层。输出层又可称为分类层，其主要作用是对训练结果进行分类处理。当前，常见的分类函数包括Logistics函数和Softmax函数，前者Logistics主要用于二分类，而后者Softmax多用于多分类。

为更加有效地开展深度学习工作，部分研究者将重复书写的代码打包成开源框架结构，供研究者提高工作效率，深度学习框架包括TensorFlow、Caffe、Keras、PyTorch、MX Net、Theano、CNTK、Deepling4j等。常用的典型深度学习网络模型有：LetNet-5、AlexNet、VGGNet、InceptionNet-v3和ResNet等。伴随网络层次不断加深，深度学习网络结构在传统经典网络结构基础上不断改进提升，包括U-Net、DensNet、ResNet、MobileNet、SegNet、SeNet等。

基于像素点的农作物分类深度学习法，可以实现较高分辨率的农作物制图，但也伴随着椒盐噪声现象；基于图像对象的农作物深度学习法分类，可以减少椒盐噪声现象，但农作物制图的分辨率会降低（赵红伟等，2020）。将这两种方法进行融合，可以进一步提高农作物分类精度。深度学习对训练样本需求量随着模型的增大而增大，样本数据量不足，会影响农作物分类精度；另外，该方法需要利用并行计算平台来实现海量数据训练的问题，深度学习需要频繁迭代计算，传统的大数据平台无法满足该技术方法。

6) 单时相及多时相影像分类法

单时相影像分类法主要通过选取农作物关键物候期的单景遥感影像，利用监督分类、非监督分类、面向对象分类等多种技术方法，对目标农作物进行识别及面积提取。其优势是处理数据量小、时效性强，便于进行当年度农作物即时播种面积的提取。

多时相影像分类法利用覆盖农作物物候期多个时相遥感数据提供的农作物季相节律信息（如不同农作物不同的NDVI时序），进行农作物类型识别和面积提取，会使分类精度有较大提高（邬明权等，2010；李鑫川等，2013）。

以上这些分类识别方法，各有其优势和不足之处，在农作物的遥感识别过程中，并非一成不变地使用一种方法，而往往视实际情况，综合优选适合监测区域农作物的分类方法。

3. 分类精度评价方法

对农作物遥感图像识别分类完成后，需要依据所搜集的地面真实参考数据，评估分类图像的准确性，进行农作物遥感分类识别精度评价。误差矩阵(error matrix)或混淆矩阵(confusion matrix)是农业遥感分类常用的精度评价方法。

1) 误差矩阵

误差矩阵主要对遥感分类图像的像元与地面参考验证信息进行系统地点对点对比，

构成一个 k 行 k 列矩阵（表4.3）。该矩阵的列为地面实测数据，行为影像分类数据。行列相交部分为分配到与地面实测数据类别有关的某一特定类别中的样本数目。矩阵的主对角元素表达正确分类的像元个数。对角线以外的元素为遥感分类相对于地面实测数据的错误分类像元个数。表4.4为一个误差矩阵的具体实例。

表4.3 误差矩阵表

实测数据类型	分类数据类型					实测总和
	1	2	…	i	…	k	
1	n_{11}	n_{21}	…	n_{i1}	…	n_{k1}	P_{+1}
2	n_{12}	n_{22}	…	n_{i2}	…	n_{k2}	P_{+2}
…	…	…		…		…	…
j	n_{1j}	n_{2j}	…	n_{ij}	…	n_{kj}	P_{+j}
…	…	…		…		…	…
k	n_{1k}	n_{2k}	…	n_{ik}	…	n_{kk}	P_{+k}
分类总和	P_{1+}	P_{2+}	…	P_{i+}	…	P_{k+}	P

注：表中，k 代表类别的数量；P 为样本总数；n_{ij} 为遥感分类中为 i 类而参考类别中属于 j 类的样本数目；P_{+j} 为分类所得到的第 j 类的总和；P_{i+} 为实际观测的第 i 类的总和。

表4.4 误差矩阵实例

实测数据类型	分类数据类型				实测总和
	草地	小麦	裸土	水体	
草地	48	3	2	2	55
小麦	18	70	24	6	118
裸土	7	5	65	12	89
水体	3	2	11	59	75
分类总和	76	80	102	79	337

2）分类精度评价指标

（1）总体分类精度（overall accuracy，OA）：表示在所有样本中被正确分类的样本比例，符号为OA。误差矩阵内主对角线元素之和/总采样个数，参见式（4.8）。实例：总体分类精度 OA=(48+70+65+59)/337=0.718。

$$OA = \frac{\sum_{i=1}^{k} n_{ii}}{P} \qquad (4.8)$$

（2）用户精度（user's accuracy，UA）：正确分类的该类个数/分为该类的样本个数（行总和）。实例：水体的用户精度 UA = 59/75=0.786。

$$UA = \frac{n_{ii}}{p_{+i}} \qquad (4.9)$$

（3）制图精度（producer's accuracy，PA）：某类别正确分类个数/该类的总采样个数（列总和）。实例：水体的制图精度 PA=59/79=0.747。

$$\text{PA} = \frac{n_{ii}}{p_{i+}} \tag{4.10}$$

(4) 错分误差 (commission error, CE)：不该属于某类别的像元被分为该类别的误差。该类别所在行非对角线元素之和/该行总和。实例：水体错分误差CE=(3+2+11)/75=0.214。

(5) 漏分误差 (omission error)：该属于某类别的像元未被分为该类别的误差。该类别所在列非对角线元素之和/该列总和。实例：水体漏分误差OE=(2+6+12)/79=0.253。

(6) Kappa系数 (Kappa coefficient)：采用一种离散的多元技术来测定两幅图之间的吻合度。通过将所有地表真实分类中的像元总数乘以混淆矩阵对角线的和，再减去某一类中地表真实像元总数与该类中被分类像元总数之积对所有类别求和的结果，再除以总像元数的平方差减去某一类中地表真实像元总数与该类中被分类像元总数之积对所有类别求和的结果。实例：Kappa=0.623。

$$\text{Kappa} = \frac{P\sum_{i=1}^{k}n_{ii} - \sum_{i=1}^{k}n_{i+}n_{+i}}{P^2 - \sum_{i=1}^{k}n_{i+}n_{+i}} \tag{4.11}$$

Kappa值＞80%，表示分类图与地面实测数据间的一致性很大或精度很高；40%＜Kappa值＜80%，表示一致性中等；Kappa值＜40%，表示分类精度较差。与总体分类精度相比，Kappa系数利用了整个误差矩阵的信息，能够更准确地反映整体的分类精度。需要指出的是，只有当测试样本是从整幅随机选取时，Kappa系数才适用。误差矩阵以及由其衍生出的评价指标存在两点不足：一是不能反映出误差的空间分布情况，不利于分析误差的来源；二是限定每个训练样本和测试样本都只能归属于单个类别，因此不能用于模糊分类（严泰来等，2008）。

4.1.3 研究展望

农作物种植面积遥感监测是农业遥感监测的重要应用方向之一，可为农作物灾害、长势、产量、品质遥感监测等提供农作物空间分布制图基础数据。随着国内外中高分辨率遥感卫星的不断发射，以及农作物识别及面积提取方法技术改进，在以下几个方面需要进一步研究，提高监测精度。

(1) 已有分类方法的组合和改进。常规的农作物识别及面积提取方法已经较为成熟，各个方法都有其优势和劣势。如何根据农作物种植面积遥感监测空间尺度和目标，结合农作物空间分布结构、农作物物候特征等因素，组合和改进已有农作物分类识别方法，提高监测精度，是需要进一步研究的方向。

(2) 发展以人工智能为特点的自动分类方法。农作物分类识别不仅从遥感影像的光谱数据特征、空间纹理特征、农作物物候特征上进行区分，以专家知识库构建为基础，发展基于地块或空间对象单元的自适应智能分类方法，提高农作物识别精度与信息提取自动化程度，成为农作物面积监测与空间制图主要发展方向。

(3) 高精度农作物空间分布制图技术与动态更新方法。高精度和高工作效率的各类农作物空间分布制图技术与动态更新方法，可为实现全口径农作物种植面积监测与制图业务化运行提供技术支撑，也是需要进一步研究的方向。

4.2 农作物长势遥感监测

4.2.1 概 述

农作物长势指农作物生长发育过程的形态相，是对农作物的生长状况与趋势的阶段性综合描述（杨邦杰等，1999）。在农作物种植生产过程中，农作物生长受到光、温、土壤、水、肥、病虫害、灾害天气、管理措施等诸多因素影响，形成不同长势，并最终影响农作物收获产量。农作物长势监测，是对农作物从出苗到成熟过程中各个生育期生长状况、生长环境及变化规律的宏观监测，为农作物产量的丰歉趋势预测及农田管理提供决策依据。

农作物长势监测包括不同类型农作物长势监测与不同尺度区域长势监测。不同尺度区域长势监测包括田间地块、区域、全国、全球尺度的长势监测，监测尺度不同则侧重的目的不同。田间地块尺度的农作物长势监测，通过评价分析某种农作物长势的好坏，为农业生产者进行农作物田间管理提供及时的信息，有针对性地进行农作物田间水、肥、病害等各项管理和防治，保证农作物获得稳定产量；区域尺度农作物长势监测，可以及时掌握区域农作物病虫害、气象灾害等对农作物生长、产量的影响，及灾害后采取各项生产管理措施的效果，为区域农作物产量早期估计提供依据；全国尺度农作物长势监测，有助于提前分析预测粮食产量波动，为政府相关部门制定粮食储备、运输及贸易决策提供更多的准确信息；全球尺度农作物长势监测，有助于提前分析预测粮食产量波动，为全球粮食贸易决策提供准确信息。

1. 农作物长势特征参数

农作物的长势可以用个体特征、群体特征以及综合特征参数来描述（赵虎等，2011）。个体特征可从根、茎、叶、穗等方面来描述，根特征包括根的长度、数量、布局等；茎特征包括株高、单位长度干物质重量等；叶特征包括叶的数量、形状、颜色等；穗特征包括千粒重、穗粒数等。群体特征可从密度、布局、动态等方面来描述，密度特征包括基本苗数、分蘖数、亩穗数、覆盖度等；布局特征包括株距、行距、均一性等；动态特征包括农作物不同生育期特征等。综合特征可从与个体特征和群体特征有关的特征参数来描述，如植被指数、作物叶面积指数、叶绿素含量、类胡萝卜含量、含氮量等。农作物长势遥感监测一般采用综合特征参数。

2. 农作物长势监测方法简述

1）人工调查方法

人工调查方法是农作物长势监测的传统方法，也是农业生产者常用的方法。人们从实践中积累了丰富的判断植物生长情况的知识,通过观测田间农作物的株高、茎粗、叶色、种植密度、叶片数量等外观特征以及病虫害等形态特征,来判定农作物的长势,如根据叶片颜色判断水分亏缺、氮素营养情况,根据叶片、茎秆上的斑点异状判断病虫害情况。农业部门常采用划分苗情的方法,评价农作物长势情况,根据农作物种植密度、叶色、株高等外观特征,病虫害、天气灾害受害程度,可否丰产等指标,将苗情划分为一(好)、二(中)、三类(差)三个等级。表4.5为北方冬小麦长势评价示例。

表4.5 北方冬小麦长势评价标准

级别	描 述
一类苗	植株健壮,越冬和返青期亩茎数在60万以上,其中三叶大蘖在40万以上,单株分蘖3~4个,次生根5~7条;起身期、拔节期亩茎数80万~120万个,单株分蘖4~6个。植株高度整齐,叶色正常,穗大粒多,籽粒饱满。土壤相对湿度65%~75%。没有或仅有轻微的病虫害和气象灾害,对农作物没有影响或影响很小。预计可达丰产年产量水平
二类苗	植株密度不太均匀,有少量缺苗断垄现象,越冬和返青期亩茎数在40万~60万之间,其中三叶大蘖在20万~40万之间,单株分蘖2~3个,次生根3~6条;起身期、拔节期亩茎数60万~80万个,单株分蘖3~4个。植株高度欠整齐,穗子大小中等。土壤相对湿度60%~65%,偏旱,不利于壮苗;或土壤相对湿度75%~85%,不利于控制无效分蘖。病虫害或气象灾害较轻,对农作物产量影响不大。预计可达正常年景产量水平
三类苗	植株密度不均匀,缺苗断垄现象明显,越冬期和返青期亩茎数在40万以下,单株分蘖1~2个,次生根2条以下;起身期和拔节期亩茎数50万以下,单株分蘖3个以下。叶色不正常,植株高度不整齐,穗小粒少,杂草多。土壤相对湿度60%以下或90%以上。病虫害或气象灾害对农作物产生严重危害,冬前积温偏少或偏多100 ℃以上,苗情明显偏弱或明显过旺,冬前出现拔节。预计产量很低,是减产年景

人工调查法在田块尺度上简单有效,能对农作物群体内部及农作物不同高度部位进行全面观察。该方法的不足之处在于需要耗费大量人力,工作效率较低,并且需要观察者有丰富的经验和农作物知识。该方法一般只能给出定性的结论,观察结果的主观性强,不适于区域尺度的大面积农作物长势监测,但可为区域尺度农作物长势监测提供验证数据。

2) 抽样统计方法

抽样统计方法通过在监测区域内设定采样框,根据选取的抽样方法抽取监测地块,使用人工调查方法,按照农田地块农作物长势常用的评价标准,将抽样地块的农作物长势进行统计分析,完成区域农作物长势监测。

抽样统计方法是地块尺度农作物长势评价方法在区域尺度的推广,其不足之处与人工调查法相同,需要耗费大量的人力,工作效率不高。另外,区域上种植的农作物品种较多,不同品种的农学形态特性也存在差异,不利于根据农作物群体密度、叶色、高度、穗粒评价农作物长势;病虫害和天气灾害受害程度、可否丰产等难以定量描述;调查数据易受主观经验影响,因此该方法存在很大局限性。

3) 农作物生长模型方法

农作物生长模型是集气候、土壤、品种和栽培措施等因素为一体的,对农作物的物候发育、光合生产、器官建成、同化物积累与分配以及产量与品质形成等生理过程及其与环境和技术因子关系综合量化的动态数学模型，具有机理性和预测性。作物生长模拟研究自20世纪60年代由荷兰的deWit和美国的Duncan开创以来，经历了从定性的概念模型到定量的模拟模型、从单一的生理生态过程模拟到完整描述和预测作物生长及产量形成全过程的综合性生长模型的发展过程，并逐步应用到作物的生产实践中（刘峰等，2011）。例如，小麦生长模型将小麦、环境和栽培措施作为一个整体系统，应用系统分析的原理和方法，对小麦的物候发育、光合生产、器官建成、同化物积累与分配以及产量与品质形成等生理过程及其与环境的关系加以综合概括和量化分析，建立动态数学模型，如英国的ARCWheat模型、美国的CERES-Wheat模型以及我国的WCSODS、WheatGrow模型等。水稻生长模型是将水稻、环境和栽培措施作为一个整体系统，应用系统分析的原理和方法，综合水稻生理学、生态学、农学、气象学、土壤学、植物营养学、系统学、计算机科学、数理统计等学科的理论体系与研究成果，对水稻的物候发育、光合生产、器官建成、同化物积累与分配以及产量与品质形成等生理过程及其与环境和技术因子关系加以综合概括和量化分析而建立的动态数学模型，如MACROS、CERES-Rice、RCSODS等模型。

农作物生长模型方法是根据气候、土壤、品种和栽培措施等因素对农作物生长的影响，将这些因素的数据输入农作物生长模型中，评价从模型中输出的农作物各项农学参数，完成区域农作物长势评价。该方法具有很好的农作物生长机理以说明农作物长势；其局限性在于气象测量数据及其质量控制，不同区域农作物品种特性参数、栽培管理数据不容易获取，影响模型输出的精度。

4) 农作物长势遥感监测方法

农作物长势遥感监测方法是在遥感技术的支持下，通过获取遥感数据，提取植被反射率、植被指数、作物叶面积指数、叶绿素含量、地表温度等遥感特征参数信息，对区域农作物生长状况进行分析评价。

农作物长势遥感监测方法具有快速、宏观的优势，成为大区域农作物长势监测的主要技术手段。该方法仍存在缺失遥感数据插补、多源遥感数据尺度效应、混合像元、农作物农学参数反演、农作物长势比较评价等技术问题，以便进一步提高农作物长势遥感监测准确性（吴炳方等，2004）。

3. 农作物长势遥感监测原理

在可见光-近红外波段，受叶片结构、植被冠层结构、环境条件影响，不同长势农作物对太阳辐射的吸收、反射和透射的波谱特性存在差异；在微波波段，雷达后向散射系数与不同长势农作物有很好的响应。不同长势农作物波谱特性差异，是农作物长势遥感监测的理论基础。

1) 不同长势农作物叶片光谱特征

不同长势农作物的反射光谱随着叶片中叶肉细胞、色素、水分、蛋白质以及其

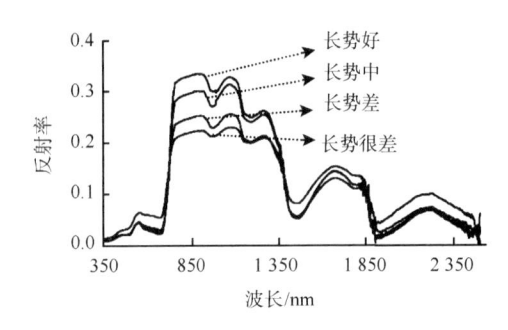

图 4.5 不同长势农作物光谱特征曲线

他生物化学成分的不同,在不同波段会呈现不同形态和特征的反射光谱曲线(图 4.5)。400~700 nm 波段受叶绿素强吸收的影响,在蓝光(450 nm)和红光(660 nm)附近形成 2 个吸收谷,在绿光(550 nm)处形成一个小的反射峰,长势较差的农作物在此波段反射率整体稍高于长势较好的农作物;700~780 nm 波段是叶绿素在红波段的强吸收到近红外波段多次散射形成的高反射的过渡波段(又称植被反射率"红边"),当植被生物量大、叶绿素含量高、生长旺盛时,红边会向长波方向移动(红移),而当遇到病虫害、污染、叶片老化等因素发生时,红边则会向短波方向移动(蓝移);在 780~1350 nm,植被具有较高反射率平台(又称"反射率红肩"),光谱反射率强度取决于叶片内部细胞结构,一般长势较好的农作物反射率高于长势较差的农作物。综合来看,受到光、温、土壤、水、肥、病虫害、灾害性天气、管理措施等诸多因素影响,农作物叶片的色素含量、细胞结构等出现差异,导致不同长势农作物叶片在不同谱段的反射特征存在差异。

2) 不同长势农作物冠层光谱特征

农作物冠层反射光谱为土壤背景和农作物混合目标的反射光谱,其光谱特征由农作物叶片和农作物冠层的形状、大小以及空间分布结构(如成层现象、覆盖度等)等因素决定,并随着农作物的类型、品种、生长阶段等的变化而变化。不同长势的农作物冠层结构(如叶面积指数、覆盖度等)存在一定差异,在具体波段的反射光谱特征上存在差异。一般来说,农作物长势好的农作物叶面积指数大、覆盖度高,其光谱特征表现为红光波段有较低的反射,在近红外波段有较高的反射;反之,农作物长势差的农作物叶面积指数小、覆盖度低,光谱特征表现为红光波段有较高的反射,在近红外波段有较低的反射(叶回春等,2020)。

3) 不同长势农作物微波后向散射特征

微波遥感中,不同地物具有不同的形态结构和介电常数,导致不同地物的入射微波散射、透射特征不同,通过对回波的探测可得到不同地物的后向散射信息,并在微波遥感图像上有不同的灰度和色调;另外,地物的后向散射变化还与探测所用的雷达系统参数,如入射角、极化、波长等有着密切关系,其中同极化(HH 或 VV))比交叉极化(HV 或 VH)穿透植被的能力更强。农作物的生长状况如高度、结构、水分含量、生物量等不同,影响雷达回波信号;农作物雷达后向散射系数与不同生育期有很好的响应,农作物后向散射系数随着生物量的积累而不断增大,并在生长中期达到饱和,随后显现出下降趋势。总之,农作物的后向散射系数与植株高度、生物量等有一定的函数关系,通过这种关系可以实现农作物长势遥感特征参数的估计,分析评价农作物的长势状况。

4. 农作物长势遥感监测技术流程

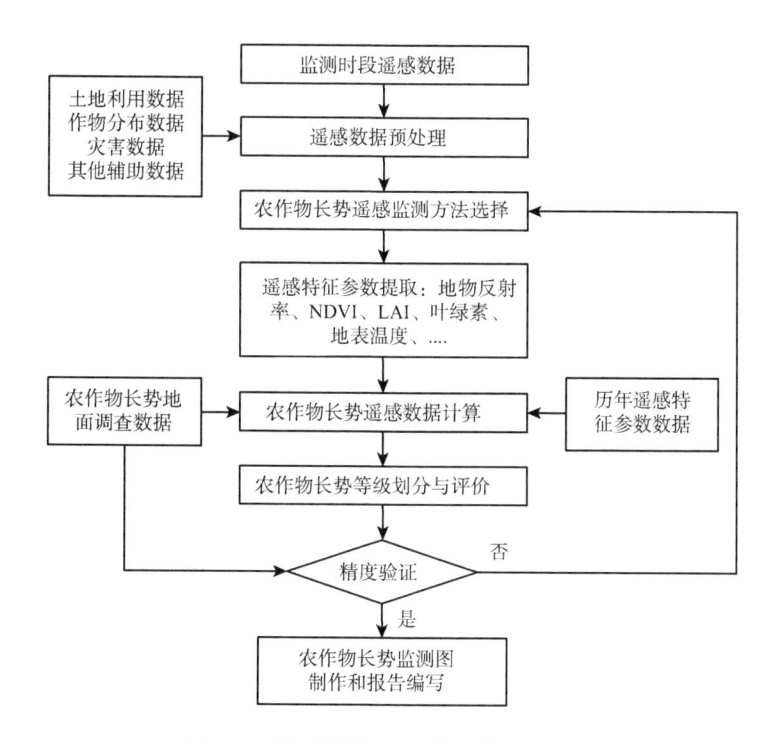

农作物长势遥感监测技术流程主要包括数据获取、遥感数据预处理、农作物长势遥感监测方法选择、遥感特征参数提取、农作物长势遥感数据计算、农作物长势等级划分与评价、精度验证、农作物长势遥感监测图制作与报告编写等。其总体技术流程如图4.6所示。

图4.6 农作物长势遥感监测技术流程图

1) 数据获取与预处理

农作物长势遥感监测需要获取的数据包括监测时段遥感数据、历年遥感特征参数数据、农作物长势地面调查数据以及其他辅助数据。

根据采用的监测方法，遥感数据可以是多光谱遥感数据，也可以是雷达遥感数据。遥感数据预处理包括辐射校正、几何校正等，获取影像地表反射率数据，或者后向散射系数数据。

历年遥感特征参数数据包括NDVI、LAI等数据，用于与当年农作物长势数据的对比分析，评价农作物的长势状况。

农作物长势地面调查数据可以包括不同长势农作物覆盖度、绿度、LAI、光谱反射率等数据，用于农作物长势遥感等级划分和精度验证。

其他辅助数据包括监测区域土地利用分布图、农作物种植分布图、农作物不同生育期资料、灾害数据等，用于辅助提高农作物长势遥感监测精度。

2) 确定农作物长势遥感监测方法

农作物长势遥感监测方法包括经验法、半经验法、机理模型法等。根据获取的遥感数据类型和空间分辨率，确定适宜的监测方法。

3) 遥感特征参数提取

农作物长势遥感监测特征参数包括农作物光谱特征参数（如光谱反射率、红边参数等），由光谱反射率衍生计算或反演的植被指数（如NDVI）、LAI、叶绿素、地表温度等数据。根据采用的农作物长势遥感监测方法，选用适宜的遥感特征参数。

4) 农作物长势遥感数据计算

参考历年遥感特征参数数据，进行农作物长势遥感数据计算，例如获取监测区域当年NDVI与多年NDVI差值数据；或者参考农作物长势地面调查数据，计算农作物长势遥感指数数据。

5) 农作物长势等级划分与评价

对当年与往年遥感特征参数对比计算数据或者农作物长势遥感指数数据划分好、中、差等农作物长势等级，并对每个等级进行分析评价。

4.2.2 农作物长势遥感监测主要技术方法

目前农作物长势遥感监测主要技术方法包括基于统计模型的经验法、基于Monteith光能利用率模型的半经验法、结合作物生长机理模型的同化方法、NDVI-T_s作物长势诊断模型法等（图4.7）。

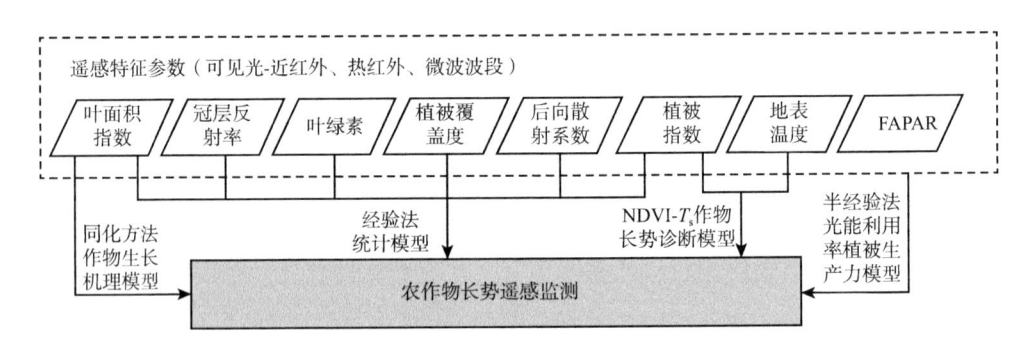

图 4.7 农作物长势遥感监测主要技术方法

1. 基于统计模型的经验法

根据采用的农作物长势分级方法、遥感数据空间分辨率、监测区域尺度，该方法可以分为直接监测法、同期对比法、作物生长过程监测法、农作物长势遥感指数监测法等4种方法。

1) 直接监测法

直接监测法是指对监测时段农作物遥感特征参数数据，如光谱反射率、后向散射系数、植被指数（如NDVI、EVI、SAVI、TVI等）以及遥感反演的农作物理化参数（如LAI、覆盖度、叶绿素含量、含氮量等）与对地面农作物测量、计算、反演或调查的对应参数数据进行相关性分析，建立地面不同长势农作物目标参数与遥感特征参数之间的统计回归模型，然后划分农作物长势级别（裴志远等，2000；Chen et al.，2006；谭昌伟等，2015；韩衍欣等，2017）。常用的统计分析方法包括相关回归分析、聚类分析、数值比较等。

该方法的优点是操作简单，一般仅需要少数几个参数即可。其不足之处是对构建模型的物理机理性缺乏足够的理解和认识，构建的模型易受研究地点、采样条件、作物类型等因素的变化而变化，监测精度受地面采样点数量多少的影响，长势分级标准具有主观相对性，难以在较大尺度上推广。该方法适合小区域尺度范围快速、相对的农作物长势遥感监测。

2) 同期对比法

同期对比法是利用监测区域实时遥感特征参数数据（如NDVI、LAI等）与往年或多年平均值以及指定某一年的遥感特征参数数据进行对比，反映实时的作物生长差异空间变化状态，通过年际间遥感参数的差值或比值模型来反映两者间的差异，并对差异值进行长势分级。以NDVI为例，常用的模型介绍如下。

A. 逐年比较模型

$$\Delta NDVI = (NDVI_1 - NDVI_2)/NDVI_{average} \tag{4.12}$$

式中，$NDVI_1$为监测时段当年值；$NDVI_2$为监测时段上一年同期值；$NDVI_{average}$为监测时段多年平均值。

农作物长势评价分级为：$\Delta NDVI > 0$，当年监测时段农作物长势比上一年长势好；$\Delta NDVI = 0$，当年监测时段农作物长势与上一年长势相当；$\Delta NDVI < 0$，当年监测时段农作物长势比上一年长势差。

B. 距平模型

$$\Delta NDVI_{average} = (NDVI - NDVI_{average})/NDVI_{average} \tag{4.13}$$

式中，NDVI为当年监测时段值。

C. 极值模型

$$VCI = (NDVI - NDVI_{min})/(NDVI_{max} - NDVI_{min}) \tag{4.14}$$

式中，NDVI为同一像元当年监测时段的NDVI值；$NDVI_{max}$、$NDVI_{min}$分别为同一像元多年的NDVI极大值与极小值

D. 比值比较模型

$$\alpha = T_{NDVI}/T_{PNDVI} \tag{4.15}$$

式中，T_{PNDVI}为前一年同期NDVI值；T_{NDVI}为当年NDVI值。

农作物长势评价分级为：$\alpha > 1$，当年农作物生长好于前一年；$\alpha = 1$，当年长势与前

一年相当；α＜1，当年长势不及前一年。

E. 差值比较模型

$$\Delta \text{NDVI} = \text{NDVI}_1 - \text{NDVI}_2 \tag{4.16}$$

$$\Delta \text{NDVI} = \text{NDVI}_1 - \text{NDVI}_{\text{average}} \tag{4.17}$$

式中，NDVI_1 为当年同期NDVI值；NDVI_2 为上一年同期NDVI值；$\text{NDVI}_{\text{average}}$ 为多年NDVI平均值。

农作物长势评价分级为：$-25 > \Delta\text{NDVI} > -100$，农作物长势差；$-5 > \Delta\text{NDVI} \geqslant -25$，农作物长势较差；$5 > \Delta\text{NDVI} \geqslant -5$，农作物长势正常；$25 > \Delta\text{NDVI} \geqslant 5$，农作物长势较好；$100 > \Delta\text{NDVI} \geqslant 25$，农作物长势好。

同期对比法已经在国内外农作物长势遥感监测系统中得到广泛的应用，成为目前农作物长势遥感监测业务化运行工作的主要方法之一（黄青等，2010）。其不足之处是只能在一个时间断面上反映农作物长势，且监测结果容易受农作物生育期和农作物种植结构变化的影响，监测精度相对不稳定。该方法适合采用中低空间分辨率遥感影像（如MODIS卫星影像）进行大区域尺度范围快速、相对的农作物长势遥感监测。

3）作物生长过程监测法

作物生长过程监测法是指将农作物的NDVI值以时间为横坐标排列起来，形成农作物生长的NDVI动态迹线，以最直观的形式反映农作物从播种、出苗、抽穗到成熟的NDVI变化过程，了解农作物的生长状况和态势。再与历史正常的农作物NDVI生长曲线相比较，统计生长过程曲线的特征参数，包括上升速率、下降速率、累计值等，借以反映农作物生长趋势上的差异。

该方法从农作物生长全过程的角度来反映农作物长势，弥补了同期对比的方法只能反映某一时间段内农作物长势的缺点，适用于采用以天为单位的高时间分辨率的卫星影像（如NOVAA、MODIS）进行大区域范围的农作物长势动态监测。其不足之处是由于气象条件影响，高质量的高时间分辨率卫星影像数据较难获取。

4）农作物长势遥感指数监测法

农作物长势遥感指数监测法是指对监测区域NDVI数据进行计算，得到农作物长势遥感指数；再根据指数值，划分农作物长势遥感等级，获得农作物长势遥感等级空间分布图；通过对地面调查获得的农作物长势等级数据的精度验证，进行农作物长势遥感监测（NY/T 3922—2021）。详细过程介绍如下。

A. 农作物长势遥感指数计算

公式如下：

$$\text{CGI}_r = a + b \times \text{NDVI} \tag{4.18}$$

式中，CGI_r 为农作物长势遥感指数；NDVI为归一化差值植被指数；a、b 为系数，可通过地面调查点的归一化农作物长势地面指数（NCGI_g）与相同位置的NDVI数据拟合获取；如果监测区域、时相、作物类型相同，a、b 系数也可采用历史数据拟合值。

B. 划分农作物长势遥感等级

根据农作物长势遥感指数的计算结果,参考表4.6划分农作物长势遥感等级,绘制农作物长势遥感等级分布图。

表4.6 农作物长势等级划分

农作物长势等级	好(1级)	较好(2级)	正常(3级)	较差(4级)	差(5级)
指数区间	0.80~1.00	0.61~0.80	0.41~0.60	0.21~0.40	0.0~0.20

C. 农作物长势地面调查数据获取

农作物长势地面调查时间应与遥感影像拍摄时间基本一致。地面调查数据内容包括农作物覆盖度和绿度。

农作物覆盖度可采用无人机近地面拍照或者相机垂直拍照方式获取,计算公式如下:

$$\mathrm{CI} = A_{\mathrm{crop}} / A_{\mathrm{total}} \tag{4.19}$$

式中,CI为农作物覆盖度;A_{crop}为调查样方农作物地上部分的垂直投影面积;A_{total}为调查样方地面总面积。

农作物覆盖度也可以采用目视估测方法调查,参考表4.7定性分级及对应量化值估测农作物覆盖度。

表4.7 基于目视方法估测农作物覆盖度的定性分级及量化参考值

覆盖度分级	稀疏	偏稀	中等	较密	茂密
覆盖度	0~0.20	0.21~0.40	0.41~0.60	0.61~0.80	0.81~1.00

农作物绿度采用叶绿素仪测量样方内作物冠层中上部3片正常叶片,取测量平均值作为该调查点的叶绿素测量值。对同期调查的叶绿素测量值归一化计算为绿度值,计算公式如下:

$$\mathrm{GI}_i = \frac{\mathrm{CH}_i - \mathrm{CH}_{\min}}{\mathrm{CH}_{\max} - \mathrm{CH}_{\min}} \tag{4.20}$$

式中,GI_i为第i个调查点的农作物绿度,值域范围为0~1;CH_i为第i个调查点叶绿素测量值;$\mathrm{CH}_{\max}$为全部调查点最大叶绿素测量值;$\mathrm{CH}_{\min}$为全部调查点最小叶绿素测量值。

农作物绿度值也可以采用目视估测方法调查,参考表4.8定性分级及对应量化值估测农作物绿度。

表4.8 基于目视方法估测农作物绿度的定性分级及量化参考值

绿度分级	绿黄	黄绿	浅绿	绿	深绿
绿度	0~0.20	0.21~0.40	0.41~0.60	0.61~0.80	0.81~1.00

根据地面调查点农作物覆盖度和绿度数据,计算农作物长势地面指数(CGI_g)和归

一化农作物长势地面指数（NCGI$_g$），公式如下：

$$CGI_g = \sqrt{CI \times GI} \qquad (4.21)$$

式中，CGI$_g$ 为农作物长势地面指数，值域范围 0~1；CI 为农作物覆盖度，值域范围为 0~1；GI 为农作物绿度，值域范围为 0~1。

$$NCGI_g = (CGI_g - CGI_{min})/(CGI_{max} - CGI_{min}) \qquad (4.22)$$

式中，NCGI$_g$ 为归一化农作物长势地面指数；CGI$_g$ 为农作物长势地面指数；CGI$_{max}$ 为农作物长势地面指数最大值，可根据历史观测值获取；CGI$_{min}$ 为农作物长势地面指数最小值，可根据历史观测值获取。根据归一化农作物长势地面指数（NCGI$_g$）计算结果，参考表 4.6 确定农作物长势等级。

D. 精度验证

计算归一化农作物长势地面指数（NCGI$_g$）与农作物长势遥感指数（CGI$_r$）的均方根误差（RMSE），RMSE 不超过 0.15 为合格。或者分别统计地面调查点的农作物长势等级与对应农作物长势遥感等级一致的像元数，计算准确率，准确率不小于 85% 为合格。

农作物长势遥感指数监测法的监测结果，不容易受农作物生育期和农作物种植结构变化的影响，监测精度相对稳定。该方法的不足之处在于，需要监测时段监测区域农作物类型相对均一，如果农田较破碎，且农作物类型多样，需要增加地面调查数据量，以保证监测精度。该方法适合采用中高空间分辨率遥感影像（如 GF-1/2 卫星影像）进行小区域尺度范围的农作物长势遥感监测。

总之，基于统计模型的经验法涉及的参数较少，能够快速获取农作物长势遥感监测结果，在业务化农作物长势遥感监测中应用较多。但该方法主要采用年际间同期遥感影像或地面调查数据对比分析，通过差值影像的分级显示，反映区域作物生长状况的相对差异，研究结果只能对作物长势进行定性或半定量的监测，只能回答农作物长势的好坏，无法定量地描述现势的作物长势状况，并说明其对最后的作物单产有多大的影响。另外，该方法多使用植被指数等遥感特征参数，虽然可以有效地反映农作物的生长状况，但农作物的生长是一个复杂的过程，还受到如农作物生长状态、气温、土壤湿度、太阳辐射等多种参数的影响，仅使用植被指数一个参数进行农作物的长势监测，很难客观反映和解释农作物的生长状况。

2. 基于光能利用率植被生产力模型的半经验法

基于光能利用率植被生产力模型的半经验法是指在作物生长季中，将与农作物生长状态和环境状态相关的遥感特征参数（如 NDVI、陆地表面温度 LST、平均温度）或反演参数（如 LAI、FAPAR、潜热通量、感热通量）、气象参数（最低温度、最高温度、太阳有效辐射、大气湿度、特定温度下的饱和湿度）等数据，输入基于光能利用率的植被生产力模型，估算农作物不同生长时期累积的生物量（如植被总初级生产力 GPP、植被净初级生产力），进而实现农作物长势定量监测。目前常用的基于光能利用率的植被生产力模型包括 CASA、GLO-PEM、MODIS-GPP、EC-LUE 等。

该方法相对比较简单、直观，综合考虑了农作物生长状态、气温、土壤湿度、太阳辐射等多种因素对农作物生长和生物量累积的影响，可以对农作物长势进行定量监测。其不足之处在于模型缺少鲁棒性及可移植性，不能解释光与农作物相互作用的物理机制及叶片、植物冠层结构影响；另外，模型中的一些参数不易获得，如最大光能利用率（ε_{max}）、水分胁迫因子系数等，运算时用经验值来代替，会影响农作物长势遥感监测准确性（李宗南，2014）。

3. 结合农作物生长模型的同化方法

农作物生长模型方法是以气候、土壤、品种、栽培措施等因素作为农作物生长模型输入，输出农作物生育期、农学参数等，并根据这些因素对农作物生长的影响，评价农作物的长势，具有机理性和预测性。但是农作物生长模型由单点模式推广到区域模式时，不同区域的地表、环境参数难以获取，如LAI、植被生物量、冠层温度、土壤水分等参数的获得需要花费较长的时间和较多的成本，因此农作物生长模型在区域范围的应用受到了较大限制。

遥感影像的光谱信息波段及其组合可以反映农作物生长的空间信息，如LAI、植被生物量、冠层温度、土壤水分等空间分布，间接评价农作物的长势和产量估算，具有及时性和广域性，但却难以充分科学的从机理方面反映农作物长势。因此，为了更有效地整合多源数据进行农作物长势监测，取长补短，研究者提出了将农作物生长模型与遥感数据相结合的监测方法，通过遥感宏观信息优化农作物生长模型的参数，使之能由单点推广到区域（闫岩等，2006；Huang et al.，2019）；通过农作物生长模型引入光、温、水、土壤等多源数据，并以充分的农作物生长机理反映农作物叶面积指数、生物量等长势参数，实现使用多源数据对农作物长势的最优估计。

目前多采用同化方法将农作物生长模型与遥感数据进行耦合。同化方法可分为顺序同化法和变分同化法。顺序同化法假设LAI、地表温度等遥感反演数据值比农作物生长模型模拟值更准确，将遥感反演数据作为农作物生长模型的初始参数值，或者利用遥感反演数据直接更新农作物生长模型的某个输出参数值，并将其作为模型下一轮模拟的输入参数，但是顺序同化法模型的模拟精度完全依赖于遥感反演参数的精度，以及可获取的有效遥感数据观测次数；变分同化法假设遥感反演参数值与模型模拟值均有误差，通过构建代价函数，使用优化算法（又称变分法），循环调整农作物遗传参数和农作物生长模型模拟初始条件，使模型模拟值与遥感反演值的差异最小化。

结合农作物生长模型同化方法的农作物长势遥感监测，可从农作物生长机理解释农作物长势状况，提高区域范围农作物长势监测精度。其不足之处在于农作物生长模型所需的大量农学参数数据较难获取，使该方法的应用受到了较大的限制。

4. NDVI-T_s作物长势诊断模型法

NDVI-T_s作物长势诊断模型法是利用遥感热红外波段反演的植被表面温度（T_s）与可见光-近红外波段提取的植被指数（如NDVI）建立矢量空间，用于诊断农作物水分亏缺及长势状况。在NDVI-T_s诊断模型监测农作物长势过程中，T_s的变化与土壤的蒸发和植被的蒸腾相关，植被蒸腾量小时，则植被表面温度高，即T_s高时农作物受到水分的胁迫而缺水；而NDVI值的大小与生物量有关，可以表示长势的好坏。如图4.8所示，A、B、C表示3种极端现象，B点NDVI与T_s均低，表示长势差但不缺水；A点NDVI低而T_s高，表示长势差而且缺水；C点NDVI高而且T_s低，表示长势好而且不缺水。NDVI-T_s特征空间上的其他点的情况在A、B、C之间变化。

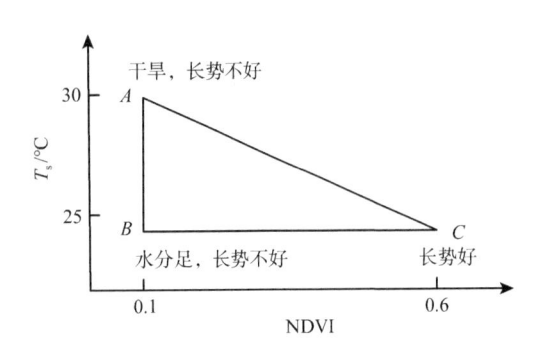

图4.8　农作物长势NDVI-T_s矢量空间图

NDVI-T_s作物长势诊断模型法可以诊断农作物的水分亏缺以及监测农作物长势，监测效果较好，说明可见光-近红外、热红外遥感的综合利用可及时的对农作物水分亏缺和长势情况进行分析诊断（刘云等，2008）。

4.2.3　研究展望

使用遥感数据进行农作物长势监测已有40多年的历史，监测方法从定性、半定量向定量方向发展。其中，基于植被指数的监测方法逐步成熟，已成为大区域范围农作物长势遥感监测业务化运行的主要方法，但该方法缺乏对农作物长势影响因素及对产量影响程度的机理性解释，存在明显的局限性。通过定量遥感反演获取农作物生长状况、生长环境等特征参数，作为农作物生长模型的输入参数，进行农作物长势遥感监测，不仅具备遥感快速获取地面农作物生长信息的优势，而且机理性和解释性更强，是农作物长势遥感监测方法发展的重要方向之一。为了满足不同尺度、不同区域多种农作物的长势监测，进一步提高监测精度，在以下几个方向需要开展深入研究。

（1）多源遥感数据的农作物长势遥感监测。用于农作物长势遥感监测的遥感数据有时间分辨率和空间分辨率要求。一般大区域的农作物长势监测需要使用具有高时间分辨率的中低分辨率遥感影像，如EOS-MODIS数据、SPOT-VGT数据，从而保证大面积农作物监测的数据要求，是当前农作物长势遥感监测最主要的数据源。对于中小区域的农作物长势精准监测，一般使用空间分辨率较高的遥感影像，如Landsat TM、HJ-A/B、GF-1/2等数据。

与多光谱遥感相比，高光谱遥感数据波段数多达几百，如GF-5遥感数据，具有330个波段通道，具有区分地表物质诊断性光谱特征的特性。很多研究表明，采用高光谱数据能准确提取植被物理参数，如LAI、生物量、植被覆盖度、FAPAR等，以及植被化学参数，如植被水分状态、叶绿素、纤维素、木质素、氮、蛋白质、糖、淀粉。通过分析这些重要物理、化学参数，可以进行精准农作物的长势监测。但是高光谱传感器在提高光谱分辨率的同时，也会产生数据冗余的问题。在信息提取过程中，并不是所有的数据都发挥了作用。因此高光谱遥感在长势监测中的应用还有待于相关理论和技术的发展。

与可见光、近红外遥感相比，微波遥感的突出优点是不受云、雨、雾的影响，可在夜间工作，并能透过植被、冰雪和干沙土，具有全天候获得近地面信息的能力，已有研究通过航空和卫星微波影像获取农作物的冠层水分、LAI以及生物量等进行长势监测及农作物产量预报。此外，可见光近红外光谱结合微波后向散射系数、极化等信息进行的农作物参数反演对解决可见光近红外波段光谱饱和、异物同谱有帮助，具有很强的应用潜力。另外，随着农作物生长模型和遥感数据同化技术的发展成熟，静止轨道遥感数据、气候数据可作为农作物生长模型的输入，逐步应用到农作物长势遥感监测中。

总之，农作物长势遥感监测涉及不同地区的多种农作物，单一数据难以满足不同农作物不同时期不同精度的长势监测。随着遥感理论技术不断进步，多源遥感数据融合的农作物长势监测是重要的研究方向。

(2) 定量反演农作物长势监测所需的农学参数。植被指数、LAI等参数由于获取方法简单易行，被广泛应用于农作物长势监测。但其对诸多影响因素的消除有限，通用性差，与农作物实际LAI、叶绿素含量、覆盖度、土壤水分、冠层水分等参数相关性较差，其精度也难以满足农作物生长模型的需求，不适于农作物长势定量监测。地表植被参数遥感定量反演方法，综合考虑了遥感过程中土壤背景、大气参数、地表二向性等诸多影响因素，通过非线性数学方法或者辐射传输机理模型，农学参数反演精度得以提高，进一步实现农作物长势遥感监测精准化和定量化。

(3) 农作物长势遥感监测的尺度问题。农作物长势遥感监测作为遥感数据分析地表目标物和现象的具体应用，无法回避三个问题，即地表目标系统的时空尺度、遥感数据的测量尺度、遥感数据和产品的尺度转换。农作物长势即农作物客观实在的生长状态，是一种分布于三维空间地表的动态现象，具有其特有的时空尺度，一般通过多项参数指标描述农作物长势。在不同生育期中，描述指标包括农作物密度、LAI、生物量、干物重、光合色素含量等。遥感的测量尺度指遥感的空间分辨率、光谱分辨率及时间分辨率等，其受限于卫星平台、传感器的技术水平及经济性，难以最佳的遥感测量尺度进行农作物长势监测。另外，长势、大气状态的动态变化及空间异质性将影响特定遥感测量尺度获取的农作物长势评价数据进行定性定量解释，空间异质性导致遥感数据和产品的尺度效应，并限制了遥感数据和产品从一个尺度到另一个尺度的转换。

常规的农田长势评价信息都为定性描述，主要根据农作物群体密度、叶色、高度、穗粒、病虫害和天气灾害受害程度、可否丰产等一般农学参数进行评价，将苗情分为好、中、差三等级，没有系统地说明使用什么标尺描述哪个尺度下的农作物长势。业务化的农作物长势遥感监测系统，没有明确用哪些参数描述农作物生长状态以及参数不同尺度下对应的标度，只是简单提供基于NDVI差异划分的农作物长势等级空间分布信息，概略知道哪些区域的农作物长势较好、好、中等、差、较差，但无法给出农作物长势参数定量数值描述，无法知道长势是否受到水分、肥料、病虫害胁迫等信息。因此，为了定量描述农作物的生长状态，需要综合遥感机理、尺度及农作物生长机理，确定不同尺度农作物长势遥感监测指标，达到定量描述农作物长势，满足不同用户对农作物长势不同信息量、不同精度的要求。

4.3 农作物产量遥感估测

4.3.1 概　　述

1. 农作物单产估测方法简述

农作物生长状况的动态监测和产量的及时准确预测，对于国家粮食政策的制定、价格的宏观调控、农村经济的发展以及粮食贸易都具有重要意义。不同行业、不同部门（如农业农村部门、粮食部门、统计部门、气象部门等）为了及时获取粮食总产量的数据，采用了各自不同测算方法。传统农作物产量的测算主要依靠自下而上的统计报表，但是上报历时周期长，所需人力、物力和财力多，且所得到的产量数据利用时效性差，难以满足决策单位对产量信息的现势性要求。目前农作物产量估测普遍采用的方法可以概况为以下几类：①统计调查方法；②统计预报方法；③农学预测预报方法；④气象预测预报方法；⑤农作物生长模拟预测方法；⑥遥感单产估测方法；⑦综合估产方法（任建强等，2020）。前4种方法属于传统经典的方法，农作物生长模拟预测方法和遥感估产方法则是伴随计算机技术、信息技术和空间技术等高新技术发展起来的新方法。

1) 统计调查方法

统计调查方法是国内外农作物产量监测预报业务中普遍运用的传统方法。该方法通过对农作物的实地抽样调查，来计算或推算农作物总产信息。

大区域的抽样统计调查经常采用多阶段抽样方法，首先编制抽样框，然后采用对称等距抽样、分层抽样等技术方法完成农田抽样，通过田间抽样调查获取样本农作物单产数据，最终通过统计外推得到整个监测区农作物总产信息。田间抽样调查具体包括三步：①样本点抽选，即调查部门根据抽样框在总体估产区中抽取一定数量的县，在抽中的县中抽取一定数量的乡，在抽中的乡中抽取一定数量的村，在抽中的村中抽取一定数量的地块，在抽中的地块中再抽取一定数量的实测样点；②样本点实割实测，调查亩穗数、穗粒数、千粒重，对样点进行产量预报；③推算产量信息，即逐级统计汇总，获得估产区的农作物总产量数据。田间抽样调查统计也在与其他技术手段相结合，如用GPS精确定位、航模遥测等现代高新技术，提高农作物产量估测的准确性。

抽样统计调查方法以抽样调查结果作为粮食产量的法定数是可靠的。但是，统计抽样方法设置的抽样阶段较多，致使误差增大。另外，地面实收实测工作量较繁重，且所得产量与农户实际收割产量有一定误差，会影响最终总产准确性。

2) 统计预报方法

统计预报法是根据农作物生产系统的特性或行为，利用概率论、统计学、运筹学等有关理论技术，估测农作物产量的预测方法。例如，由于粮食产量受社会经济因素、生产技术因素、自然因素和随机因素的影响，通过灰色系统、模糊数学等方法建立数学统计模型来预测农作物产量，预测方程 $y = f(X_1, X_2, X_3)$，其中 X_1、X_2、X_3 分别代表各种社会经济因素、生产技术因素和自然因素。

统计预报方法通常是以农作物生长环境条件、农业生产的投入以及其他因子为主建立农作物产量预测预报模型。其不足之处是没有考虑农作物本身的特性，技术经济指标的准确统计难度较大，影响农作物产量估测准确性。

3) 农学预测预报方法

农学预测预报方法是侧重于农作物本身发育过程，重点考虑农作物生物学特性的一种预报方法。主要是根据苗情以及单位面积内的穗数、穗粒数和千粒重等农学指标来预测或计算单位面积产量，再推算区域总产。

农学预测预报方法具有良好的农学基础，用于小区域估产的效果比较好。但由于需要大量的实际观测数据，且农学参数与影响因子之间的关系很难标定，加之我国种植制度的复杂性，农学参数在区域间变化复杂，使农学预测方法很难应用于大范围农作物估产。

4) 气象预测预报方法

农作物生长对于气候有明显依赖性，气候变化对于当年或今后的农作物产量都会产生影响，因此可以利用温度、降水量等气象因素预报产量，建立气象估产模型。农作物产量 Y_i 可以分解为三个部分：

$$Y_i = Y_{it} + Y_{iw} + e_i \tag{4.23}$$

式中，Y_{it} 为趋势产量，是由技术进步、农业政策、物质投入的增长而引起农作物产量增长，按时间序列表现为一种相对稳定的增长趋势，该产量反映一定历史时期的产量水平；Y_{iw} 为气象产量，是由当年气象条件所确定的那一部分产量，它反映气象波动对产量的影响；e_i 为随机误差项产量，由随机因子影响的随机项产量，为不可控制因素，一般可以忽略不计。

应用气象因素信息进行农作物产量预报历史较悠久。但在大范围农作物估产时，应注意解决气象站点数据内插和由气象站点数据得到的单点农作物产量的空间外推问题。由于所采用的气象数据具有一定应用范围，得到的气象估产模型也具有一定的使用范围。

5) 农作物生长模拟预测方法

农作物生长模拟预测方法是以系统分析原理和计算机模拟技术来定量地描述农作物的生长、发育、产量形成的过程及其对环境的反应。

常见的农作物生长模拟预测模型包括荷兰的 MACROS(modules of an annual crop simulator)、WOFOST(world food studies) 等适合一般农作物的模拟模型；美国较有影响力的模型是适用于玉米、高粱、水稻、谷子、小麦、大麦等的 CERES(crop-environment resource synthesis system) 模型、DSSAT(decision support system for agrotechnology transfer) 农业技术推广决策支持系统模型、EPIC(erosion productivity impact calculator) 土壤侵蚀生产力模型。我国有 WCSODS、WheatGrow 等模型。这些模型都具有一定通用性、机理性、预测性和动态性。

农作物生长模拟预测方法都应用于单点或小尺度的农作物估产研究，也可与农作物估产区划、空间数据库及空间信息技术相结合，用于大范围农作物估产。其不足之处在于，模型运行都起源于单点试验，当外推到更大尺度地块时，假设条件较多，并且模型所需参数较多，如作物品种、土壤、生长环境和耕种制度等呈现出复杂的区域分布规律，空间变异较大，影响区域尺度农作物产量预测结果精度。

6) 遥感单产估测方法

农作物遥感估产是根据生物学原理和光学原理，在对农作物叶片和冠层光谱特征分析基础上，获得不同农作物不同波段间的关系数据，通过卫星传感器记录的地表信息辨别农作物类型，监测农作物长势，建立不同条件下的产量预报模型，从而在农作物收获前就能预测农作物总产量的一系列技术方法。当前，该种估产方法的常用模型包括以下模式：①单纯采用遥感参数与农作物产量之间建立模型，如植被指数估产模式，即利用某个生育期的植被指数或利用部分或全部生育期植被指数的累加值与农作物产量之间的关系来估测产量；②用遥感信息与气象、太阳辐射、土壤水分等非遥感信息结合组建混合估产模型；③通过遥感参数（如 LAI、NDVI 等）和其他模型（如农作物生长模型、农作物气候模型等）相结合来估测产量。

遥感单产估测方法可以获得农作物产量的空间分布特征，具有估测范围广、即时性强、快速准确的特点。但其估测产量的准确性受农作物长势变化和遥感数据的质量影响较大。

7) 综合估产方法

由于受到数据获取难易、方法区域适用性、运行保障率和方法精度等多种因素的限制，任何一种方法在农作物估产中都具有一定的局限性。在实际大范围估产业务运行中，很难实现利用一种估产模型和估产方法获得较为满意的估产结果。因此，为了实现大范围高精度农作物估产，进一步提高业务运行保障率，常采用多种方法综合应用的策略，来提高农作物估产精度和满足时效性，如农学模型与气象模型相结合、气象模型与遥感模型相结合、遥感模型和农作物生长模型相结合等，获得多种方法的综合估产结果。

2. 农作物产量遥感估测主要技术流程

农作物产量遥感估测技术流程，主要包括数据获取与预处理、遥感特征参数提取、遥感估产模型建立、精度验证、农作物产量估测等，其总体技术流程如图 4.9 所示。

1) 数据获取与预处理

农作物产量遥感估测需要获取的数据包括估产时段光学遥感数据、地面调查数据、基础数据等。遥感数据预处理包括辐射校正、几何校正等，获得反射率数据。地面调查数据包括农作物长势、墒情、单产、总产等数据，为产量遥感估测提供建模样本数据和地面验证数据。基础数据包括气候、农作物、土壤、长势、墒情、灾害等专题数据和统计数据，用于辅助提高当年农作物产量遥感估测精度。

2) 遥感特征参数提取

农作物产量遥感估测特征参数包括农作物光谱特征参数（如光谱反射率、红边参数等),由光谱反射率衍生计算或反演的植被指数(如NDVI)、LAI、叶绿素等数据。根据采用的农作物产量遥感估测模型,选用适宜的遥感特征参数。

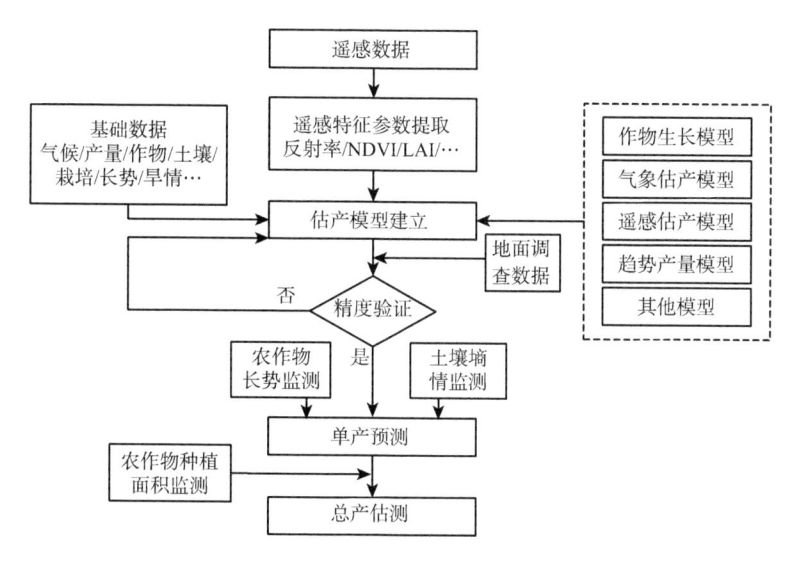

图4.9 农作物产量遥感估测技术流程图

3) 遥感估产模型建立和精度验证

建立遥感估产模型是农作物估产的核心。遥感估产是建立作物光谱与产量之间联系的一种技术。为了提高农作物遥感估产精度,遥感估产模型常常与气象模型、农作物生长模型、趋势产量模型等相结合,获得多种方法的综合估产结果,并通过精度检验。

4) 农作物产量估测

根据遥感估产模型预测单产后,需要根据农作物长势监测和土壤墒情监测结果,进行误差校正。再根据农作物种植面积监测结果,估测农作物总产。

4.3.2 农作物产量遥感估测主要技术方法

目前农作物产量遥感估测主要技术方法,包括基于统计模型的经验法、基于光能利用率植被生产力模型的半经验法、结合作物生长模型的同化方法等(图4.10)。

1. 基于统计模型的经验法

农作物遥感估产统计模型经验法主要利用遥感反演的农作物生长状况参数(如各类光谱植被指数)、农作物结构参数(如叶面积指数、叶绿素等)与农作物单产间直接建立线性/非线性统计模型(Bolton and Friedl, 2013)。该类模型特点是简单易行,但涉及农作物产量形成机理较少,模型迁移性较差,并且遥感数据和最终产量数据之间的关系随着作物生长期的变化而变化。

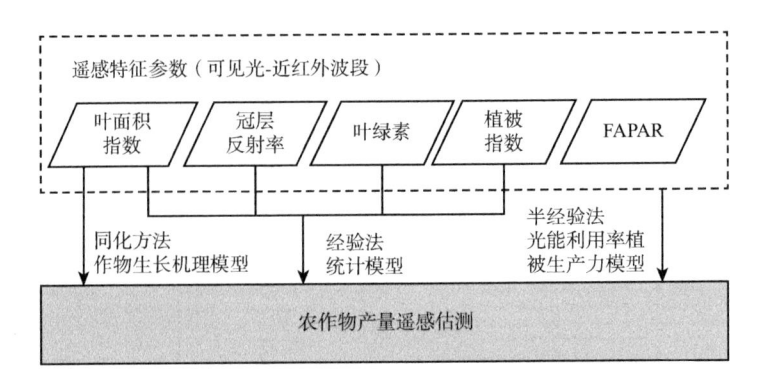

图 4.10 农作物产量遥感估测主要技术方法

2. 基于光能利用率植被生产力模型的半经验法

半经验半机理模型又称参数模型，主要利用遥感技术获得农作物净初级生产力（NPP）或农作物干生物量，在此基础上通过收获指数进行修正，从而获得农作物单产计算结果。该方法特点是实用，可充分发挥遥感获取大范围信息的优势。该方法本身对农作物机理有所涉及，但部分参数量化（如光能利用效率、收获指数等）需要进一步加强研究（任建强等，2006）。其中，半经验法的主要计算过程为

$$NPP = \varepsilon \times FAPAR \times PAR \qquad (4.24)$$

$$BM = NPP \times \alpha \qquad (4.25)$$

$$Yield = HI \times BM \qquad (4.26)$$

式中，NPP为通过遥感计算的农作物净初级生产力；α为碳素（C）含量与植物干物质量间转化系数，对于一种农作物而言，α为常数；PAR为光合有效辐射，它是指植物叶片的叶绿素吸收光能和转换光能的过程中，植物所利用的太阳可见光部分（0.4~0.76 μm）的能量，该参数可利用遥感信息或气象信息计算获得；FAPAR为光合有效辐射分量，它是指农作物光合作用吸收有效辐射的比例，该参数可以通过植被指数与FAPAR间定量关系计算获得；ε为光能转化为干物质的效率，C_3植物与C_4植物ε有明显差别，而且是与众多因素有关的一个变量，如温度、降水量等，但在小区域内该系数又基本趋于恒定，可以视其为常数；BM为农作物生物量，一般采用根冠比由整株生物量计算获得；HI为农作物收获指数，一般设置为常数；Yield为最终计算的农作物单产。

3. 结合农作物生长机理模型的同化方法

农作物生长模型吸收了农作物生理学、土壤学、农业气象学、作物栽培学等学科知识，通过各种植物生理参数来模拟农作物生长和发育过程以及农作物单产。该模型最大特点是机理性强，对模拟小区域尺度的农作物生长发育过程具有优势，但模型需要输入参数较多，尤其是不易获取大区域尺度的参数，如LAI等，影响了该模型在大区域尺度的扩展应用。

遥感影像的光谱信息波段及其组合可以反映农作物生长的空间信息，如LAI、植

被生物量、冠层温度、土壤水分等空间分布，具有及时性和广域性，可为农作物生长模型提供参数，弥补了农作物生长模型由点扩展到区域尺度的限制。并且随着遥感同化技术的发展，基于遥感数据同化农作物生长模型的农作物产量模拟技术，逐渐成为前沿和有发展潜力的应用研究领域，提高了农作物单产遥感估测精度和机理性解释(de Wit et al., 2007；任建强等，2011；姜志伟等，2012；黄健熙等，2015b；Li et al., 2016)。目前，与遥感相结合且利用较多的农作物生长模型包括 WOFOST(world food studies)、EPIC(erosion productivity impact calculator)、DSSAT(decision support system for agrotechnology transfer)、CERES(crop-environment resource synthesis system)等。随着遥感同化生长模型进行农作物单产模拟技术的逐渐深入，该技术已经有望在业务化估产运行中加以应用。

综上所述，农作物单产估测主要方法均存在各自的特点、优势及不足，在大范围农作物估产业务中很难依靠一种模型、一种方法进行区域农作物产量准确估测。目前，在大范围业务化农作物估产工作中，为了提高估产精度，增强估产结果可靠性、估产工作可操作性和实效性，充分发挥主要模型的特点和优势，大区域尺度农作物遥感估测大都在遥感、气象、地面长势和墒情等信息支持下采用多模型、多方法和多尺度整合的遥感估产方法进行农作物单产估算，从而进一步提高农作物产量估测精度。

4.3.3 研究展望

经过近30年的发展，农作物产量遥感估测技术、方法、模型和系统取得了长足进步，农作物产量监测预测时效性、监测精度得到较大提升，估产作物由单一种类向多种类扩展，信息源由单一信息向多种信息综合应用发展。但农作物产量遥感估测仍然存在一些问题需要改进。

(1) 农作物遥感估产模型业务化应用技术。目前农作物遥感估产业务化运行仍以经验统计模型为主，农作物生长机理模型应用还不足。实时准确地获取农作物关键参数(如LAI、叶绿素含量、农作物吸收光合有效辐射系数FAPAR等)的时空分布信息，是构建农作物单产遥感估测机理模型的基础，也是提高区域农作物单产估测精度的根本所在。需要加强定量遥感、数据同化和作物模拟等技术支持下的作物关键参数定量反演、作物产量定量模拟与监测预测等关键技术方法研究，进一步提高农作物产量遥感监测精度、机理性和定量化水平。继续加强农作物遥感估产的关键技术改进和提升，如人工智能与深度学习、大数据、云计算等技术与农作物估产技术的结合应用。

(2) 多源遥感数据替代和整合研究。通过多源遥感影像数据替代和整合关键技术研究，保障农作物生育关键期数据信息的获取，实现不同类型数据间的"优势互补"，才能提高区域农作物单产遥感估测模型的灵活性和可实现性。在天地网一体化多尺度多平台遥感数据获取体系支持下，加强多源遥感信息综合应用(组网)与信息融合，加强高光谱卫星、雷达、荧光等遥感数据应用研究与应用。

(3) 多层次和系统性估产模型样本数据和结果验证。基于光谱反射信息的农作物单产估测，无论是遥感模型中参数的反演，还是最终估产结果的精度分析，都离不开地面实测数据的配合。在地面样点或样区的数据实测工作中,是否采用合理空间抽样技术,精确空间定位方法,以及科学观测手段,都将直接影响观测数据的科学合理性,也影响产量遥感估测结果的可信度。因此,需要加强多层次、系统性农作物遥感估产样本数据获取规范性。

参 考 文 献

李鑫川,徐新刚,王纪华,等.2013.基于时间序列环境卫星影像的农作物分类识别.农业工程学报,29(2):169-176.

李宗南.2014.基于光能利用率模型和定量遥感的玉米生长监测方法研究.中国农业科学院博士学位论文.

刘峰,李存军,董莹莹,等.2011.基于遥感数据与作物生长模型同化的作物长势监测.农业工程学报,27(10):101-106.

刘佳,王利民,杨玲波,等.2017.农作物面积遥感监测原理与实践.北京:科学出版社.

刘云,孙丹峰,宇振荣,等.2008.基于NDVI-T_S特征空间的冬小麦水分诊断与长势监测.农业工程学报,24(5):147-151.

韩衍欣,蒙继华,徐晋.2017.基于NDVI与物候修正的大豆长势评价方法.农业工程学报,33(2):177-182.

黄健熙,贾世灵,武洪峰,等.2015a.基于GF-1 WFV影像的农作物面积提取方法研究.农业机械学报,46(1):253-259.

黄健熙,马鸿元,田丽燕,等.2015b.基于时间序列LAI和ET同化的冬小麦遥感估产方法比较.农业工程学报,31(4):197-203.

黄青,唐华俊,周清波,等.2010.东北地区主要农作物种植结构遥感提取及长势监测.农业工程学报,26(9):218-223.

姜志伟,陈仲新,任建强,等.2012.粒子滤波同化方法在CERES-Wheat作物模型估产中的应用.农业工程学报,28(14):138-146.

农业行业标准.2019.农情监测遥感数据预处理技术规范(NY/T 3526—2019).北京:中国农业出版社.

农业行业标准.2019.农作物种植面积遥感监测规范(NY/T 3527—2019).北京:中国农业出版社.

农业行业标准.2021.中高分辨率卫星主要农作物长势遥感监测技术规范(NY/T 3922—2021).北京:中国农业出版社.

裴志远,杨邦杰.2000.多时相归一化植被指数NDVI的时空特征提取与农作物长势模型设计.农业工程学报,16(5):20-22.

任建强,陈仲新,唐华俊,等.2006.基于植物净初级生产力模型的区域冬小麦估产研究.农业工程学报,22(5):111-117.

任建强,陈仲新,唐华俊,等.2011.基于遥感信息和作物生长模型的区域作物单产模拟.农业工程学报,27(8):257-264.

任建强,陈仲新,刘杏认.2020.农作物单产遥感估算模型、方法与应用.北京:中国农业科学技术出版社.

谭昌伟,杨昕,马昌,等.2015.基于HJ-1A/1B影像的冬小麦开花期主要生长指标遥感定量监测研究.麦类作物学报,35:427-435.

涂铭,金智勇.2021.深度学习与目标检测.北京:机械工业出版社.

王利民,刘佳,杨福刚,等.2015.基于GF-1卫星遥感的冬小麦面积早期识别.农业工程学报,31(11):194-201.

邬明权,王长耀,牛铮.2010.利用多源时序遥感数据提取大范围水稻种植面积.农业工程学报,26(7):240-244.

吴炳方,张峰,刘成林,等.2004.农作物长势综合遥感监测方法.遥感学报,(8):498-514.

严泰来，王鹏新. 2008. 遥感技术与农业应用. 北京：中国农业大学出版社, 217-249.
闫岩，柳钦火，刘强，等. 2006. 基于遥感数据与农作物生长模型同化的冬小麦长势监测与估产方法研究. 遥感学报, (5)：804-811.
杨邦杰，裴志远. 1999. 农作物长势的定义与遥感监测. 农业工程学报, (3)：214-218.
叶回春，黄文江，孔维平，等. 2020. 作物长势与土壤养分遥感定量监测及应用. 北京：中国农业科学技术出版社.
张喜旺，秦耀辰，秦奋. 2013. 综合季相节律和特征光谱的冬小麦种植面积遥感估算. 农业工程学报, 29(8)：154-163.
赵红伟，陈仲新，姜浩，等. 2020. 基于Sentinel-1A影像和一维CNN的中国南方生长季早期农作物种类识别. 农业工程学报, 36(3)：169-177.
赵虎，杨正伟，李霖，等. 2011. 作物长势遥感监测指标的改进与比较分析. 农业工程学报, 27(1)：243-249.
Bolton D K, Friedl M A. 2013. Forecasting crop yield using remotely sensed vegetation indices and crop phenology metrics. Agricultural and Forest Meteorology, 173: 74-84.
Chen C, Mcnairn H. 2006. A neural network integrated approach for rice crop monitoring. International Journal of Remote Sensing, 27(7): 1367-1393.
de Wit A J W, van Diepen C A. 2007. Crop model data assimilation with the Ensemble Kalman filter for improving regional crop yield forecasts. Agricultural and Forest Meteorology, 146(1-2): 38-56.
Huang J X, Gomez-Dans Jose L, Huang H, et al. 2019. Assimilation of remote sensing into crop growth models: current status and perspectives. Agricultural and Forest Meteorology, 276: 107-111.
Li H, Jiang Z W, Chen Z X, et al. 2016. Assimilation of temporal-spatial leaf area index into the CERES-Wheat model with Ensemble Kalman Filter and uncertainty assessment for improving winter wheat yield estimation. Journal of Integrative Agriculture, 15: 60345-60347.

第5章 农业土地资源遥感

农业土地资源是农业生产的最基本生产要素，为农作物生长发育提供场所和主要营养来源。农业土地资源遥感监测的目的是调查自然要素和社会经济因素共同作用下的农业土地资源类型、数量分布、质量以及时空变化过程和规律。按照农用地类型划分，农业土地资源调查对象可以包括耕地（水田、水浇地、旱地）、园地、设施农用地等；按照农业土地资源质量关注的内容划分，农业土地资源调查对象可以包括土壤养分含量、土壤理化特性、耕地质量等；按照农业种植制度划分，农业土地资源调查对象可以包括耕地复种指数、农作物物候期等；从农业土地资源退化关注的内容划分，农业土地资源调查对象可以包括耕地土壤侵蚀、耕地盐碱化等。本章主要介绍农用地类型（灌溉耕地）、耕地质量、农业种植制度、农业土地资源退化的遥感监测和调查技术方法。

5.1 灌溉耕地遥感调查与监测

5.1.1 概 述

灌溉是指利用人工设施，将符合质量标准的水输送到农田、草场等处，补充土壤水分，以改善植物的生长发育条件的农田水利措施。灌溉耕地是指灌溉设施基本配套，土地基本平整，有一定水源保证，在正常年份能够浇上水的耕地。在耕地分类中，旱地是指无灌溉设施，主要靠天然降水种植旱生农作物的耕地，包括没有灌溉设施，仅靠引洪淤灌的耕地，因此，旱地不属于灌溉耕地范畴。水浇地是指有水源保证和灌溉设施，在一般年景能正常灌溉，种植旱生农作物（含蔬菜）的耕地，包括种植蔬菜的非工厂化的大棚用地。此外，水田是指用于种植水稻、莲藕等水生农作物的耕地，包括实行水生、旱生农作物轮种的耕地，由于水田在作物生长期的特定时段需要人工额外补充水分，也被认为属于灌溉耕地。因此，灌溉耕地包括水浇地和水田。灌溉耕地空间分布及其时空变化，是区域乃至全球农业产业政策制定、水资源管理和应对气候变化的重要科学与应用研究基础。

传统灌溉耕地面积调查基于站点及人工调查统计的方法，已不能满足当前应用与研究的需求，急需新的方法和手段为快速、准确获取灌溉耕地面积信息提供支撑。遥感技术提供了一种相对经济、准确、快速、大范围、可重复调查灌溉耕地面积及其分布的有效途径。相比于大量的土地利用/土地覆盖遥感制图研究，由于数据来源、特征选择、分类算法、地理时空尺度等因素的影响，灌溉耕地遥感制图研究有一定难度。按照研究方法不同，灌溉耕地遥感调查可以分为两种方法，即灌溉耕地遥感识别与制图、耕地实际灌溉面积遥感监测。本章分别介绍这两种方法。

5.1.2 灌溉耕地遥感识别与制图方法

灌溉耕地遥感识别与制图方法分为两类：一类以遥感数据作为主要特征来源进行提取或分类；另一类利用灌溉相关特征的分布信息（如某行政单元的灌溉面积统计数据），将非遥感统计数据分配至空间格网或区划，与遥感数据进行融合（吴文斌等，2020）。监督分类与非监督分类是基于遥感数据进行灌溉耕地识别与提取的常用方法。

1. 全球灌溉耕地遥感制图产品

表 5.1 为现有全球尺度的灌溉耕地遥感制图产品，包括以下几类。

(1) 全球灌溉耕地空间分布图 (global map of irrigated area，GMIA) 是全球尺度第一张灌溉耕地分布地图。该系列产品共有 5 个版本，1.0 版本由德国卡塞尔大学环境系统研究中心与联合国粮农组织 (FAO) 合作，采用地理信息系统将 FAO 的灌溉耕地地理空间信息和各国 10 825 个地方单位灌溉耕地统计数据层空间化至网格，提出灌溉耕地面积及其占网格面积百分比 (Siebert et al.，2005)；Meier 等 (2018) 在 GMIA 基础上，结合多时相高分辨率 SPOT VEGETATION 数据和农业适宜性数据，利用多变量决策树对原灌溉耕地数据进行扩展，得到 2000~2008 年分辨率为 5 弧分的第 5 版全球灌溉耕地地图。该数据集基于国家尺度下的灌溉农田面积普查数据、配备灌溉农业工程设施的统计数据，不一定反映实际的灌溉活动。

(2) 国际水资源管理研究所 (IWMI) 利用多源卫星遥感数据 (NOAA AVHRR，SPOT Vegetation，MODIS，ASTER，ETM+，TM，IRS)，结合地面数据和辅助资料，根据降水量与高程信息对全球范围区域进行分类，使用非监督分类对区域进行聚类，而后使用光谱匹配技术，对全球范围内的土地利用类型、灌溉面积分布进行了识别，发布了世界第一份 1 km 尺度全球灌溉区域图 (global irrigated area map，GIAM) (Thenkabail et al.，2009)。2012 年，IWMI 又针对非洲和亚洲进行了重点研究，绘制了 250 m 空间分辨率的灌溉与雨养区分布图。该产品的优点是考虑了灌溉强度与作物类型，但因为用于精度验证的地面实测数据有限 (仅印度、非洲、东南亚和南美)，在部分缺少实测数据的区域，分类结果的可信度不高。

(3) 全球雨养、灌溉和水田耕地图 (global rainfed, irrigated and paddy croplands，GRIPC) (Salmon et al.，2015) 采用了遥感决策树监督分类，综合作物统计数据和气象数据，完成了 2005 年分辨率为 500 m 的全球雨养耕地、灌溉耕地和水田分布图。

(4) GlobCover 是欧洲空间局 (European Space Agency，ESA) 利用 2005~2006 年中分辨率成像光谱仪 (MERIS) 数据绘制了一幅中等分辨率 (300 m) 的全球陆地覆盖图，将地表覆盖分为包含灌溉耕地等在内的 22 个类型，目前有 2005 (Arino et al.，2008) 和 2009 (Bontemps et al.，2009) 两个版本。分类的过程包括对选定的图像进行无监督聚类，然后利用 MERIS 的时序 NDVI 图像计算物候参数 (起始、持续、结束)，并进行时间特征提取。最后，对区域土地覆盖的每个类别采用监督分类进行识别。

表 5.1 现有全球尺度灌溉耕地遥感产品

产品名称	计算方法	分类系统	判断标准	分辨率	年份
GMIA	非遥感数据与遥感数据融合	有效灌溉面积	有灌溉设施	5′	1995/2005
GIAM	非监督分类	灌溉耕地/水田	有灌溉/淹水	1 km	2000
GRIPC	监督分类	灌溉耕地/雨养耕地	有灌溉/雨养	500 m	2005
GlobCover	监督/非监督	灌溉耕地/雨养耕地/混合类	有灌溉/无灌溉/耕地+其他类	300 m	2005/2009
GFSAD	监督/非监督	灌溉耕地/雨养耕地/混合类	有灌溉/无灌溉/耕地+其他类	1 km	2010

(5) GFSAD(global food security analysis datasets, GFSAD30)是以作物分布和综合土地覆盖为主要目的的全球食物安全分析数据集，是美国国家航空航天局（National Aeronautics and Space Administration, NASA）参考 Biggs 等（2006）和 Salmon 等（2015）针对作物和灌溉分布研究的成果，采用遥感监督和非监督分类方法，经算法汇总得到的 1 km 分辨率数据集，分类体系中同时包含了主要作物和灌溉信息。

2. 采用监督分类的灌溉耕地遥感制图

采用监督分类的灌溉耕地遥感制图方法，主要包括光谱匹配阈值法、决策树法、随机森林法、神经网络法等，这类算法能够充分考虑作物在不同物候期光谱特征规律，提高分类精度。水分是作物生育期长势最主要的决定因素，植被指数一般与土壤水分供给呈正相关。据此，在灌溉制图算法中，植被指数是区分灌溉与非灌溉的主要参数，如归一化差值植被指数（NDVI）、增强植被指数（EVI）、绿度指数（GI）等。干旱气候条件下，灌溉耕地作物的生长状况一般优于雨养作物，NDVI 年度时间序列中的峰值高于非灌溉作物，同时，使用多时相的植被指数，可以更好地反映作物生育期在不同土壤水分条件下的时间信号差异。在种植作物种类单一的区域，连续的光谱时间序列曲线中一个或几个关键时间点的 NDVI 特征值就能够有效识别灌溉耕地。

刘逸竹等（2017）利用 2010 年 16 天合成的 250 m 空间分辨率 MODIS NDVI 时序数据，结合 30 m 空间分辨率 Landsat TM 解译的全国耕地分布图，以县为基本地块单元，提取耕地 NDVI 峰值，并从大至小对耕地像元进行排序，一般 NDVI 峰值越大，则受到灌溉的可能性越高；然后，根据排序结果对像元个数逐次累加，并将像元累加后对应的面积与当年以县为单位的灌溉统计面积进行对比；如此迭代，当两者数量基本一致时停止迭代，参与迭代计算的像元被认为是灌溉耕地像元，以此方法获得 2010 年中国灌溉耕地和雨养耕地空间分布图。与统计数据比较，全国总体精度达到 64.20%。

宋文龙等（2019）以陕西省东雷二期抽黄灌区为研究对象，采用 2018 年国产高分 1 号（GF-1）16 m 空间分辨率的多光谱数据，结合地面调查数据，计算获得灌溉区域和非灌溉区域小麦和玉米的 NDVI 时间序列曲线数据；然后采用光谱匹配法，从 NDVI 时间序列曲线形状和光谱特征空间距离两方面衡量样本光谱与待测光谱间的相似度，计算光谱相似值（spectral similarity value, SSV），其计算公式如下：

$$\text{SSV} = \sqrt{\text{EDS}_{\text{nomal}}^2 + (1-\text{SCS})^2} \tag{5.1}$$

式中，EDS_{nomal}为经归一化处理的欧氏距离(Euclidian distance similarity，EDS)，值的范围在0～1，用于衡量样本光谱与待测光谱在光谱空间中距离的指标，距离越近则越相似；SCS为光谱关联相似度(spectral correlation similarity)，是衡量样本光谱与待测光谱NDVI时间序列曲线形状相似度的指标；SCS值为0时，相似度最小；SCS为1时，相似度最大，即两种光谱完全一致；SCS值在0～1范围之外的像元，即可认为与样本光谱相似度差异过大，直接剔除。SSV值越小，光谱之间越相似，其范围通常介于0～1.414之间。不同作物之间，NDVI时间序列曲线的差异较大，SSV值高；对于同一种作物，灌溉区域的NDVI时间序列曲线比非灌溉区域具有更高的一致性，SSV值更低。最后引入OTSU自适应阈值算法，计算SSV分割阈值来判断是否为灌溉区域，经计算小麦灌溉区最佳分割阈值为0.3985，玉米灌溉区最佳分割阈值为0.4639，小于该阈值即为灌溉区域，从而识别研究区的灌溉面积空间分布情况。经实测地面数据验证，总体精度为88.27%，Kappa系数为0.8308。基于像元尺度光谱匹配计算的灌溉面积遥感监测方法，适用于高分辨率卫星遥感数据，满足提取小地块灌溉信息的需求，能够提高灌溉面积监测结果和制图精度。

利用监督分类方法识别与监测灌溉耕地，需要详细的耕地信息和地面数据构建基于规则的分类器，因此所选实测数据的数量和质量在很大程度上决定了灌溉耕地分类的成功与否，使得这类方法存在明显的局限性。准确的地面实测灌溉数据通常难以获取，使得依赖于地面训练样本分类的方法在时间和空间上的大规模应用受到限制。

3. 采用非监督分类的灌溉耕地遥感制图

采用非监督分类的灌溉耕地遥感制图方法主要包括K-means、ISODATA算法等。例如，Biggs等(2006)基于月最大MODIS-NDVI合成图像，ISODATA算法分类得到40个土地类别；然后结合NDVI时间序列地面数据和Landsat影像，将类别逐步合并，得到了印度南部地区连续灌溉、双季灌溉、微灌、低生物量灌溉和地下水灌溉共5种灌溉耕地的范围。

基于非监督分类的灌溉耕地遥感制图方法，适用于作物类型相对单一且分布范围较广的地区，而在作物类型相对复杂的区域则很难控制其分类数量。另外，该方法需要严格的分类识别和手工标记过程对类别进行分组，分类结果受主观因素的影响较大。

5.1.3 耕地实际灌溉面积遥感监测方法

耕地实际灌溉面积信息是灌区用水管理、作物灌溉产量预估的核心参数，对农情监测与管理尤为重要。基于遥感数据的耕地实际灌溉面积监测方法，可以分为基于土壤含水量变化和基于冠层温度的实际灌溉面积监测。

1. 基于土壤含水量变化的耕地实际灌溉面积监测

由于灌溉前后土壤水分或者植被含水量发生变化,能够指示地区干旱程度,因此研究者们通过构建遥感干旱指数(如PDI、MPDI等),获取耕地实际灌溉面积信息。

1) 垂直干旱指数

垂直干旱指数(perpendicular drought index,PDI)不仅能够反映植被生物量的变化,而且可以表征土壤含水量的变化。其基本原理是,在近红外-红光波段(Nir-Red)二维散点图上(图5.1),影像各处像元点的分布接近于一个三角形,该空间上任一点到土壤基线的垂直距离代表该点的植被覆盖情况,离土壤基线越远,代表其植被覆盖程度越高,如A点所对应的遥感图像像元点即为植被完全覆盖,E点为部分覆盖,D点为裸土,即无植被覆盖。图中直线L是土壤基线的法线,且该法线经过坐标原点,PDI是该法线的垂线,描述了含水量在该特征空间上的分布规律,离土壤基线的法线(直线L)越远表示越干旱,越近越湿润(Ghulam et al., 2006)。

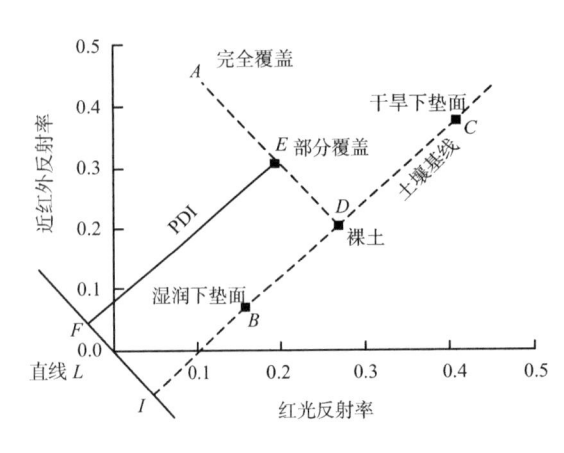

图5.1 垂直干旱指数(PDI)原理

从Nir-Red三角形特征空间上,任取一点$E(R_{red}, R_{nir})$,从该点到土壤基线的法线(直线L)的距离EF,即为所求垂直干旱指数PDI。PDI以该特征空间中任意一点$E(R_{red}, R_{nir})$到该法线的距离EF来表征区域干旱状况。

$$\mathrm{PDI} = \frac{1}{\sqrt{M^2+1}}(R_{red} + MR_{nir}) \qquad (5.2)$$

式中,R_{red}、R_{nir}分别为红光、近红外波段的反射率;M为土壤基线BC的斜率。PDI值越大,土壤含水量越少,因此可以利用PDI监测耕地灌溉面积。PDI适用于裸地或植被覆盖稀疏区域。

2) 修正的垂直干旱指数

修正的垂直干旱指数(modified perpendicular drought index,MPDI)对地表下垫面土壤类型和植被覆盖信息要求较高,没能消除植被覆盖的影响,Ghulam等(2007)针对PDI的缺点,引入植被覆盖度(f_v)改进了PDI,以达到从Nir-Red特征空间混合像元中去除植被信息的影响,发展了修正的垂直干旱指数(MPDI),用于监测耕地作物生长中期的土壤含水量。

$$\mathrm{MPDI} = \frac{R_{red} + MR_{nir} - f_v(R_{red,\,v} + MR_{nir,\,v})}{(1-f_v)\sqrt{M^2+1}} \qquad (5.3)$$

式中，R_{red}、R_{nir}分别为经过大气校正后的红光、近红外波段的反射率；M为土壤基线BC的斜率；$R_{red,v}$、$R_{nir,v}$分别为植被在红光、近红外波段的反射率，通过田间测定可以确定其值；f_v为植被覆盖度。在Nir-Red特征空间中，平行于土壤线的方向表示土壤含水量对MPDI的影响；垂直于土壤线的方向表示植被对MPDI的影响，土壤含水量和植被覆盖度的增加都会导致MPDI值的降低。

王啸天等（2016）采用PDI进行实际灌溉面积监测。其利用2014年4～5月的9幅环境减灾卫星HJ-1A/1B CCD数据，分别构建影像的Nir-Red特征空间，由特征空间获得PDI公式中需要的M值，计算PDI；然后建立基于PDI差异的实际灌溉面积监测模型，公式如下：

$$I = \text{PDI}_{r1} - \text{PDI}_{r2} \tag{5.4}$$

式中，I代表某个像元区域受灌溉影响的程度，I越小，表明灌溉的影响越小；PDI_{r1}是灌溉之前的PDI；PDI_{r2}是灌溉之后的PDI。令前后两期影像得到的PDI相减，如果前期PDI大于后期，意味着土壤含水量增大，表明像元处可能发生灌溉行为。由于土壤含水量的变化不一定是因为灌溉所造成的，所以需要设定一个差异阈值，只有变化程度大于该阈值时，才可以认为该像元处的土壤水分变化是由灌溉造成的。阈值如果选取过小，没有灌溉的区域会被误认为发生灌溉，反之则发生灌溉的区域会被误认为没有进行灌溉。通过实地测量，确定了阈值为0.082。另外，降雨也会对土壤含水量变化产生很大影响，可以选择影像时相来避开降雨时期。采用该方法完成了研究区域2014年4～5月实际灌溉耕地制图，灌溉面积准确率达到75%以上。

基于土壤含水量变化的耕地实际灌溉面积监测中，PDI、MPDI模型简单，应用较为广泛。但该方法主要采用光学遥感数据，易受到云雾天气的影响，难以取得连续的监测数据，从而影响灌溉监测的连续性。

2. 基于冠层温度的实际灌溉面积监测

作物缺水后气孔会关闭，蒸腾作用减弱，冠层温度升高；而灌溉后植被蒸腾作用加强，冠层温度下降。植被供水指数（VSWI）是某一时期的NDVI与地表温度（T_s）的比值，代表农作物受旱程度的相对大小，VSWI值越小，表明作物冠层温度越高，植被指数越低，作物受旱程度越重。温度植被干旱指数（TVDI）是指在T_s-NDVI特征空间中，任意像元地表温度和相同NDVI值的最小地表温度之差与相同NDVI值的最大地表温度和最小温度之差的比值，TVDI值越大，土壤湿度越低，表明干旱越严重。因此，研究者依据这些原理，通过灌溉前后作物冠层温度、VSWI、TVDI等的差异，获取耕地实际灌溉面积信息。

田鑫等（2020）利用2016年7～9月的Landsat 8 TM数据对研究区域的VSWI、TVDI进行反演，并根据实测数据，构建基于VSWI和TVDI差异的灌溉面积监测模型，对内蒙古河套灌区沈乌灌域的灌溉面积进行遥感提取和制图，经野外采样点验证，VSWI和TVDI的模型精度分别为85.3%和89.7%，证明了两种模型的可行性。

根据冠层温度的实际灌溉面积监测原理简单，模型适用度高。但基于遥感的温度反演涉及多种反演模型与算法，需要的参数较多，复杂的地表状况会增加反演难度，导致误差较大。

5.1.4 研究展望

灌溉耕地遥感调查在以下几方面需要进一步研究。

(1) 多源遥感数据融合。样本光谱的完整性对提取完整生长期或年度的作物种植结构与实际灌溉面积影响较大,因此需要研究高时间分辨率、高空间分辨率光学遥感与雷达、微波等遥感数据融合技术,提高调查精度,以达到灌溉耕地的动态遥感监测。

(2) 形成实用化的技术体系。灌溉信息的提取需要考虑作物类型、生长季节、种植结构、灌溉方式等多种因素。因此耕地灌溉面积的遥感监测需要集成基础数据、气象水文数据、作物信息等各种数据,辅助地面站点与人工调查数据,根据不同的类型区域,建立适宜的模型算法,形成智能、快速、动态监测的实用化技术体系。

5.2 耕地质量遥感调查与监测

耕地质量是指耕地土壤在农业生产中对于作物生长的适宜程度和土地可持续利用的能力。耕地质量的好坏与土壤的物理、化学和生物特性密切相关。在耕地质量评价指标中,土壤有机质(SOM)含量反映土壤养分状况和肥力水平,其空间变异及制图是了解农田土壤肥力的空间分布格局、培肥地力、精准施肥的基础,也是耕地质量评价、土壤碳循环、土壤污染治理等研究的重要参数,因而快速、准确地监测SOM含量及其空间分布特征,对于农田合理使用与保护、保障粮食安全等方面具有重要意义。

土壤有机质制图传统方法一般包括地统计学法和土壤景观建模方法。以地理信息系统(GIS)为代表的地统计方法,是利用有限个采样点数据,通过GIS空间插值方法,为未采样点赋予相应的土壤属性值,快速、直观地生成SOM的连续空间分布图;该方法适用于地形条件满足地统计平稳假设的景观地区,以半方差函数为基础建立的一种最优线性无偏内插估值方法,但土壤的发生方式复杂,对于复杂地形应用GIS空间插值技术具有限制性,同时这些技术通常要求大量的野外采样数据才能满足精度要求,不考虑土壤发生的环境因素,制图精度不确定性较大(姜勇等,2005)。土壤景观建模方法是综合考虑地形、植被、母质、气候等土壤发生因素,利用野外采集的典型样点SOM与各种自然因素相结合,在GIS技术支持下,采用线性回归、模糊聚类、规则树等方法,快速直观地获得大区域和地形复杂区域SOM空间分布趋势图(杨琳等,2009);该方法以土壤-景观定量模型为理论基础,以空间分析和数学方法为技术手段,已成为土壤学研究中较活跃的领域,基于该模型预测的SOM分布图,比较真实地反映了土壤自然体在空间上的连续分布特征,但该方法表达SOM空间分布差异略显粗糙,需要高质量、高精度的土壤成土环境因素信息,才能有助于提高制图精度。

随着遥感技术的发展,特别是非成像高光谱仪、机载和星载高光谱遥感光谱波段可达几百至上千,能够探测土壤性质的细微差异,为SOM含量估测提供了较好的数据源。利用高光谱遥感影像获取土壤有机质含量空间分布的方法研究与实践应用,成为快速、准确地获取SOM含量空间分布的有效技术手段。

5.2.1 概　　述

土壤有机质是土壤中各种含碳有机化合物的总称，主要元素组成包括C、O、H、N和少量S、P，其来源包括动物、植物及微生物残体，以及人为施入土壤的有机质肥料和作物根系的分泌物等。进入土壤中的有机质处于不断的动态变化中，变化过程包括矿化和腐殖化，有机质彻底分解最终释放成为植物将以利用的养分以及各种有机化合物转变为更为复杂的新的有机化合物两个方向。土壤有机质具有提供作物养分，土壤保水保肥，土壤缓冲，促进土壤团粒结构形成，改善土壤物理性质等生物、化学和物理作用。土壤有机质高光谱遥感监测，是在分析不同土壤有机质含量光谱特征的基础上，确定光谱敏感波段，构建SOM高光谱反演模型，进行SOM含量遥感填图和等级分布图专题产品制作。

1. 土壤有机质含量等级划分标准

土壤有机质含量等级划分，可为土壤有机质遥感监测制图提供参考。表5.2和表5.3分别为《耕地质量等级》国家标准（GB/T 33469—2016）和《农用地质量分等规程》国家标准（GB/T 28407—2012）确定的土壤有机质含量等级划分。

表5.2　耕地土壤有机质含量等级划分　　　　（单位：%）

区域	一等	二等	三等	四等	五等	六等	七等	八等	九等	十等
东北区	≥2.0				1.5～2.5		1.0～2.0		<1.0	
内蒙古及长城沿线区	≥1.2			0.8～1.5				<0.8		
黄淮海区	≥2.0			1.0～2.0				<1.0		
黄土高原区	≥1.5				0.8～1.5				<1.0	
长江中下游区	≥2.4(≥2.8)		1.8～4.0(2.0～4.0)			1.0～3.0(1.5～3.0)			<1.0(<1.5)	
西南区	≥2.5(≥3.0)		2.0～3.0		1.5～2.0		1.0～1.5		<1.0	
华南区	≥2.5		2.0～3.0			1.0～2.0(1.5～2.5)			<1.0(<1.5)	
甘新区	≥1.5		1.0～2.0					<1.5		
青藏区	2.0～4.0				1.0～3.0				<1.0	

注：括号内为水田的土壤有机质含量范围。

表5.3　农用地土壤有机质含量分级　　　　（单位：%）

区域	一等	二等	三等	四等	五等	六等
全国	≥4.0	3.0～4.0	2.0～3.0	1.0～2.0	0.6～1.0	<0.6

2. 土壤有机质高光谱遥感监测机理

探明土壤有机质光谱特征规律，是采用光谱技术预测SOM的理论基础。可见光-

近红外（VNIR，350～2 500 nm）和中红外（MIR，2 500～25 000 nm，4000～400 cm^{-1}）光谱波段对土壤的有机组成高度敏感，对土壤光谱反射或吸收有着强烈的影响。

1) 可见光-近红外波段土壤有机质光谱特征分析

VNIR波段的吸收特征主要来自于土壤中含氢基团（如C-H、N-H、O-H、S-H等）基本振动的倍频峰和合频峰，与电磁辐射相互作用的主要成分为土壤有机质，还包括自由水和黏土矿物中的OH、非黏土矿物（如氧化铁、碳酸盐）和盐。土壤有机质组分的主要吸收波段为400～500 nm、620～700 nm以及1 201 nm、1 203 nm、1 358 nm、1 367 nm、1 465 nm、1 726 nm、1 761 nm、1 769 nm、1 932 nm、2 068 nm、2 111 nm、2 142 nm、2 169 nm、213 nm、2 309 nm、2 331 nm、2 337 nm、2 347 nm和2 386 nm（Ben-Dor et al.，1997）。

从不同SOM含量土样光谱反射特征可以看出（图5.2），在400～1 400 nm范围，随着波长的增加，反射率平滑上升，在1 400 nm左右受土壤水分的影响，有一个反射率低谷；在1 410～1 900 nm之间，反射率又开始逐渐上升，1 900 nm左右受水分吸收的影响，出现一个反射率低谷；1 940～2 480 nm之间土壤反射率也是先上升后下降，在2 100 nm左右达到峰值，在2 210 nm左右又出现一个小的反射率吸收谷。当SOM含量大于2%时，土壤反射率随着SOM含量的增加而降低，SOM含量与土壤反射光谱之间呈负相关关系，土壤光谱特征受SOM的影响较大；但当SOM含量小于2%时，SOM对土壤光谱的影响减弱（司海青等，2015）。

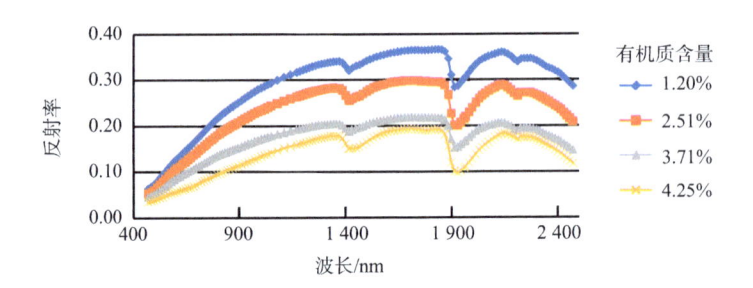

图5.2 不同土壤有机质含量的VNIR光谱特征曲线

2) 中红外波段土壤有机质光谱特征分析

MIR光谱特征通常采用吸光度进行分析。光谱反射率转换成吸光度的计算公式如下：

$$A_i = \log(1/R_i) \tag{5.5}$$

式中，A_i为土样在波段i处的吸光度；R_i为土样在波段i处的反射率。

在MIR波段，影响土壤光谱吸收特征变化的主要是土壤中的C-H、C-O、C=O、N-H等含碳基团的强烈基本分子振动和矿物质，土壤光谱具有与有机物或矿物质相关的清晰可识别峰的特征（图5.3）。土壤有机质在中红外光谱的主要特征吸收带为470 cm^{-1}、539 cm^{-1}、694 cm^{-1}、798 cm^{-1}、780 cm^{-1}、913 cm^{-1}、1 100～1 008 cm^{-1}、1 400 cm^{-1}、1 630 cm^{-1}、2 855 cm^{-1}、2 925 cm^{-1}、3 265～3 000 cm^{-1}、3 696～3 440 cm^{-1}

(Soriano-Disla，2014）。

从 4 000～3 750 cm^{-1}，随着波数的增加，吸光度缓慢上升；3 750～3 630 cm^{-1} 吸光度迅速上升，在 3 600 cm^{-1} 附近有一明显峰值，主要是硅酸盐中的 O-H；3 529 cm^{-1} 和 3 394 cm^{-1} 附近主要是三水铝石中的 Al-OH；在 3 500～3 000 cm^{-1} 波段范围内，吸光度先上升后下降，3 000～2 800 cm^{-1} 左右又出现两个小的峰，与脂肪族 C-H 和 C-OH 伸缩振动有关；2 800～2 000 cm^{-1} 吸光度先缓缓下降后缓缓上升，在 2 360 cm^{-1} 左右有小的谷，主要是受到测量环境中信号较强的 CO_2 的影响；2 200～1 360 cm^{-1} 波段范围受到来自石英和黏土矿物的 Si-O 影响；在 1 620 cm^{-1} 和 1 400 cm^{-1} 左右出现两个较大的峰值，分别与芳香族化合物和脂肪族化合物 C=C、C=O、C-N 伸缩振动和 N-H 的弯曲振动有关；在 1 250～1 000 cm^{-1} 波段范围，吸光度迅速下降而后上升，1 150 cm^{-1} 左右有一个小峰，与醚或脂中 C-O 伸展有关；在 1 000 cm^{-1} 以后，曲线出现了交叠，不完全遵循吸光度随 SOM 含量增大而增加的规律，主要原因是此处光谱是由矿物（二氧化硅）和有机化合物（氢氧化物和硅酸盐）混合影响而形成的，对不同峰的解释比较困难（Terra et al.，2015）。与 SOM 相关的特征出现在烷基（C-H）拉伸的 2 924 cm^{-1} 和 2 843 cm^{-1} 两个特征峰附近，以及多糖（C-O）影响的 1 157 cm^{-1} 附近。另外，由于不同土壤类型间真实分子运动有差异，因此这些特征峰的位置在不同的 VNIR 和 MIR 光谱中表现会略有变化（Haberhauer et al.，2000）。

总之，VNIR 光谱曲线主要在 1 400 nm、1 900 nm 和 2 200 nm 附近有三个明显的吸收峰，与 SOM 有关的特征不明显；而 MIR 光谱曲线主要在 3 600 cm^{-1}、1 860 cm^{-1}、1 620 cm^{-1} 和 1 400 cm^{-1} 附近有四个较大的吸收峰，以及 2 920 cm^{-1}、2 850 cm^{-1}、1 990 cm^{-1}、1 800 cm^{-1}、1 720 cm^{-1} 附近有几个小的吸收峰与 SOM 有关，吸收峰特征明显，且基本不受水吸收的影响，因此，MIR 光谱技术估测 SOM 含量机理性和解释性更强。

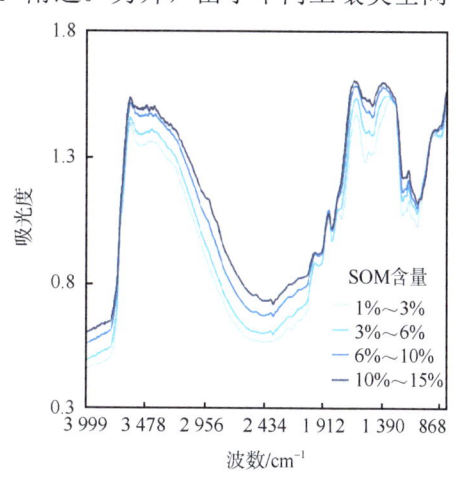

图 5.3　不同土壤有机质含量 MIR 光谱特征曲线

3. 土壤有机质高光谱遥感监测技术流程

土壤有机质高光谱遥感监测的流程，主要包括数据采集与获取、遥感数据预处理、样点光谱指标计算与光谱敏感波段选择、土壤有机质反演模型构建与模型应用、成果编制等。土壤有机质高光谱遥感监测技术流程见图 5.4。

1）数据采集与获取

采集与获取的数据包括高光谱遥感数据、土壤样本数据和其他数据。高光谱遥感数据可以有三种类型，即非成像高光谱数据、机载高光谱数据和星载高光谱数据。为了减少地表覆盖对土壤光谱的影响，成像高光谱数据时相一般选择耕地裸土期。例如，

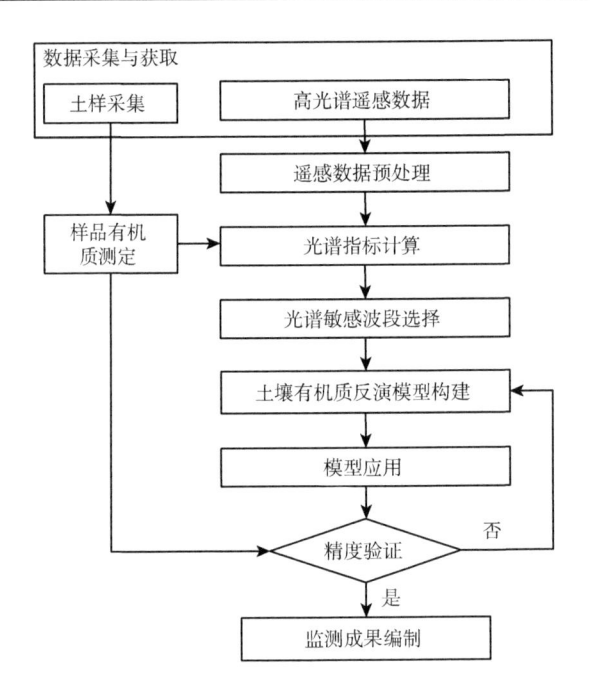

图 5.4　土壤有机质高光谱遥感监测技术流程

东北地区和西北地区，最好选择4月底到5月底的农田翻耕期，地表农田裸露，农作物残茬较少。

土壤样本数据带有GPS定位数据，一般采集0～20 cm深度，在实验室测定土壤有机质含量，用于光谱敏感波段选择、反演模型构建和精度验证。对于采用非成像高光谱仪进行室内土样光谱测量时，土样需要烘干除水、过筛，以便降低土壤水分、土样颗粒大小对SOM高光谱模型反演精度的影响。

其他数据包括土壤类型分布图、耕地或农作物分布图、数字高程模型（DEM）数据、行政区划数据等。

2) 遥感数据预处理

成像高光谱遥感数据预处理包括辐射定标、大气校正、几何校正等，获得土壤样点反射率数据。非成像土样高光谱数据需要进行曲线平滑处理，消除或降低高频噪声对光谱曲线的影响。

3) 样点光谱指标计算与光谱敏感波段选择

常用的土壤有机质反演光谱指标，包括光谱斜率、光谱吸收位置、光谱吸收深度、光谱吸收宽度等参量化光谱特征；经过数学变换后的光谱，如倒数光谱、对数光谱、导数光谱、积分光谱；光谱敏感波段的加、减、乘、除组合后的光谱指数；中红外光谱处理等，进行样点光谱指标计算。

土壤有机质光谱敏感波段筛选一般采用相关系数法、CARS法等计算光谱指标与土壤有机质相关系数和显著性水平p值，选择$p<0.01$或$p<0.05$的特征波段，作为土

有机质反演光谱敏感波段。

4) 土壤有机质反演模型构建和成果编制

采用线性统计、机器学习、深度学习等模型构建土壤有机质高光谱反演模型。通过精度验证后，选择适宜模型进行土壤有机质遥感影像填图和等级分布图制作。

5.2.2 土壤有机质高光谱遥感监测主要技术方法

土壤有机质高光谱遥感监测技术方法的核心包括选择土壤有机质反演光谱指标、确定光谱敏感波段、构建土壤有机质反演模型。

1. 土壤有机质反演光谱指标

在土壤有机质高光谱遥感监测的研究与实践中，常用的土壤有机质反演光谱指标包括参量化光谱指标，经过数学变换后的光谱、光谱指数、中红外光谱处理。以下介绍一些土壤有机质反演光谱指标计算和处理方法。

1) 参量化光谱指标（童庆禧等，2006）

(1) 光谱斜率：在某一个波长区间，连接光谱曲线起始波段与终止波段的光谱反射率形成一条线段，该线段的斜率即为光谱斜率，计算方法如下：

$$S = \frac{R_{(\lambda_2)} - R_{(\lambda_1)}}{\lambda_2 - \lambda_1} \tag{5.6}$$

式中，S 为待求波长区间的光谱斜率；λ_1 为起始波段波长；λ_2 为终止波段波长；$R_{(\lambda_1)}$ 为起始波段的光谱反射率；$R_{(\lambda_2)}$ 为终止波段的光谱反射率。

(2) 光谱吸收位置：在光谱吸收谷中，反射率最低处的波长为光谱吸收位置，计算方法如下：

$$\lambda_a = \mathrm{argmin}_\lambda R(\lambda) \tag{5.7}$$

式中，λ_a 为光谱吸收位置；$R(\lambda)$ 为波长为 λ 处的反射率；$\mathrm{argmin}_\lambda R(\lambda)$ 为最小的波长。

(3) 光谱吸收深度：在某一光谱吸收范围，反射率最低点到归一化包络线的距离为光谱吸收深度，计算方法如下：

$$\mathrm{AD} = 1 - \frac{R(\lambda_a)}{R_{\mathrm{env}}} \tag{5.8}$$

式中，AD 为光谱吸收深度；$R(\lambda_a)$ 为光谱吸收位置 λ_a 处的反射率；R_{env} 为光谱吸收位置 λ_a 处归一化包络线上的反射率。

(4) 光谱吸收宽度：在光谱吸收谷中，最大吸收深度一半处的光谱带宽 FWHM (full width at half the maximum depth) 为光谱吸收宽度，计算方法如下：

$$AW = \lambda_2 - \lambda_1 \tag{5.9}$$

式中，AW 为光谱吸收宽度；λ_1、λ_2 分别为达到最大吸收深度一半处的两个波长，其中 $\lambda_2 > \lambda_1$。

2) 光谱数学变换（童庆禧等，2006）

(1) 倒数光谱：光谱曲线在某一波段处的反射率倒数值。
(2) 对数光谱：光谱曲线在某一波段处以 10 或自然常数为底的反射率对数值。
(3) 导数光谱（微分光谱）：光谱曲线在某一波段处的反射率导数值。第 i 个波段的一阶导数光谱计算方法如下：

$$R'(\lambda_i) = \frac{R(\lambda_{i+1}) - R(\lambda_{i-1})}{\lambda_{i+1} - \lambda_{i-1}} \tag{5.10}$$

式中，$R'(\lambda_i)$ 为第 i 个波段的光谱导数；λ_i 为第 i 个波段的波长；$R(\lambda_{i+1})$ 为第 $i+1$ 个波段的光谱反射率；$R(\lambda_{i-1})$ 为第 $i-1$ 个波段的光谱反射率；λ_{i+1} 为第 $i+1$ 个波段的波长；λ_{i-1} 为第 $i-1$ 个波段的波长。

(4) 积分光谱：光谱曲线在某一波长范围内的下覆面积，计算方法如下：

$$\phi = \int_{\lambda_1}^{\lambda_2} f(\lambda) \mathrm{d}\lambda \tag{5.11}$$

式中，ϕ 为积分光谱；$f(\lambda)$ 为待求积分的光谱曲线；λ_1 为积分的起始波段波长；λ_2 为积分的终止波段波长。

3) 光谱指数（童庆禧等，2006）

(1) 差值光谱指数（difference spectral indices，DSI）：DSI=R_1-R_2。
(2) 归一化光谱指数（normalized spectral indices，NSI）：NSI=$(R_1-R_2)/(R_1+R_2)$。
(3) 比值光谱指数（ratio spectral indices，RSI）：RSI=R_1/R_2。

上式中，R_1 和 R_2 分别为 350~2 500 nm 波段范围内任意两个波段的反射率。

4) 中红外光谱处理方法

(1) 光谱多元散射校正（MSC）。MSC 方法认为，每条光谱都应与"理想光谱"呈线性关系。而"理想光谱"无法得到，可用样本的平均光谱来代替。这样，任意波段处的吸光度与其平均光谱的相应吸光度的光谱呈近似线性关系，通过对全部光谱进行线性回归得到直线的截距和斜率，并对每条光谱进行校正。截距反映了样本吸收作用，斜率反映了样本的均匀性。具体的计算过程如下。

①计算样品光谱平均吸光度 $\bar{x}_i$，将其近似认为理想光谱。
②将样品光谱与理想光谱进行线性回归，$x_i = m_i \cdot \bar{x}_i + b_i$。

③进行光谱散射校正，$x_{\text{MSC}} = (x_i - b_i)/m_i$；式中，$x_{\text{MSC}}$为MSC拟合后的光谱；$x_i$为第$i$个样品的光谱吸光度；$m_i$是斜率；$b_i$是截距。通过调整$m_i$和$b_i$，尽可能地保留与化学组分相关的原始信息，同时减小不同样点光谱的差别（图5.5）。

（2）标准正态变换（SNV）。土壤样品很难达到理想的均匀状态，光的散射会给采集的土样光谱带来误差。SNV假设每一条光谱中，光谱各波段处的吸光度值符合一定的分布规律，通过对光谱进行数学计算，使拟合光谱尽可能接近没有散射误差效果的光谱，来校正散射引起的光谱误差（图5.6）。计算公式如下：

$$Z = \frac{x_{ij} - \bar{x}_i}{S_i} \tag{5.12}$$

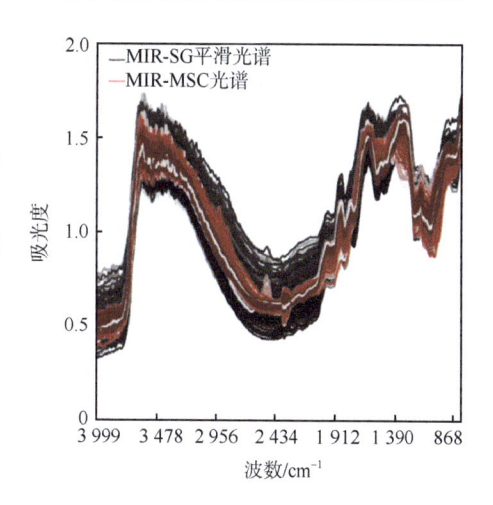

图5.5 中红外（MIR）波段MSC光谱和原始光谱对比

式中，$\bar{x}_i$为吸光度的平均值；S_i为标准偏差，$i=1, 2, \cdots, n$；$j=1, 2, \cdots, m$；n为样本个数；m为光谱点数。

2. 光谱敏感波段

通常连续波段间光谱反射率会呈线性相关关系，因此使用全波段光谱分析时，会出现冗余信息较多的情况，通过特定方法筛选敏感波段能够剔除不相关或非线性的变量，得以简化模型，提高校正模型的精度。高光谱遥感数据包含几百或上千个光谱波段，其中有些波段与SOM含量相关性较小。为了减少模型构建工作量和运行时间，一般选择光谱敏感波段参与

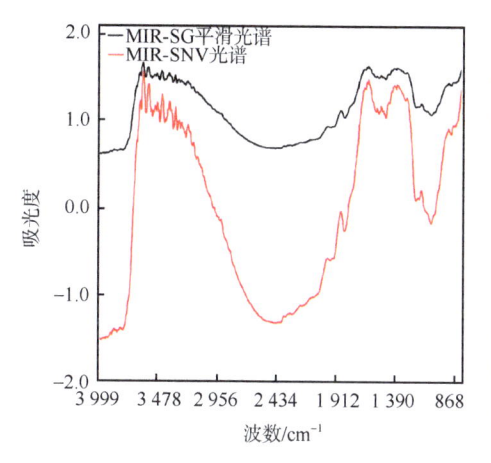

图5.6 中红外（MIR）波段SNV光谱和原始光谱对比

SOM含量估测建模。常用的光谱敏感波段选择方法包括相关系数法、主成分分析法、连续投影算法（successive projections algorithm，SPA）、竞争性自适应重加权算法（competitive adapative reweighted sampling，CARS）、遗传算法（genetic algorithm，GA）等。

1）相关系数法

计算样点SOM含量与光谱反射率或数学变换的相关系数，选择珀森检验$p<0.01$或$p<0.05$的波段作为敏感波段，参与SOM含量高光谱模型构建。相关系数计算公式如下：

$$\rho_j = \frac{\sum_{i=1}^{m}(x_{ij}-\bar{x}_j)(y_i-\bar{y})}{\sqrt{\sum_{i=1}^{m}(x_{ij}-\bar{x}_j)^2 \sum_{i=1}^{m}(y_i-\bar{y})^2}} \tag{5.13}$$

式中，ρ_j 为第 j 个光谱特征与有机质含量间的皮尔逊相关系数；x_{ij} 为第 i 个样品的第 j 个光谱特征的值；$\bar{x}_j$ 为所有样品第 j 个光谱特征的平均值；y_i 为第 i 个样品的有机质含量值；$\bar{y}$ 为所有样品有机质含量的平均值；m 为样品的数量。

2）连续投影算法

连续投影算法（SPA）是一种使矢量空间共线性最小化的前向变量选择算法，通过在向量空间中执行简单的投影操作，以获得变量间共线性最小的包含信息最多的变量子集，能够在有效消除变量间共线性的同时得到最低限度的冗余信息的变量组合，从而实现在较低的模型复杂度下以最大限度地获取解释信息。SPA 的变量选择原则为新选择的变量是在原选择变量的正交子空间上选择具有最大投影值的变量，其可以在均方根误差（RMSE）最小的基础上，确定最优的初始变量和变量数量，因此常用于光谱特征波长的筛选（Araujo et al., 2001）。

3）竞争性自适应重加权算法

竞争性自适应重加权算法（CARS）是一种结合蒙特卡罗采样（Monte Carlo feature selection, MCFS）与偏最小二乘（PLS）模型回归系数的特征变量选择方法，模仿达尔文理论中的"适者生存"的原则（Li et al., 2009）。CARS 算法中，每次通过自适应加权采样保留 PLS 模型中回归系数绝对值权重较大的点作为新的子集，去掉权值较小的点，然后基于新的子集建立 PLS 模型，经过多次计算，选择 PLS 模型交互验证均方根误差（RMSECV）最小的子集中的波长作为特征波长。

4）遗传算法

遗传算法（GA）是一种随机优化选择算法，其本质是模拟生物的进化过程，是光谱分析中常用的一种变量选择方法。在进行高光谱的特征波段选择时，GA 主要分为编码、选择初始群体、适应度函数的确定、复制、交叉和变异几个主要步骤。在遗传算法挑选波段的过程中，取某个波长范围为间隔（如 10 nm）的平均值作为输入，以去除冗余信息，同时兼顾光谱基本特征（祝诗平等，2004）。

土壤有机质光谱敏感波段的选择会受到土壤类型、土壤组分因素以及敏感波段算法的影响，使得不同研究中土壤有机质敏感波段结果表现出较大的差异性。研究者针对不同土壤类型、不同高光谱数据源确定的 SOM 光谱敏感波段范围，可以划分为 4 种类型：可见光区、近红外区、可见光-近红外区、中红外区。表 5.4 列举了一些研究者确定的土壤有机质光谱敏感波段。

表5.4 土壤有机质光谱敏感波段研究

数据源	光谱分辨率	土壤类型	反射率敏感波段/nm	计算方法	文献
可见光区					
ASD FieldSpec Pro便携式光谱仪	3 nm@350~1 000 nm 10 nm@1 000~2 500 nm	砂姜黑土	606，637，644	相关系数法	杨红飞等，2018
近红外区					
ASD FieldSpec 3便携式光谱仪	3 nm@700 nm 30 nm@1 400 nm/2 100 nm	红壤、水稻土	823，914，1 431，1 460，1 903，1 984 2 027，2 106，2 149，2 194，2 227，2 271，2 307，2 330，2 343，2 452，2 476，2 481	GA+SPA	章海亮等，2017
ASD FieldSpec 4便携式光谱仪	3 nm@700 nm 10 nm@1 400 nm/2 100 nm	黑土	1 280，1 380，1 450，1 460，1 470，1 480，1 620，1 650，1 690，1 700，1 910，1 940，1 980，2 010，2 050，2 080，2 090，2 100，2 150，2 160，2 170，2 190，2 230	CARS	唐海涛等，2021
GF-5星载高光谱	VNIR：≤5 nm SWIR：≤10 nm	黑土、草甸土、白浆土、沼泽土	1 426~1 797，1 948~1 999，2 016~2 176，2 252~2 345	相关系数法	颜祥照等，2021
可见光-近红外区					
CASI-1500/SASI-600机载高光谱	2.3 nm(380~1 050 nm) 15 nm(950~2 450 nm)	黑土、白浆土、草甸土、沼泽土、泥炭土、水稻土	580~640，900~930，1 140~1 160，1 260~1 280，1 740~1 760，2 000~2 030，2 200~2 220	相关系数法	汪大明等，2018
ASD FieldSpec 4便携式光谱仪	3 nm@350~1 000 nm 10 nm@1 000~2 500 nm	砂姜黑土	461~470，611~620，661~670，741~750，1 461~1 470，1 891~1 900，1 901~1 910，2 011~2 020，2 071~2 080，2 141~2 150	GA	张娟娟等，2020
中红外区/cm^{-1}					
Nicolet 6700 傅里叶变换红外光谱仪	1.2 nm(4 000~400 cm^{-1})	热带土壤	1261~1003，802~771，498~451	相关系数法	Fabrício S. Terra，2015

注：CARS表示竞争自适应重加权算法；GA表示遗传算法；SPA表示连续投影算法。

3. 土壤有机质高光谱遥感反演模型

构建光谱指标与土壤有机质反演模型的方法，主要包括统计模型、机器学习和深度学习等。统计模型包括逐步回归（SWR）、多元线性回归（MLR）、偏最小二乘回归（PLSR）等，机器学习包括人工神经网络（ANN）、随机森林（RF）、支持向量机（SVM）等方法，深度学习包括卷积神经网络模型（CNN）等。表5.5列举了一些研究者采用的土壤有机质光谱反演建模方法。

表5.5 土壤有机质高光谱遥感反演模型方法

数据源	土壤类型	模型	最佳模型	验证精度	参考文献
ASD FieldSpec 3便携式光谱仪	黄绵土、风沙土	SWR, BPN	BPN	$R^2=0.8930$ RMSE=0.118%	叶勤等，2017
Bruker Tensor 37傅里叶变换红外光谱仪	澳大利亚lower Hunter valley area土壤	CNN, RF	CNN	$R^2=0.85$ RMSE=0.93%	Alexandre et al., 2019
FTIR Tensor 27中红外光谱仪	美国Mollisols, Alfisols, Ultisols, Inceptisols, Entisols	PLSR, SVM	SVM	$R^2=0.93$ RMSE=0.18% RPD=3.69	Leonardo et al., 2020
Hyperion星载高光谱	伊朗Haplic Yermosols, Orthic Solonchak, Calcaric Fluvisols	SWR, MinR, PLSR, PCR	PLSR	$R^2=0.66$ RMSE=0.185%	Sina et al., 2018
GF-5星载高光谱	黑土、黑钙土	RF	RF	$R^2=0.69$ RMSE=2.26% RPD=1.80	刘焕军等，2020

注：R^2—决定系数；RMSE—均方根误差；RPD—相对分析误差；SWR—逐步回归；PLSR—偏最小二乘回归；BPN—BP神经网络；RF—随机森林；SVM—支持向量机；CNN—卷积神经网络模型；MinR—最小回归；PCR—主成分回归。

5.2.3 研究展望

土壤有机质高光谱遥感反演精度受光谱数据源、土壤本身理化特性、实验测量条件、光谱建模指标、建模方法等的影响，在以下几方面需要进一步研究。

(1) 基于室内高光谱数据估算土壤有机质含量时，由于土壤光谱反射率受有机质、氧化铁、质地、水分等多种因素影响，因此，需要统一土样的预处理方式、光谱测试条件、反演指标、模型构建方法等，如土壤含水量最大阈值、土样粒径多大、氧化铁量的影响到底有多大等。系统地研究不同实验条件下对土壤光谱数据产生的影响，建立规范的实验流程，使基于室内高光谱数据的土壤有机质估算结果具有可比性。

(2) 对于机载或星载高光谱数据，在数据预处理方面，需要采用统一的定标参数进行辐射定标和大气校正，研究适宜的光谱数据降噪方法、敏感波段选择方法；考虑土壤光谱特征的综合因素影响，增加更多的反演光谱指标，如光谱指数、土壤指数、水分指数等，降低土壤水、土壤质地等的影响，提高SOM含量的估测精度；在模型构建方面，研究适宜的反演模型，以期获得精度更高的研究结果。

(3) 在不同土壤类型SOM含量光谱估测差异方面，学者认为，因不同土壤类型SOM中胡敏酸和富里酸的含量不同，胡敏酸和富里酸的光谱特性差异很大，影响SOM光谱估测模型的可靠性和普适性。因此，需要加强不同土壤类型SOM含量高光谱估测研究，建立不同土壤类型的SOM含量反演模型。

5.3 农业种植制度遥感调查

农业种植制度是根据作物的生态适应性与生产条件采用的种植方式，包括单种、复种、休闲、间种、套种、混种、轮作、连作等,是一个地区或生产单位的作物组成、配置、熟制的总称。种植制度综合体现了耕地的自然属性与利用属性。我国除东北、西北、华北北部因热量条件不足实行一熟制外,大部分地区实行复种制。因地制宜采用科学的耕地种植制度,可有效地利用土地资源,保持良好的农业生态环境,并获得较高的经济效益,也是种植业发展的重要途径。本节主要介绍耕地复种指数遥感监测和农作物物候期遥感提取的技术方法。

5.3.1 耕地复种指数遥感监测

区域的粮食产量主要由耕地面积、粮食单产和复种指数决定。耕地复种指数描述的是单位面积耕地一年几熟或几年几熟的种植方式,体现了耕地在时间和空间上的集约化利用。传统的熟制判别主要采用站点监测法,或者农业气候指标算法(温度、降水量、光照等)。复种指数的计算基于统计数据,由统计单元全年作物播种面积除以耕地面积得出,通常用其表示耕地复种程度的高低,在粮食估产、耕地利用强度评价等应用领域中起到了重要的作用。传统统计数据只能描述数值的变化趋势,对于空间分析和表达不够明显,难以描述空间分布特征以及统计单元内部的空间变异性。基于遥感技术的耕地复种指数监测,成为提取耕地复种指数的主要技术途径。

1. 耕地复种指数遥感监测理论依据

植被指数(如NDVI)是反映作物生长状态最为直接的遥感指标。植被指数的时序动态变化体现了作物的生长过程,即从播种、出苗、抽穗到成熟、收割的周期性态势(图5.7)。以一年内获取的耕地植被指数数据为基础,构建时间序列植被指数,曲线的"峰"对应于农作物抽穗期,曲线的"谷"对应于农作物收获,可以描述耕地内作物的年内生长变化特征。具体来说,一熟制区域的作物植被指数曲线在年内完成一个循环的动态过程,两熟制区域完成两个循环,三熟制将完成在个生长周期(范锦龙等,2004;唐鹏钦等,2011)。因此,从一年内同一地块作物种植的次数考虑,复种指数就等于时间序列峰值的频数。根据时间序列植被指数年内的周期性变化,对作物的生长与衰落等季节活动的准确描述是实现复种指数有效监测的理论依据。

2. 耕地复种指数遥感监测技术流程

耕地复种指数遥感监测的主要技术流程,包括时间序列NDVI数据获取和处理、作物生长NDVI曲线重建、作物复种判别提取、监测成果编制等。耕地复种指数遥感监测技术流程见图5.8。

1) 时间序列NDVI数据获取和处理

复种指数遥感监测是根据作物时间序列NDVI年内的周期性变化进行复种指数的提取,因此需要获取时间序列NDVI数据。目前常用的中低分辨率时间序列NDVI数据包括空间分辨率为250 m的16天合成的MODIS NDVI/EVI数据(MOD13Q1)或8天合成的

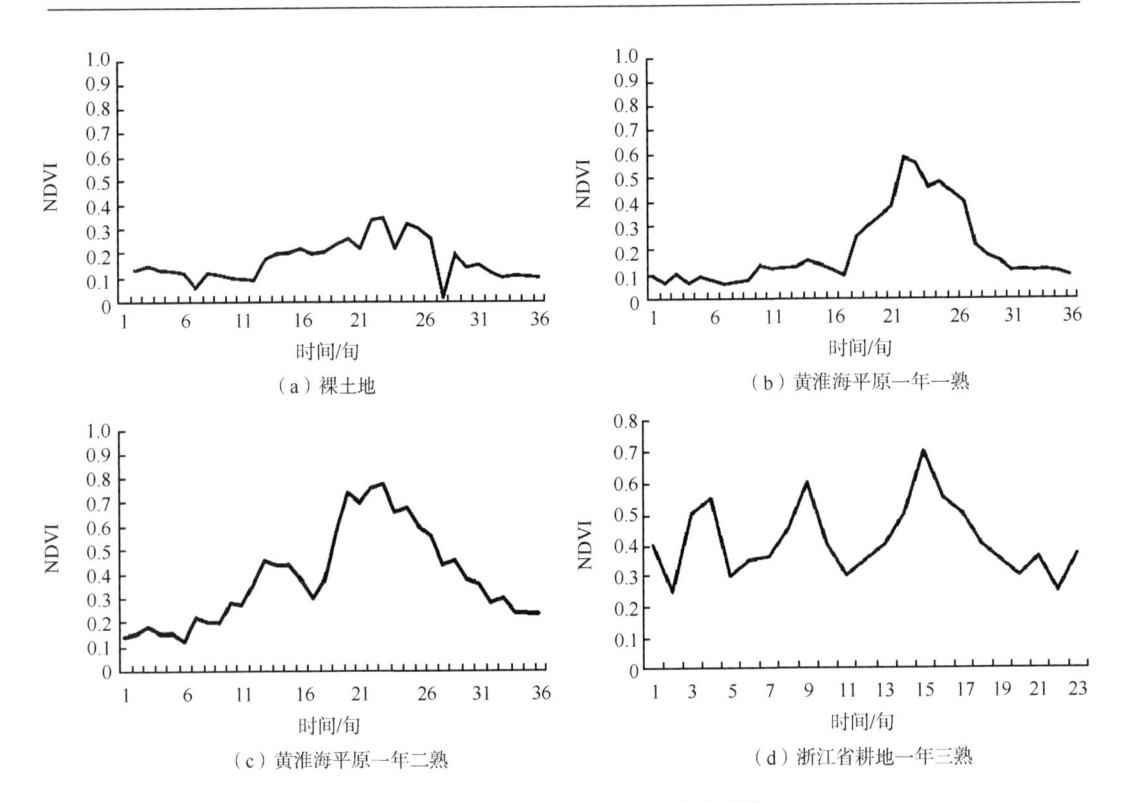

图5.7 耕地农作物NDVI动态变化曲线

注：图(a)(b)(c)为SPOT/VGT数据集；图(d)为MODIS-NDVI数据(16天合成)

NDVI/EVI 数据(MOD09A1)，以及时间分辨率为1天、空间分辨率为1 km的SPOT VEG-ETATION 旬合成NDVI 数据。对于采用中高分辨率遥感数据源，例如 Sentinel-2、Landsat TM 等，可以采用多源、多时相遥感数据融合的方法提取NDVI数据。

其他数据包括耕地分布图、作物物候期数据、地面调查数据、统计数据等，主要用于作物生长NDVI曲线重建、复种指数判别提取、精度验证等。

2) 作物生长NDVI曲线重建

一般情况下，时间序列NDVI数据都经过了最大值合成法(maximum value composite，MVC)进行去除噪声预处理。但是，其预处理并不能完全消除云和大气等因素的影响，致使其噪声仍然存在，

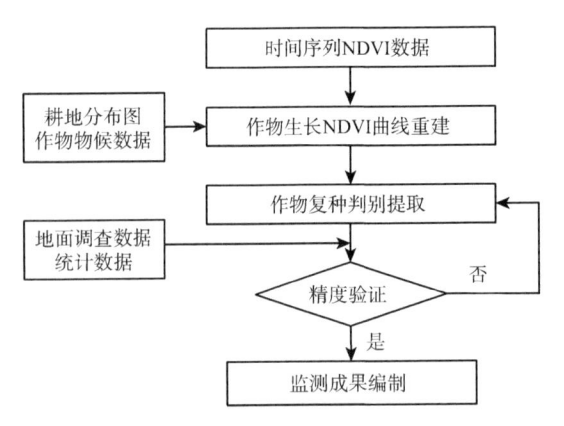

图5.8 耕地复种指数遥感监测技术流程

在时序NDVI曲线上表现出锯齿状的不规则波动变化，不能明显地表达出地表作物的季节变化趋势，不适于直接用于耕地复种指数的提取。因此，需要采用一些方法，对时间序列NDVI数据进行去噪处理，重建相对平滑的时间曲线，最大程度地还原地面作物

变化的真实过程，以更好地描述耕地季节变化过程，便于提高耕地作物熟制识别的精度。

3) 作物复种判别提取

基于重建的时间序列NDVI，采用一些方法与判别规则，提取和计算耕地复种指数。

4) 耕地复种指数遥感监测成果编制

通过精度验证后，进行耕地复种指数分布图制作等成果编制。

3. 耕地复种指数遥感监测主要技术方法

耕地复种指数遥感监测主要技术方法包括作物生长NDVI曲线重建技术、作物复种指数判别提取技术。

1) 作物生长NDVI曲线重建技术

对于经过最大值合成法（MVC）初级去噪的时间序列NDVI数据，仍然存在一些噪声，锯齿状曲线也不适合直接提取峰值的频数，会影响耕地复种指数遥感提取精度。因此，研究者们发展了许多方法重建相对平滑的时序NDVI曲线，去除每个像元时间序列曲线中的伪值点，通过算法拟合，重构高质量数据集，使得其曲线整体接近于植被的真实生长状况，反映植被的覆盖特征。根据原理不同，作物生长NDVI曲线重建方法可以分为三类，即阈值去除法、基于滤波的平滑方法和非线性拟合方法。这些算法都能有效降低噪声水平，但也都有局限性，在使用之前，需要进一步探讨它们的适用范围。

（1）阈值去除法：最佳指数斜率提取法（best index slope extraction algorithm，BISE）是其中具有代表性的阈值去除法。该方法通过在一个滑动窗口内向前搜索，如果下一点的值高于起始点的值，则该点的值不做改变；当下一点的值低于起始点，则需要判断滑动窗口内的最大值是否大于该低值的1.2倍；若不满足条件，则该点的值不改变，否则用滑动窗口内最大值替代该点值（Viovy et al.，1992）。

BISE方法的优点在于，只影响因云等因素导致的NDVI曲线中值的突降其后又逐步上升的部分，对于逐渐上升或下降则不影响。该方法的缺点是不能有效地去除一些由于地表植被各向异性的观察角度或大气条件影响导致的异常偏高值，并且在判断中缺少对NDVI下降趋势的判断而使得正常的谷值发生改变；另外，滑动周期和NDVI最大值阈值主要取决于分析者的经验和要求。

（2）基于滤波的平滑方法

A. 傅里叶变换法

傅里叶变换法（Fourier transform，FT）是将一个时间信号分解为不同频率的正弦波谱，将不同频率的正弦曲线叠加为一条新的时序曲线。该方法目前已被广泛应用在NDVI时序数据集的去噪重构中（Roerink et al.，2000）。将FT法引入对时序数据的处理中，通过将时域信息变换为频域信息，在频域进行特征分析和滤波等处理；进而采用相应的逆变换，再次变换到时域，最终获得重构的时序数据。而当时序数据为离散时，离散傅里叶变换表达式如下：

$$F(u) = \frac{1}{N} \sum_{x=0}^{M-1} f(x) e^{-j\frac{2\pi}{N}ux} \tag{5.14}$$

式中，$f(x)$是时域中的序列；$F(u)$为傅里叶变换函数；N为时序范围；x和u分别为时域和频域的序列编码；u/N为对应正弦分量的频率。

由NDVI时序数据构成的曲线可以看成是由一系列包含生物学特征信息的正弦曲线叠加而成，引入FT思想后即可得到一条新的正弦曲线。但FT对遥感数据源中的伪值点十分敏感，参考设置的阈值需要依靠经验和多次实验才能取得最佳值，环境和人为影响因素较大。基于FT重构的NDVI时序数据往往较原始值有一定程度上的偏移。

B. 时间序列谐波分析法

时间序列谐波分析法(harmonic analysis of time series，HANTS)的核心算法是傅里叶变换和最小二乘法。傅里叶变换把信号分解成不同频率的正弦或余弦曲线的叠加，低频(周期为一年或6个月)信号描述作物生长的主要物候规律，高频信号主要是由于噪声所致。用傅里叶变换进行"去噪"，就是将这些高频信号去除后，根据研究所需要的有意义的频率和振幅信息重新构建作物生长曲线。通过把NDVI时间波谱数据分解成许多不同频率的正弦曲线和余弦曲线，从中选取若干个能够反映时间序列特征的曲线进行叠加，以达到时间序列数据的优化目的。HANTS模型首先利用对已有的NDVI离散数据提取傅里叶分量(幅值分量、频率分量)，并利用最小二乘拟合这些分量得出NDVI时间序列曲线；然后检查每一个数据值与拟合曲线的偏差，存在噪声的点以及NDVI值会明显超过偏差阈值，要剔除并赋零值，其中偏离量超过阈值最大的点最先剔除，然后根据剩余的采样点重新生成拟合曲线，再检查每个数据值，再剔除偏离曲线值超过阈值的点。反复循环此过程，最后生成光滑的曲线，依照曲线进行时间上的插值，从而重构无缝的时间序列图像(Roerink et al.，2000)。该算法公式如下：

$$y(t_j) = \tilde{y}(t_j) + \varepsilon(t_j) \quad (j = 1, 2, \cdots, N) \tag{5.15}$$

$$\tilde{y}(t_j) = a_0 + \sum_{i=1}^{nf} \left[a_i \cos(2\pi f_i t_j) + b_i \sin(2\pi f_i t_j) \right] \tag{5.16}$$

式中，y为原始序列；$\tilde{y}$为重构后的序列；ε为错误序列；t_j为j时刻y的观测值；nf为不同频率的波数；a_0为零频率的系数；a_i和b_i为有频率的三角函数分量的系数。

徐昔保等(2013)采用HANTS算法重建作物NDVI时间序列曲线，开展了全国或流域耕地复种指数遥感监测。HANTS算法在进行NDVI时间序列处理时，需要设置频率数、数据范围、曲线匹配阈值、最大删除点个数等参数，这些参数设置没有客观标准，只能根据经验或多次试验来确定。

C. 基于Savitzky-Golay滤波拟合法

SG滤波法(Savitzky-Golay filter，SG)由Savitzky和Golay于1964年提出，它是一种通过局部多项式回归模型实现平滑时序数据的时域低通滤波方法。SG滤波的基本思想是，基于多项式，在滤波窗口内利用最小二乘法对数据进行最佳拟合。通过选取某个点附近一定数量的点，采用最小二乘法拟合一个n阶多项式，然后通过该多项式计算出该点的平滑值，其实质是对原有序列进行加权平均，权重的大小通过多项式模型来确定。SG滤波公式如下：

$$Y_j' = \frac{\sum_{i=-n}^{n} C_i Y_{j+1}}{N} \tag{5.17}$$

式中，Y为原始数据；Y'为拟合值；C_i为第i个点的权重；$N=2n+1$为滤波窗口的大小。SG滤波法对滤波窗口的大小非常敏感，滤波窗口的宽度设置偏小容易产生大量冗余数据；反之则可能遗漏一些细节信息（程琳琳等，2019）。另外，拟合多项式的次数，也会对平滑效果产生影响，次数较低时结果较为平滑，当次数较高时则会导致过度拟合。

丁明军等（2015）采用SG滤波法重建作物NDVI时间序列曲线，进行区域耕地复种指数遥感监测。SG滤波法理论简单并且易于实现，不受数据时间、空间尺度和传感器的限制，能够清晰地描述时间序列的长期变化趋势以及局部的突变信息。但滤波系数和活动窗口宽带很难确定，SG滤波重建只能对等间距的时间序列数据进行处理。

D. 小波变换

小波变换（wavelet transform）被认为是傅里叶变换的发展。与傅里叶变换不同的是，小波变换不只是在频域上进行变换，而是在其空间（时间）和频率的双重变换，能有效去除噪声的影响。该方法是把连续信号分解为不同频率分量的函数。通过小波分解，将原始信号分解为低频和高频两个部分，然后再将低频部分进一步分解为低频部分和高频部分，如此递归，最后通过一种低通滤波器对高频信号进行去除，得到比较平滑的曲线（Lu et al.，2007）。小波分析方法是一种窗口大小（窗口面积）固定，但其形状随信号变化，其时间窗口和频率窗口都可以改变的时频局部化的分析方法。由于小波变换采用了"小波"函数的构造方法，从而对信号具有自适应处理能力，其窗口大小会随着频率的变换而发生形状变化，即在高频部分有较高的时间分辨率，而在低频部分有较低的时间分辨率。

小波变换的优点是多分辨率，是对时域和频域的局部变换，有数量较多的平滑小波可供选择。但不同小波存在不同的实验结果，需要大量的数据验证。

E. 惠特平滑法

惠特平滑法（the Whittaker smoother，WS）由Eilers在2003年将Whittaker算法引入到遥感影像的时间序列重建研究中，通过保真度和粗糙度进行时间序列的重建，其参数较简单且容易实现。其基本公式为

$$Q = S + \lambda R \tag{5.18}$$

$$S = \sum_i (y_i - z_i)^2 \tag{5.19}$$

$$R = \sum (z_i - 3z_{i-2} - z_{i-3})^2 = (\boldsymbol{D}_z)^2 \tag{5.20}$$

式中，Q为重建后数据；S为保真度，是最大值与最小值差的平方和；y_i为该序列中最大

值，z_i为该序列中的最小值；R为粗糙度；λ为粗糙度的系数，可通过交叉验证获得；$\boldsymbol{D}_z$为R的一个对角矩阵，值为多项式的系数。Atzberger（2011）认为，$\lambda = 2$适合一年两熟区，$\lambda=15$适合所有情况。

(3) 非线性拟合方法

A. 非对称高斯函数拟合法

非对称高斯函数拟合法（asymmetric Gaussian model，AG）是一种将局部拟合构建为整体的拟合方法，其基于谷值和峰值的高斯函数，分区间模拟植被生长过程，然后基于整体拟合函数将各个局部拟合函数整合为整体（Jönsson et al.，2002）。其主要过程简要概括为区间提取、局部拟合和整体连接三个步骤。首先提取原始时序数据曲线中的谷值和峰值，采用高斯函数分别拟合曲线的左右部分；针对曲线突出部分拟合效果欠佳的问题，将曲线划分成左边谷值区、中部峰值区和右边谷值区，分别用不同的局部拟合函数进行描述；最后再利用各局部拟合函数构建整体拟合函数。局部拟合函数为

$$f(t) = f(t;\ c_1, c_2, a_1, \cdots, a_5) = c_1 + c_2 g(t;\ a_1, \cdots, a_5) \tag{5.21}$$

$$g(t;\ a_1, \cdots, a_5) = \begin{cases} \exp\left[-\left(\dfrac{t-a_1}{a_2}\right)^{a_3}\right], & t > a_1 \\ \exp\left[-\left(\dfrac{a_1-t}{a_4}\right)^{a_5}\right], & t < a_1 \end{cases} \tag{5.22}$$

式中，$g(t;\ a_1, \cdots, a_5)$为高斯函数；c_1和c_2为控制曲线的基准和幅度；a_1决定峰值和谷值的位置；a_4、a_5和a_2、a_3分别控制曲线左、右部分的宽度和陡峭度。

整体拟合函数为

$$F(t) = \begin{cases} a(t)f_L(t) + (1-\alpha(t))f_L(t), & t_L < t < t_C \\ \beta(t)f_C(t) + (1-\beta(t))f_R(t), & t_C < t < t_R \end{cases} \tag{5.23}$$

式中，$F(t)$为整体函数；t_L、t_C、t_R是时序数据中待拟合部分的左边谷值、中间峰值、右边谷值所对应的时间节点；$f_L(t)$、$f_C(t)$和$f_R(t)$分别代表$[t_L, t_R]$区间内左边谷值、中间峰值及右边谷值对应的局部拟合函数；$\alpha(t)$和$\beta(t)$为介于$[0, 1]$的剪切系数。

AG法可以较好地描述NDVI时序数据的总体变化趋势和全局特征，但其难点在于如何精确地定义或找到合适的峰值和谷值点分布，尤其是噪声数据多或是没有明显季节性的数据很难拟合。另外，该方法计算复杂，耗时过长，存在过拟合现象。

B. 双Logistic函数拟合法

双Logistic函数拟合法（double Logistic，DL）主要思想和处理过程与AG法类似，都是基于将局部拟合函数构建为整体函数的思路，其主要区别在于DL局部拟合函数为双Logistic函数，且公式中比AG少一个参数（Beck et al.，2006）。DL拟合的局部拟合函数公式如下：

$$g(t;\ a_1, \cdots, a_4) = \dfrac{1}{1+\exp\left(\dfrac{a_1-t}{a_2}\right)} - \dfrac{1}{1+\exp\left(\dfrac{a_3-t}{a_4}\right)} \tag{5.24}$$

式中，$g(t; a_1, \cdots, a_4)$ 为双 Logistic 函数；a_1、a_2 和 a_3、a_4 分别控制曲线左、右部分的拐点位置及拐点处的变化速率，整体拟合函数与 AG 拟合相同。

相比于 AG 拟合法，DL 拟合法对生长 NDVI 曲线为单峰形状的植被有更好的拟合重建效果。但由于算法特点相近，DL 拟合法同样存在过度拟合的现象。

2) 作物复种指数判别提取技术

基于重建的时间序列 NDVI，采用一些方法与判别规则，可以提取和计算耕地复种指数。按照不同的监测原理，作物复种指数判别提取技术可以分为峰值法、曲线匹配度检验法、时域混合模型分解法以及基于多时相 NDVI 的分类法。

(1) 峰值法。峰值法的基本假设为，耕地复种模式与作物植被指数变化曲线的峰值较吻合，即一年一季作物耕地的植被指数数据在年内形成明显的单峰曲线，一年两季耕地的植被指数形成双峰曲线。如何获取峰值的频数和分布成为关键。目前，常用的方法包括直接比较法和二次差分法。

直接比较法是在一个判断区间内，将每一时间点的植被指数值和前后相邻几个时间点的植被指数值进行比较，得到该区间内植被指数值最大的时间点，即为该区间内的峰值。如此反复，可以得到整个耕地生长季内所有峰值的数量及其时间分布点。

二次差分法将一年内时序序列植被指数的 N 个植被指数按时间顺序形成数组，首先用后面的植被指数值减去前面的植被指数值，形成 $N-1$ 个新值；对这 $N-1$ 个新值进行重新赋值，如果是负数则定为 -1，如果是正数则定为 1；然后对新赋值的 $N-1$ 个值按上面的方法再进行一次差分，得到 $N-2$ 个由 -2、0、2 组成的数组，其中元素为 -2 且前后元素皆为 0 的点就是峰值点。

但是，仅单纯计算峰值数目可能造成作物复种模式监测的误差，因为植被指数曲线会由于影像质量异常而出现噪声波峰，利用一定约束条件对探测的峰值进行判定取舍是十分必要的。部分研究在多熟种植制度遥感提取中融入了作物物候观测信息，根据站点物候观测数据的统计特征来确定熟制的判别规则，判别规则中的特征值包括峰值出现的最早可能时间、峰值出现的最晚可能时间、峰值的 EVI 最低值、两季作物 EVI 峰值的最小时间间隔、EVI 最大值和最小值的差值等。吴文斌等 (2009) 采取动态阈值法对种植熟制进行了修正，认为华北地区两熟制耕地的第二个峰值的变化幅度要高于年最大峰值变化幅度的 40%。朱孝林等 (2008) 综合考虑了作物物候和作物连作、套作方式等特征，其判别标准为：独立生长期需在 90 天以上。虽然这些研究各自提出了较为合理的修正方法，但这些方法和阈值设置都具有一定的区域适宜性和局限性，如何提出普适性更高的校正技术方法是需要进一步深入研究的问题。

(2) 曲线匹配度检验法。将复种信息未知的时序植被指数曲线前移或后移，与建立的各类复种信息已知的时序植被指数标准曲线相匹配，并通过构建相应的指标（如拟合度或相关系数等）定量地检验两者之间的匹配效果，以寻找未知曲线与不同的已知曲线之间的最佳匹配位置及最优拟合度；然后，通过比较与不同的已知曲线匹配得到的最优拟合度，并取其最大值，找到与其拟合效果最好的已知曲线；最后基于假设未知曲线的复种信息与最大拟合度已知曲线相同，从而可以获得未知曲线的复种信息。

该方法具有较高的客观性，因为它不仅利用了整条时序植被指数曲线的信息，还有定量的指标对匹配效果进行较严格地评价和控制。但也面临着相似度阈值确定及典型点选取等难题。相似度阈值设定较大时，有可能将复种信息相同的像元误判为不同。典型点的漏选，可能使某些特殊的耕地复种信息（如两年三熟或两年五熟）无法提取。

(3) 时域混合模型分解法。假定各熟制的时间序列植被指数曲线已知，并且在某时刻某像元的植被指数是不同熟制在该时刻的植被指数值及其对应面积比例的加权和，则首先通过在重构后的时序植被指数数据中选取代表各种熟制的纯像元；然后逐一地针对各个像元建立并解算如下的方程组，得到各个像元中不同熟制所占的比例信息 (Chen et al., 2012)。

$$V = E \times F + \varepsilon \tag{5.25}$$

式中，V 表示某像元时间序列植被指数组成的矩阵；E 表示各种熟制纯像元时间序列植被指数组成的矩阵；F 表示该像元中各种纯像元所占的比例；ε 表示随机误差。

这种方法需要的辅助信息较少，但是对纯像元的选择较为严格。当其在异质性较高区域应用时，可能会由于难以选择合适的纯像元而导致提取精度较低。

(4) 基于多时相植被指数的分类法。当高质量遥感影像较多时，可以对有无耕种信息的像元加以区分，进行复种指数提取。有学者采用了主成分分析或决策树的方法。首先将长时间序列植被指数数据中的大量信息进行组合或筛选，形成新的数据量较少，同时包含原始数据中最主要信息的多时相植被指数特征影像；再通过对复种信息已知的像元进行训练，建立训练样本，提取分类所需参数，对多时相植被指数特征影像进行分类（最大似然分类或决策树分类等），提取研究区域的复种指数信息。

分类法的优点之一是经过时间序列遥感影像进行组合或筛选，数据量大大缩小，运算速度有较大的提高。但该方法不仅要求在各个生长季都至少有一景质量较高的遥感影像，还要求选取的各类别样本需有较强的可区分性。若样本的可区分性不强时，提取精度会较低。

4. 研究展望

耕地复种指数遥感监测在以下几方面还需要进一步研究。

(1) 加强特殊的作物熟制信息监测。我国的农作物种植制度较丰富，除了一年一熟、一年两熟、一年三熟形式外，还有两年三熟、三年四熟、三年五熟等跨年际特殊的种植制度，还有轮作中的休耕。如何更加细致地区分这些种植制度，准确提取复种指数，是需要进一步研究的内容。

(2) 加强地形复杂区域复种指数监测。地形复杂区域（如丘陵地区和山区）拥有大量耕地。目前对于这些地区的研究不仅数量较少，而且验证精度较低。加强这些地区复种指数的遥感监测，不仅有利于提高该领域在空间上的整体精度，而且有利于挖掘这些地区耕地资源的潜力，指导当地的农业生产活动。因此，将研究区域逐步扩至地形复杂区域，是复种指数遥感监测研究未来面临的课题。

(3) 拓展农作物复种指数监测的时序遥感特征参数。目前研究都采用中低分辨率的遥感数据，混合像元导致植被生长曲线无明显季节变化，影响复种指数遥感提取精度。

5.3.2 农作物物候期遥感监测

1. 概述

农作物物候期是农作物全田出现形态变化的植株达到规定百分率的日期。农作物一生中外部形态发生一系列变化，根据这些变化表现出的特征，按一定标准划分生长发育进程时间点，这个时间点称为物候期。农作物生育时期是根据其起止的物候期确定的，包括多个阶段，如冬小麦包括出苗期、三叶期、分蘖期、越冬期、返青期、起身期、拔节期、孕穗期、抽穗期、开花期、乳熟期和成熟期等。表5.6为主要农作物类型物候期。农作物的物候期不仅受到气候、水文、土壤等因素的影响，还受到人类生产活动（育种、播种、施肥、灌溉等田间管理）的影响，物候期的变化将直接影响作物的最终产量。另外，农作物物候信息是农业生产、田间管理、计划决策等的重要依据，也是农作物面积、长势、产量监测和作物模型模拟的重要参考依据。因此，掌握农作物的物候期，对农业生产、全球气候变化等应用具有重要意义。

表5.6 主要农作物物候期

作物	生育期									
华北平原冬小麦	返青	拔节	抽穗	灌浆	乳熟	收获	播种	出苗	分蘖	越冬
	3中	4上	4下	5中	6上	6中	10上	10中	11上	12上
华北平原夏玉米					出苗	三叶	七叶	拔节	抽雄	乳熟	成熟
					6上	6中	6下	7上	7下	9上	9中
东北春玉米	播种	出苗	七叶	拔节	抽雄	乳熟	成熟			
	4中	5中	6上	7上	7下	8中	9下			
东北大豆	播种	三真叶		开花		成熟				
	4下	5下		7上		9中				
南京中稻		播种	移栽	分蘖	抽穗	黄熟	收割			
		5中	6中	7上	8下	9下	10上			

农作物物候期监测和预测的传统方法有实地观测法和气象监测法。实地观测法较为直观，且历史悠久，但人为观测具有时空局限性，主观性较强，观测面积有限，难以在区域尺度推广使用。气象监测法需要实时的温度、降水和各种热量信息，制约了方法的推广和实现。遥感技术具有大尺度观测、全空间覆盖和连续时间序列等特点，能大范围重复地对地面进行观测，很好地反映地面农作物季节性生长发育的整个过程，并反映其年际动态变化等特点，遥感手段常常被用来进行大范围的农作物物候期变化情况监测。

2. 农作物物候期遥感监测技术流程

农作物物候期遥感监测技术流程，包括数据获取与处理、时间序列植被指数数据集构建与处理、农作物物候期遥感提取、监测结果精度验证、监测成果编制等步骤。农作物物候期遥感监测技术流程见图5.9。

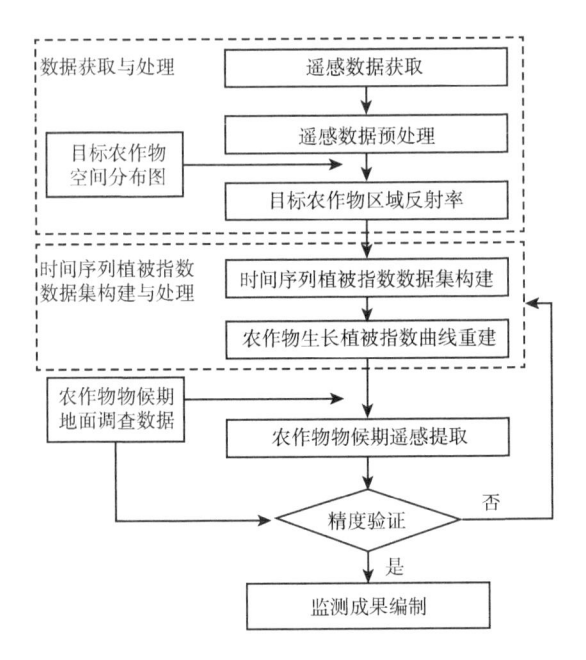

图5.9 农作物物候期遥感监测技术流程图

1) 数据获取与处理

农作物物候期遥感监测是根据作物时间序列植被指数的周期性变化进行物候期的提取，因此获取的多时相遥感数据时间分辨率需优于5天。遥感数据经辐射定标、大气校正和几何校正预处理后，基于目标农作物空间分布监测结果进行掩膜处理，获取目标农作物区域的反射率数据。

其他数据包括目标农作物空间分布图、农作物物候期地面调查数据等，主要用于农作物生长植被指数曲线重建、物候期遥感提取、精度验证等。

2) 时间序列植被指数数据集构建与处理

对遥感数据进行植被指数计算或合成，将遥感影像获取日期转换为DOY（天数/年），在像元尺度上构建时间序列NDVI数据集。为便于后续计算和应用，数据集应为多图层的空间数据格式，且每个图层的名称应包含相应的DOY信息。然后，采用农作物生长NDVI曲线重建技术，对时间序列NDVI数据进行去噪处理，重建相对平滑的时间曲线。

3) 农作物物候期遥感提取

基于重建的时间序列NDVI，采用农作物物候期遥感提取技术方法提取物候期。

4) 农作物物候期遥感监测成果编制

通过精度验证后，进行农作物物候期遥感监测分布图制作等成果编制。

3. 农作物物候期遥感监测主要技术方法

农作物物候期遥感监测主要技术方法包括作物生长NDVI曲线重建技术、农作物物候期遥感提取技术。其中，作物生长NDVI曲线重建技术已在耕地复种指数遥感监测技术方法中进行了阐述，这里介绍农作物物候期遥感提取技术方法。根据监测方法和模型的差异，将农作物物候期遥感提取方法分为阈值法、斜率最大值法、Logistic函数拟合法和滑动平均法。

1) 阈值法

阈值法是给时间序列植被指数（如NDVI、EVI）或其他参数（如反射率、叶面积指数LAI）预先设定阈值条件，当时序曲线的值上升或下降到设定的对应阈值时，所对应的时间点即为作物生长季的开始和结束。阈值法又分为固定阈值法和动态阈值法。

固定阈值法是使用预先定义的植被指数阈值提取作物的物候信息。例如，Lloyd（1990）使用NDVI为0.099作为陆地植被生长季节开始的阈值。使用区域性预定义或参考其他数据确定的NDVI阈值可能对于当地作物生长季节开始和结束期有效，但是对于具有不同的土壤背景值和生长条件的地区来说不太适合，普适性不强。由于其简单易行，可以将其用于小范围内物候期的监测工作。

动态阈值法与每个像元的NDVI季节变化幅度紧密相关，根据研究区域条件的不同，动态地确定阈值，用百分比表示，消除了不同的土壤背景值和作物类型的影响。动态阈值的计算方法如下：

$$\text{NDVI}_{\text{lim}} = (\text{NDVI}_{\max} - \text{NDVI}_{\min}) \times C \tag{5.26}$$

式中，NDVI_{lim}为动态阈值；$\text{NDVI}_{\max}$为NDVI最大值；$\text{NDVI}_{\min}$为NDVI上升（下降）阶段的最小值；C为系数。

一些学者定义距离最小值为最大值与最小值间距离的20%的时间点，作为作物生长季的开始和结束日期（刘峻明等，2013）。李艳等（2019）定义距离最小值为曲线增幅10%的位置为河南夏玉米出苗期，90%位置为代表作物营养生长基本停止，转向以生殖生长为主的抽雄期的特征点位。

阈值法充分考虑了植被指数曲线显著的特殊性，通过设定相应的阈值条件，将作物物候数据限制在合理的范围内，能够有效提高计算的准确性。然而，阈值在选择时会受到不同作物类型、监测范围以及植被指数变化和人为主观因素的影响，同时动态阈值法虽然可以消除不同像元的土壤背景值和作物类型的影响，但是在地形破碎、地势复杂区域提取作物关键物候期时，由于影像混合像元现象严重，会对作物物候监测的精度产生影响。

2) 斜率最大值法

该方法依据作物的生长过程，将时间序列植被指数或叶面积指数曲线中速率变化最大值点对应的时间作为作物的关键物候期。对于一年一熟的作物，将出苗期定义为曲线初始阶段上升速率的最大值处，抽穗期定义为NDVI最大值处，收获期为曲线下降速率变化值最大处。曲线的上升和下降速率定义为后一个时间的NDVI值减去前一个时间的 NDVI 值，再除以前一个时间的 NDVI 值。具体的计算公式如下：

$$k_i = \frac{\text{NDVI}_i - \text{NDVI}_{i-1}}{\text{NDVI}_{i-1}} \tag{5.27}$$

式中，k_i 为第 i 个元素所在位置曲线的变化速率；i 代表 NDVI 曲线时间序列中的第 i 个元素；NDVI_i 为第 i 个元素的 NDVI 值。

宫诏健等（2018）采用斜率最大值法分别确定了河北省冬小麦的返青期、抽穗期、成熟期以及辽宁省春玉米拔节期、成熟期，获得了较好的效果。

斜率最大值法考虑了 NDVI 时间序列曲线的变化特征，加入一些限定条件，能提高模拟精度。但限定条件具有区域的适用性，为大尺度的模拟带来困难。

3) Logistic 函数拟合法

Logistic 函数拟合法是对 NDVI 时间序列数据进行拟合，根据拟合曲线曲率变化的特点，确定 NDVI 时序曲线上作物各物候转换期，从而反映作物物候年内变化情况。该方法以曲率变化率的极值点反映作物各个转换期。Logistic 曲线模型计算公式如下：

$$y(t) = \frac{c}{1 + e^{a+bt}} + d \tag{5.28}$$

式中，t 为时间；$y(t)$ 为时间 t 时刻植被指数值；a 和 b 为拟合参数；d 为植被指数初始背景值，一般定义为一年内无水或雪影响的像元的最小稳定值；$c+d$ 为植被指数最大值。

根据作物生长规律，Logistic 时间函数可分两段来模拟作物的生长过程：函数模型的上升过程模拟作物的出苗到生长高峰期，下降过程模拟生长高峰期到生长期结束，因此便可以通过计算该函数曲线的曲率极值来确定作物物候的开始和结束时间。曲率的计算公式如下：

$$k = \frac{da}{ds} = -\frac{b^2 cz(1-z)(1+z)^3}{\left[(1+z)^4 + (bcz)^2\right]^{\frac{3}{2}}} \tag{5.29}$$

式中，$z = \exp(a+bt)$；da 是沿时间曲线移动单位弧长时切线转过的角度；ds 为单位弧长。

黄健熙等（2018）基于 MODIS LAI，采用 Logistic 函数拟合法提取了河北、河南、山东三省的冬小麦返青期对应的时间，具有较好的可行性。

Logistic 函数拟合法不需要确定阈值，只考虑 NDVI 曲线的变化特征，可用于大尺度的作物物候监测。然而，如果 NDVI 时间序列曲线起伏较大，拟合曲线很难接近于实际曲线，拟合精度会降低。另外，该方法不容易监测出当 NDVI 值接近于裸地阈值时农作物生长开始和结束的日期。

4) 滑动平均法

滑动平均法是利用植被实际的 NDVI 时间序列曲线与其滑动平均曲线的交点确定植被的物候期。NDVI 时间序列数据数值发生突然增长时，说明植被开始进行显著的光合作用。因此，滑动平均法的原理是，当植被时序 NDVI 曲线处于上升阶段，实际的

NDVI曲线首次高于滑动平均曲线时，这两条曲线的交点所对应的时间点，即为植被生长季的开始日期。滑动平均法的计算公式如下：

$$Y_t = (X_t + X_{t-1} + X_{t-2} + \cdots + X_{t-(w-1)})/w \tag{5.30}$$

式中，Y_t是时间t所对应的滑动平均值；X_t是时间t所对应的植被NDVI值；w是滑动平均的时间间隔。

Reed等（1994）首次提出了延后滑动平均法（delayed moving average），利用AVHRR NDVI数据，分别计算了森林和农作物的返青期、生长季长度等。滑动平均法比较容易分析不同植被类型的生长季开始和结束日期，但滑动平均的时间间隔大小难以确定，甚至对某些地区NDVI数据预测会产生错误的结果，从而估测出错误的生长季。

4. 研究展望

农作物物候期遥感监测在以下几方面还需要进一步研究。

(1) 多源遥感数据融合。目前农作物物候期遥感监测研究中都采用中低分辨率的遥感数据，混合像元问题较突出，对于作物分布破碎以及面积相对较小的农田，物候期监测的误差较大。因此，通过与中高分辨率的多源遥感数据融合，构建能充分反映作物物候细节特征的数据集模型，是提高农作物物候监测精度的有效方法。

(2) 物候信息提取方法。虽然农作物物候期提取的方法较多，但不同的方法都是针对特定研究区域的农作物类型，普适性较差。同时，采用不同的方法提取同一研究区域的农作物物候期时常会得到不同的结果。因此，农作物物候遥感监测模型亟需发展针对不同作物、不同环境条件、不同数据集下的作物物候期遥感监测通用算法，使监测结果具有可比性。

(3) 与作物生长机理模型的结合。由于作物的物候期受到气候、地形、作物品种及耕作制度等诸多因素的影响，因此，农作物物候期遥感监测需要与作物生长机理模型相结合，以提高利用遥感数据来提取农作物物候期的精度。

5.4 农业土地退化遥感监测

土地退化是指土地受到人为因素、自然因素或两种因素综合的干扰、破坏，内部结构与理化性状发生改变，逐步减少或失去原有综合生产潜力的演替过程。土地退化包括水土流失、风蚀沙化、草地退化、盐碱化、土壤贫瘠化和土壤污染等。我国地域辽阔，气候类型和地貌类型多样，自然和社会经济条件复杂，土地退化种类多、面积大、范围广，因此进行土地退化监测和评价，保证土地可持续利用具有重要的意义。土地退化的类型有多种，本节主要介绍土壤侵蚀、土地盐碱化的遥感监测原理和方法。

5.4.1 土壤侵蚀遥感监测

1. 概述

土壤侵蚀是指地球表面的土壤及其母质受水力、风力、冻融、重力等外力的作用，在各种自然因素和人为因素的影响下，发生破坏、分离、搬迁和沉积的现象。土壤侵蚀所引起的水土流失，不仅危及当地的农业生产和农民生活居住，而且严重的土壤侵蚀使土地贫瘠，造成区域贫困。我国是世界上土壤侵蚀最严重的国家之一，具有水土流失分布广泛、流失总量巨大、土壤侵蚀强度剧烈突出等特点。

长期以来，世界各国开展了许多有关土壤侵蚀的研究工作，对土壤侵蚀的研究经历了从定性到半定量再到定量，由单一方法、单一手段研究到多途径、多学科协同研究的道路。在国内外普遍使用的研究方法主要有：①测量学方法：用高程实测法、航空摄影测量法或直接丈量法测量土壤侵蚀厚度，以计算侵蚀模数。该方法适用于高程变化明显的地区，工作量较大，而且精度有限、范围较小。②地球化学方法：主要有稀土元素示踪法和放射性核素法，例如磁性示踪法、^{137}Cs示踪法（Yang et al., 2006），利用示踪技术不仅能获得土壤侵蚀状况，还能够提供沉积信息，但是该方法研究精度受限，不太适合大区域土壤侵蚀研究。③地貌研究法：主要是通过野外观察、测量与土地侵蚀有关的各种地貌现象，从而定性或半定量地确定土壤侵蚀强度。该方法速度快、研究区域大，但是定量化程度低、可靠性差。④水文学研究方法：该方法是建立在长期水文观测的基础之上，通过测量断面控制范围内的侵蚀量来研究土壤侵蚀现状。但是，该方法获得的是相对侵蚀量，且可靠程度受水文测量方法研究。⑤"3S"技术研究方法：是目前最为先进、最有效率的一种大范围研究土壤侵蚀的方法。1949年以来，全国范围内的土壤遥感侵蚀调查共进行过三次：第一次是在1983～1990年，使用的遥感资料为纸质像片，分辨率低，比例尺较小；第二次是在1999年，以1995～1996年TM影像为基本资料，按1:10万比例尺，采用数字遥感影像技术，快速全面地查清了各类土壤侵蚀的面积、强度和地理分布；2001年，水利部又组织了以2000年数字遥感影像为基础的第3次全国土壤侵蚀遥感调查。

2. 土壤侵蚀评价指标

土壤侵蚀遥感监测和评价指标主要依据水利行业标准《土壤侵蚀分类分级标准》（SL190—2007）。

1）水力侵蚀、重力侵蚀的强度分级

水力侵蚀类型区主要包括：西北黄土高原区、东北黑土区（低山丘陵区和漫岗丘陵区）、北方土石山区、南方红壤丘陵区、西南土石山区。水力侵蚀强度分级见表5.7。

表5.7 水力侵蚀强度分级

级别	平均侵蚀模数/[t/(km²·a)]	平均流失厚度/(mm/a)
微度	<200，<500，<1 000	<0.15，<0.37，<0.74
轻度	200，500，1 000～2 500	0.15，0.37，0.74～1.9
中度	2 500～5 000	1.9～3.7
强烈	5 000～8 000	3.7～5.9
极强烈	8 000～15 000	5.9～11.1
剧烈	>15 000	>11.1

注：本表流失厚度系按土的干密度1.35 g/cm³折算，各地可按当地土壤干密度计算。

表5.8 面蚀（片蚀）分级指标

地类	地面坡度/(°)	5～8	8～15	15～25	25～35	>35
非耕地林草盖度/%	60～75	轻度	轻度	轻度	中度	中度
	45～60	轻度	轻度	中度	中度	强烈
	30～45	轻度	中度	中度	强烈	极强烈
	<30	中度	中度	强烈	极强烈	剧烈
坡耕地		轻度	中度	强烈	极强烈	剧烈

表5.9 沟蚀分级指标

沟谷占坡面面积比/%	<10	10～25	25～35	35～50	>50
沟壑密度/(km/km²)	1～2	2～3	3～5	5～7	>7
强度分级	轻度	中度	强烈	极强烈	剧烈

表5.10 重力侵蚀分级指标

崩塌面积占坡面面积比/%	<10	10～15	15～20	20～30	>30
强度分级	轻度	中度	强烈	极强烈	剧烈

2) 风力侵蚀及混合侵蚀（泥石流）强度分级

风力侵蚀区定义为日平均风速不小于 5 m/s、全年累计 30 天以上，且多年平均降水量小于 300 mm 的沙质土壤地区，但南方及沿海风蚀区，如江西鄱阳湖滨湖地区、滨海地区、福建东山等，则不在此限值之内。风力侵蚀类型区主要包括"三北"戈壁沙漠及沙地风沙区、沿河环湖滨海平原风沙区。风力侵蚀强度分级见表5.11。

表5.11 风力侵蚀的强度分级

级别	床面形态（地表形态）	植被覆盖度/%（非流沙面积）	年风蚀厚度/(mm/a)	侵蚀模数/[t/(km²·a)]
微度	固定沙丘、沙地和滩地	>70	<2	<200
轻度	固定沙丘、半固定沙丘、沙地	70～50	2～10	200～2 500
中度	半固定沙丘、沙地	50～30	10～25	2 500～5 000
强烈	半固定沙丘、流动沙丘、沙地	30～10	25～50	5 000～8 000
极强烈	流动沙丘、沙地	<10	50～100	8 000～15 000
剧烈	大片流动沙丘	<10	>100	>15 000

表5.12 泥石流侵蚀强度分级

级别	每年每平方公里冲出量/(万m³)	固体物质补给形式	固体物质补给量/(万m³/km²)	沉积特征	泥石流浆体密度/(t/m³)
轻度	<1	由浅层滑坡或零星坍塌补给，由河床质补给时，粗化层不明显	<20	沉积物颗粒较细，沉积表面较平坦，很少有大于 10 cm 以上颗粒	1.3～1.6

续表

级别	每年每平方公里冲出量/(万m³)	固体物质补给形式	固体物质补给量/(万m³/km²)	沉积特征	泥石流浆体密度/(t/m³)
中度	1～2	由浅层滑坡及中小型坍塌补给，一般阻碍水流，或由大量河床补给，河床有粗化层	20～50	沉积物细颗粒较少，颗粒间较松散，有岗状筛滤堆积形态，颗粒较粗，多大漂砾	1.6～1.8
强烈	2～5	由深层滑坡或大型坍塌补给，沟道中出现半堵塞	50～100	有舌状堆积形态，一般厚度在200m以下，巨大颗粒较少，表面较为平坦	1.8～2.1
极强烈	>5	以深层滑坡和大型集中坍塌为主，沟道中出现全部堵塞情况	>100	有垄岗、舌状等黏性泥石流堆积形成，大漂石较多，常形成测堤	2.1～2.2

3. 土壤侵蚀遥感监测主要方法

纵观遥感和地理信息系统技术在土壤侵蚀研究中的发展历程，其方法可以概括为目视解译法、指数提取法、统计模型法及其相互的混合。

1) 目视解译法

目视解译是土壤侵蚀调查中基于专家的方法中最典型的应用，该方法利用对区域情况的了解和对水土流失规律有深刻认识的专家，使用遥感影像资料，结合其他专题信息，对区域土壤侵蚀状况进行判定与判别，从而制作相应的土壤侵蚀类型图或强度等级图。水利部在1984～1991年采用该方法进行了全国1：50万土壤侵蚀遥感制图，第一次获得了全国范围的土壤侵蚀数据。在进行全国第2次土壤侵蚀遥感调查中，继续采用了目视解译的原理（赵晓丽等，2002）。

虽然遥感影像目视解译监测法存在着主观性、非定量性、效率低等弱点，但在遥感技术不断发展的今天，仍然会长期与其他遥感信息提取方法共同存在，而且还会在专家系统开发和遥感信息处理评估中发挥巨大作用。

2) 指数提取法

该方法主要依据《土壤侵蚀分类分级标准》(SL190—2007)，从遥感影像中提取土壤侵蚀强度分级指标，判断土壤侵蚀程度。其中植被覆盖度是衡量地表水土流失状况的一种重要指标，植被指数作为反映地表植被信息的最重要信息源，已广泛应用于定性和定量评价植被覆盖及其生长活力。

在定性方面，1999～2000年第2次全国土壤侵蚀遥感调查采用了定性方法，即土壤侵蚀强度是通过植被、土地利用和地面坡度等影响因子综合确定，选用TM影像，利用GIS软件，采用勾绘和图斑面积的直接生成与统计等全数字化操作。

在定量方面，通过植被指数获取植被覆盖度，再结合坡度、土地类型等指标，进行土壤侵蚀强度分级（韩富伟等，2007）。常用的植被指数包括归一化植被指数(NDVI)、垂直植被指数(PVI)、比值植被指数(RVI)、消除土壤影响的植被指数(SAVI)

和全球植被指数(GVI)等。

3) 统计模型法

W. H. Wischmeier(1978)在对美国东部30个州10 000多个径流小区近30年的观测资料进行统计分析基础上,提出了通用土壤流失方程(USLE),在世界范围内得到了广泛应用。USLE将土壤侵蚀影响因素分为降雨侵蚀力因子(R)、土壤可蚀性因子(K)、坡长因子(L)和坡度因子(S)、地面植被覆盖因子(C)和水土保持因子(P),其公式表示为

$$A = R \cdot K \cdot L \cdot S \cdot C \cdot P$$

1997年美国土壤保持局(SCS)又推出了USLE的修订版RUSLE,对USLE进行了重大的改进。RUSLE模型全面考虑了影响土壤侵蚀的自然因素,把降雨侵蚀力、坡度、坡长、土壤可蚀性、作物覆盖和水土保持措施作为六大因子进行定量计算,所使用的数据、涉及的区域更广泛,并迅速在世界范围内得到了认可和推广应用。RUSLE与USLE具有相同的数学表达式:

$$A = R \cdot K \cdot L \cdot S \cdot C \cdot P \tag{5.31}$$

式中,A为单位面积年均土壤流失量[单位:$t/(km^2 \cdot a)$],主要指由降雨和径流引起的坡面细沟或细沟间侵蚀的年均土壤流失量;R为降雨侵蚀力因子[单位:$MJ \cdot mm/(hm^2 \cdot h)$],它反映降雨引起土壤流失的潜在能力,定义为降雨动能和最大30分钟降雨强度的乘积;K为土壤可蚀性因子(单位:$t \cdot h \cdot MJ^{-1} \cdot mm$),是衡量土壤抗蚀性的指标,用于反映土壤对侵蚀的敏感性,表示标准小区单位降雨侵蚀力引起的单位面积上的土壤侵蚀量;$L \cdot S$为坡长坡度因子(无量纲),其中L为坡长因子,定义为坡长的幂函数;S为坡度因子,$L \cdot S$表示在其他条件不变的情况下,某给定坡长和坡度的坡面上,土壤流失量与标准径流小区典型坡面上土壤流失量的比值,对土壤侵蚀起加速作用;C为覆盖与管理因子(无量纲),指在其他因子相同的条件下,在某一特定作物或植被覆盖下的土壤流失量与耕种后的连续休闲地的流失量的比值,该因子衡量植被覆盖和经营管理对土壤侵蚀的抑制作用;P为水土保持措施因子(无量纲),指采取水土保持措施后的土壤流失量与顺坡种植的土壤流失量的比值。模型中各个因子的计算如下。

(1) 降雨侵蚀因子(R)估算方法。降雨侵蚀力因子反映降雨引起土壤分离和搬运的动力大小,即降雨产生土壤侵蚀的潜在能力。研究者对R值的取值方法进行了大量研究,确定了适应于不同地区实际情况R值的最佳组合,应用最广泛的是Wischemeier(1969)提出的USLE中的原始算法,公式为

$$R = \sum E \cdot I_{30} \tag{5.32}$$

式中,R为多年平均降雨侵蚀力值[单位:$100m \cdot t \cdot cm/(hm^2 \cdot m)$];$\sum E$表示某次降雨的总动能(单位:$m \cdot t/hm^2$);$I_{30}$是某次降雨中最大30 min的降雨强度(cm/h)。

由于区域性差异及适用性等问题,各国家和地区结合实际情况对R值进行了进一步的研究和改进。研究表明,我国西北黄土地区宜采用EI_{10}10分钟最大降雨动能和降雨强度参数(章文波等,2002),东北黑土地区是EI_{30},南方红壤地区是EI_{60}(黄炎和等,1992)。此外,经典计算方法中对降雨资料收集要求较高,Wischmeier和Smith建议至

少要20年的不断点雨强资料,而实际预测中难以收集到如此精确的降雨数据。因此,各国对基于RUSLE模型的降雨侵蚀力研究,主要集中在区域性降雨侵蚀力计算模型研究和基于经典算法的简易计算公式研究。其中以降雨侵蚀力简易算法研究较为普遍,主要是基于日降雨量、月降雨量和年降雨量估算降雨侵蚀力。

基于日降雨资料的月降雨侵蚀力计算公式(宁丽丹等,2003)如下:

$$\hat{E}_i = \alpha \left[1 + \eta\cos(2\pi f_j + \omega)\right] \sum_{k=1}^{N} R_k^\beta \qquad R_k > R_0 \tag{5.33}$$

式中,$\hat{E}_i$ 为月降雨侵蚀力[单位:MJ·mm/(hm²·h)];R_k 为第 k 日的降雨量;R_0 为临界降雨量,一般取12.7 mm;N 为对应月份日降雨量超过 R_0 的天数;f 为频率,等于1/12;ω 等于7/6的天数;α、β、η、j 为模型参数。

基于月平均降雨量和年平均降雨量的Wischmeier(1969)经验公式为

$$R = \sum_{i=1}^{12} 1.735 \times 10^{\left[\left(1.5 \times \lg \frac{P_i^2}{P}\right) - 0.8188\right]} \tag{5.34}$$

式中,P_i 和 P 分别是月均降雨量和年均降雨量(单位:mm)。

(2)土壤可蚀性因子(K)的估算方法。土壤可蚀性因子反映了土壤对侵蚀的敏感性。K 值的确定有许多方法,例如,Williams等(1983)提出的侵蚀力影响模型EPIC公式可以计算土壤可蚀性。EPIC公式为

$$\begin{aligned}K = &\left\{0.2 + 0.3\exp\left[-0.0256\text{SAN}\left(1.0 - \frac{\text{SIL}}{100}\right)\right]\right\}\left(\frac{\text{SIL}}{\text{CLA}+\text{SIL}}\right)^{0.3} \\ &- \left(1.0 - \frac{0.25C}{C+\exp(3.72-2.95C)}\right)\left(1.0 - \frac{0.7\text{SN1}}{\text{SN1}+\exp(-5.51+22.9\text{SN1})}\right)\end{aligned} \tag{5.35}$$

式中,SAN、SIL、CLA和 C 是砂粒、粉粒、黏粒和有机碳含量(单位:%);SN1=1−SAN/100。

陈明华等(1995)研究了26个土壤样品的可蚀性与土壤性质的关系,建立了土壤可蚀性 K 值计算模型关系式:

$$K = 10^{-3} \cdot (160.80 - 2.31X_1 + 0.38X_2 + 2.26X_3 + 1.31X_4 + 14.67X_5) \tag{5.36}$$

式中,X_1、X_2、X_3、X_4、X_5 分别表示细砾(1~3 mm)百分含量(%)、细砂(0.05~0.25 mm)百分含量(%)、粗粉粒(0.01~0.05 mm)百分含量(%)、细粉粒(0.005~0.01 mm)百分含量(%)和有机质含量(10 g·kg⁻¹)。K 为土壤可蚀性,单位为:t·h·MJ⁻¹·mm⁻¹。

(3)坡长因子(L)的估算方法。坡长因子 L 是指在其他条件相同的情况下,任意坡长的单位面积土壤流失量与标准坡长单位面积土壤流失量之比,为侵蚀动力的加速因子。计算公式(Liu et al., 2000)如下:

$$L = (\lambda / 22.1)^\alpha$$
$$\alpha = \beta / (1 + \beta)$$
$$\beta = (\sin\theta / 0.089) / [3.0(\sin\theta)^{0.8} + 0.56] \tag{5.37}$$

式中,L 为坡长因子(无量纲);λ 为坡长(m);α 为坡长指数;β 为细沟侵蚀和细沟间侵

蚀的比率；θ为坡度(°)。也可以根据相关研究，采用更为精确的非累积流量直接计算法提取坡长。

(4) 坡度因子(S)的估算方法。坡度因子S是指在其他条件相同的情况下，任意坡度下的单位面积土壤流失量与标准小区坡度下单位面积土壤流失量之比，为侵蚀动力的加速因子。可以采用Nearing(1997)提出的坡度因子的连续函数回归方程：

$$S = -1.5 + 17/(1 + e^{2.3 - 6.1\sin\theta}) \tag{5.38}$$

式中，θ为坡度(°)。也可以DEM数据为基础，在Arc/Info中，利用空间分析功能提取坡度，并利用栅格计算来完成坡度因子的提取。

(5) 覆盖与管理因子(C)的估算方法。RUSLE中，植被覆盖与管理因子定义为有特定植被覆盖或田间管理土地上的土壤流失量，与其他条件相同时休闲地上的土壤流失量之比。C值因子与土壤侵蚀量成反比，对土壤侵蚀起到抑制作用，其值介于0～1之间。地表没有覆盖时取值为1，没有土壤侵蚀时取值为0。C值因子是评价覆盖和管理措施对土壤侵蚀的综合作用，包括作物的覆盖、轮作、管理及不同生长期的降雨侵蚀分布、生产力水平等多个方面，因此要准确计算比较困难。Renard(1997)在RUSLE模型中提出C值因子的计算公式为

$$C = \left(\sum_{i=1}^{n} \text{SLR}_i \times \text{EI}_i\right) / \text{EI}_i \tag{5.39}$$

式中，C是年均值或者是一个作物生长期的平均值；SLR_i是第i个时段的土壤流失比率；EI_i是第i时段的降雨侵蚀力指数(EI)值占全年EI值的百分比；n是时段数。

归一化植被指数可以反映植被覆盖度，可以根据下式计算植被覆盖率：

$$f_c = (\text{NDVI} - \text{NDVI}_{\min}) / (\text{NDVI}_{\max} - \text{NDVI}_{\min}) \tag{5.40}$$

式中，f_c为植被覆盖度(%)；NDVI为归一化植被指数值；$\text{NDVI}_{\max}$、$\text{NDVI}_{\min}$分别为研究区域NDVI的最大值和最小值。

(6) 水土保持措施因子(P)的估算方法。水土保持措施因子P是指采取水土保持措施后，土壤流失量与相应未实施保持措施的土壤流失量的比值。可以参考前人的研究结果，根据不同的土地利用类型来确定各类地表覆盖类型的P值。

RUSLE模型被应用到不同空间尺度、不同环境和不同区域中，模型的输入参数均来源于观测数据、遥感数据、基础地理信息，不受人为主观因素干扰。因此，该模型在计算土壤侵蚀量方面有其优势。

4. 研究展望

土壤侵蚀遥感监测在以下几方面需要进一步研究。

(1) 在区域尺度上采用高分辨率、多时相、多波段相结合的遥感影像，可以精确地探测微观的侵蚀特征，土壤侵蚀调查研究更能发挥遥感的作用。

(2) 由于土壤类型、地貌类型和气候等因素的差异，土壤侵蚀危险性还主要以经验性或半定量的评价方法对土壤侵蚀后发生的危害程度进行评价，因此需要加强土壤侵蚀危险度定量评价方面尤其是模型方法的研究。

(3) 要将地表变化的遥感探测微观数据与侵蚀机理研究结合起来，即深入研究复杂环境下的水蚀、风蚀过程的动力学过程及其机制，以及人为侵蚀与特殊侵蚀过程机制，为土壤侵蚀预报模型的构建提供理论和方法。

5.4.2 土地盐渍化遥感监测

1. 概述

土地盐渍化是指在干旱、半干旱地区特定气候、水文、地质及土壤等自然因素综合作用下，以及人为引水灌溉不当引起土壤盐化与碱化的土地质量退化过程。土地盐渍化通常出现在气候干旱、土壤蒸发强度大、地下水位高且含有较多可溶性盐类的地区，会引起土壤板结、肥力下降，造成土地资源破坏、农业生产损失，是制约农业生产和生态环境可持续发展的主要因素之一。快速、准确、动态的获取大面积盐渍化土壤的盐分信息，对盐渍化土壤的治理、合理规划利用具有重要意义。传统土壤盐渍化监测采用野外定点调查方式，测点少，代表性差，无法达到快速、动态的获取大面积盐渍化土壤盐分信息的要求。因此，采用遥感数据获取大面积盐渍化土壤盐分的动态信息，是当前土壤学与遥感应用研究领域的热点。

纵观国内外土壤盐渍化遥感监测进展，可将土壤盐渍化遥感监测方法研究分为三个阶段。

第一阶段，20世纪90年代初之前的简单定性研究，国外利用卫星遥感进行土壤盐渍化监测研究始于20世纪70年代，我国比国外大约晚10年，多波段、多时相的遥感数据被广泛应用于盐渍土和盐生植被的监测、调查制图研究中，这一时期主要是结合盐渍土和盐生植被的光谱特征实验研究进行目视判读，少数人用监督分类法提取盐渍土信息。

第二阶段，20世纪90年代初至21世纪头十年的半定性、半定量研究，随着遥感数据源的丰富，国内外研究人员用不同遥感数据，对土壤盐碱化监测开展了大量的研究工作，其中直接法是利用盐碱土在可见光、近红外波段光谱反射比一般耕地强的特性，通过最佳波段选择和组合，运用K-L变换、K-T变换、影像比值法、假彩色合成、PCA、HIS、影像差值、比值法等图像变换方法，进行盐碱土光谱特征和纹理特征提取与分析，以及最大相似性分类、神经网络、决策树、表面特征分解、模糊分类、多源数据集成建模等方法进行遥感监测盐碱土面积；间接法就是根据植被特征（类型、叶面积指数、覆盖度等）、土壤温度、土壤水分、地表阻抗等来间接反演土壤的盐碱化特征。

第三阶段，21世纪头十年至今的定量化研究，高光谱遥感技术的发展为土壤盐渍化遥感监测定量化提供了较理想的一种手段，已有诸多学者对土壤盐渍化的高光谱特征及定量反演进行了研究。例如，采用非成像高光谱仪采集盐渍化土壤数据，通过敏感波段分析，建立土壤含盐量与光谱反射率的统计模型，定量反演土壤盐渍化程度（李晓明等，2014）；采用成像高光谱影像进行土壤盐渍化制图研究（翁永玲等，2010）。高光谱数据对盐渍化较为严重的区域具有较好的监测效果，但是盐渍化区域也都是农耕区和滨海地区，区域土壤类型、水分、有机质和地表植被等都会对光谱的反射造成干扰，导致高光谱图像盐渍土光谱、野外测量光谱和实验室光谱仪（如ASD）测得的理论反射曲线差异很大，影响盐渍土遥感监测精度，需要进一步研究和解决。

2. 盐渍土光谱特征

在盐碱化土壤中,盐分倾向于聚集在土壤表面,其光谱表现是遥感探测的基础。盐渍土反射光谱主要受土壤盐分含量及盐分组成、土壤母质、土壤湿度、有机质含量等影响,探测光谱特征随土壤盐分变化的规律,是建立光谱与土壤盐分的定量关系、进行盐渍土分类识别的依据。

盐渍土光谱反射特性除了与土壤母质、含水量、土壤有机质等因素有关,同时还受到土壤盐分组成及其含量的影响。造成土壤盐碱化的物质主要是碳酸盐、硫酸盐、氯化物。纯岩盐(NaCl)是透明的,其化合物组成和结构在可见光、近红外到热红外波段的吸收较弱。而碳酸盐在中红外(2.34 μm)和热红外(11~12 μm)波段具有吸收特性。硫酸盐在10.2 μm波段附近有吸收特性(Metternicht and Zink,2003)。

3. 盐渍土遥感监测应用

1) 盐渍土面积遥感监测

盐渍土面积遥感监测一般利用各类机载、星载微波/高光谱/多光谱传感器,基于盐渍土的光谱特征,通过野外调查建立的盐渍土与影像之间的关系,参考盐渍土遥感影像的分类标准,采用监督分类法和非监督分类法等,进行盐渍土识别和面积提取。主要方法包括面向对象分类法、PCA和K-T变换、最大似然法、雷达和多光谱影像进行变换融合的支持向量机分类法(SVM)、混合像元分解法、决策树法等(江红南等,2007;陈红艳等,2015)。由于受影像数据光谱分辨率和空间分辨率制约,盐渍土与其他地物混分现象较严重。

2) 盐渍土遥感定量反演

将遥感技术与GIS、数学模型相结合,进行土壤盐渍化程度分级、监测与预报,定量反演盐渍土。

(1)指数法(SMI)。该方法充分利用多光谱/高光谱遥感影像信息,在盐分指数(salinity index,SI)-地表反照率(Albedo)的特征空间中,建立土壤盐渍化遥感监测指数,可以有效地区分不同程度盐渍地,有助于盐渍化土壤遥感图像解译。盐分指数可以直接表征土壤盐渍化信息,作为土壤盐分的反演指示器。目前已有多种土壤盐分指数用于土壤盐分的评估(表5.13)。

表5.13 土壤盐分指数

盐分指数	公式
SI-T	$(R-\text{NIR}) \times 100$
SI	$\sqrt{B \times R}$
SI$_1$	$\sqrt{G \times R}$
SI$_2$	$\sqrt{G^2 + R^2 + \text{NIR}^2}$
SI$_3$	$\sqrt{G^2 + R^2}$

续表

盐分指数	公式
SI_4	B/R
SI_5	$(B-R)/(B+R)$
SI_6	$(G\times R)/B$
SI_7	$(B\times R)/G$
SI_8	$(R\times NIR)/G$

注：表中 B 为蓝波段；G 为绿波段；R 为红波段；NIR 为近红外波段。

资料来源：Allbed et al.，2014。

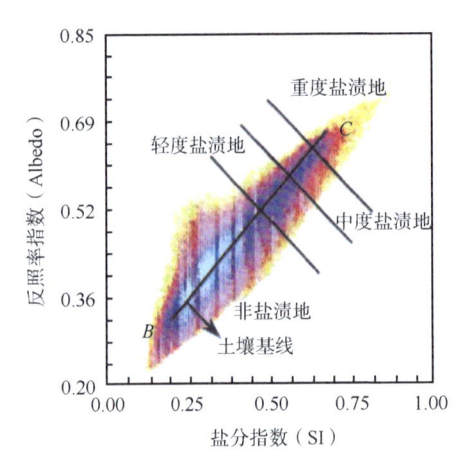

图 5.10 土壤盐渍化监测指数模型示意图

在 SI-Albedo 特征空间，不同盐渍化土壤对应的盐分指数（SI）和地表反照率（Albedo）线性相关。根据 Verstraete 和 Pinty（1996）的研究结论，如果在代表盐渍化变化趋势的垂直方向上划分 SI-Albedo 特征空间，可以将不同的盐渍化土地有效地区分开来（图 5.10）。在 SI-Albedo 特征空间中，指定 B-C 为土壤基线，由 B 至 C 土壤盐渍化程度逐渐加重。经过空间统计特征，可以得到土壤基线 B-C 的表达式：

$$y = ax + b \quad (5.41)$$

式中，y 为土壤反照率 Albedo 值；x 为土壤盐分指数 SI 值；a 为土壤基线 BC 斜率；b 代表土壤基线在纵坐标上的截距。

在图 5.11 中，取经过坐标原点垂直于土壤基线的垂线 L，即可得到方程（5.41）的法线方程（5.42）

$$y = -x/a \quad (5.42)$$

在 SI-Albedo 特征空间，任何一个点到直线 L 的垂直距离，可以说明土壤含盐量的情况，即离 L 线越远，土壤含盐量越多，土壤盐渍化程度越重，反之亦然。在特征空间任取一点 $F(x, y)$，根据从点到直线的距离方程，可以得到从 $F(x, y)$ 到直线 L 的距离，该距离即为基于光谱空间特征的土壤盐渍化遥感监测指数（SMI）：

$$SMI = \frac{x + ay}{\sqrt{a^2 + 1}} \quad (5.43)$$

在具体应用中，为减少采样点代表性对公式的影响，其常数 a 可根据 SI-Albedo 空间中像元散点图上 B-C 的斜率来确定。SMI 在直观上表

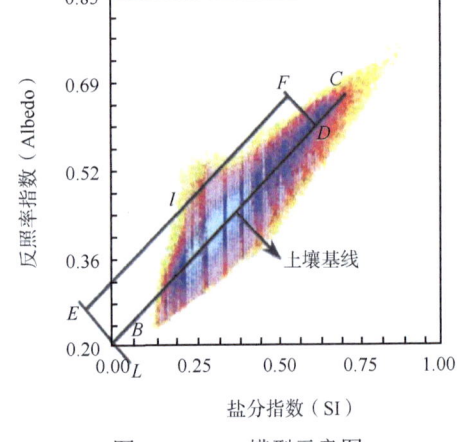

图 5.11 SMI 模型示意图

现为SI-Albedo空间中垂直于B-C线的各分割直线的位置，其意义则反映了不同盐渍化土壤在空间的地表盐分水分组合与变化的差异。

(2) 基于统计模型或机器学习的方法。该方法是指基于地面高光谱仪、高光谱遥感数据、微波遥感数据，采用统计模型或机器学习的方法，建立高光谱信息或者微波的后像散射系数与土壤盐分信息的反演模型，进行土壤盐渍化的快速制图。

4. 展望

土地盐渍化遥感监测在以下几方面需要进一步研究。

(1) 土地盐渍化光谱特征研究。土地不同的盐分具有不同的电磁波谱吸收特征，特定波段只能对于特定的盐渍化类型进行监测，因此需要研究不同盐渍化类型的光谱特征。

(2) 高光谱遥感土壤盐分定量反演。高光谱遥感数据波段数多，但对土壤盐分敏感波段的探究还不够深入。另外高光谱影像光谱分辨率高，但空间分辨率较低，如果可以进行图像融合得到较高的光谱分辨率和空间分辨率图像，将对盐分反演的精确性有所帮助。

(3) 土地盐渍化遥感监测研究中建立的模型，只考虑了土壤全盐含量与对应的遥感图像的反射率的关系，但盐渍土的全盐含量受多种因素影响，如地下水埋深、地下水矿化度、地形、气候等。若能加入其他影响因素建立模型，得到的反演结果将会更加合理与准确，也是未来进一步研究的方向。

参 考 文 献

陈红艳, 赵庚星, 陈敬春, 等. 2015. 基于改进植被指数的黄河口区盐渍土盐分遥感反演. 农业工程学报, 31(5): 107-114.
陈明华, 周伏建, 黄炎和, 等. 1995. 土壤可蚀性因子研究. 水土保持学报, 9(1): 19-24.
程琳琳, 李玉虎, 孙海元, 等. 2019. 京津冀MODIS长时序增强型植被指数拟合重建方法适用性研究. 农业工程学报, 35(11): 148-158.
丁明军, 陈倩, 辛良杰, 等. 2015. 1999~2013年中国耕地复种指数的时空演变格局. 地理学报, 70(7): 1080-1090.
范锦龙, 吴炳方. 2004. 复种指数遥感监测方法. 遥感学报, 8(6): 628-636.
宫诏健, 刘利民, 陈杰, 等. 2018. 基于MODIS NDVI数据的辽宁省春玉米物候期提取研究. 沈阳农业大学学报, 49(3): 257-265.
国家标准. 2012. 农用地质量分等规程(GB/T 28407—2012). 北京: 中国标准出版社.
国家标准. 2016. 耕地质量等级(GB/T 33469—2016). 北京: 中国标准出版社.
韩富伟, 张柏, 王宗明, 等. 2007. 长春市土壤侵蚀遥感监测与时空变化分析. 吉林农业大学学报, 29(5): 532-537.
黄健熙, 赵剑桥, 汪雪淼, 等. 2018. 基于遥感和积温的冬小麦生育期提取方法. 农业机械学报, 50(2): 169-175.
黄炎和, 卢程隆, 郑添发, 等. 1992. 闽东南降雨侵蚀力指标R值的研究. 水土保持学报, 6(4): 1-5.
江红南, 徐佑成, 塔西甫拉提·特依拜, 等. 2007. 干旱区土壤盐渍化遥感监测方法研究. 云南地理环境研究, 19(1): 51-54.
姜勇, 梁文举, 李琪. 2005. 利用与回归模型相结合的克里格方法对农田土壤有机碳的估值及制图. 水土保持学报, (5): 99-102, 128.
李晓明, 韩霁昌, 李娟. 2014. 典型半干旱区土壤盐分高光谱特征反演. 光谱学与光谱分析, 34(4): 1081-1084.

李艳, 张成才, 罗蔚然, 等. 2019. 基于改进最大值法合成NDVI的夏玉米物候期遥感监测. 农业工程学报, 35(14): 159-165.

刘焕军, 鲍依临, 孟祥添, 等. 2020. 不同降噪方式下基于高分五号影像的土壤有机质反演. 农业工程学报, 36(12): 90-98.

刘峻明, 李曼曼, 王鹏新, 等. 2013. 基于LAI时间序列重构数据的冬小麦物候监测. 农业工程学报, 29(19): 120-129.

刘逸竹, 吴文斌, 李召良, 等. 2017. 基于时间序列NDVI的灌溉耕地空间分布提取. 农业工程学报, 33(22): 276-284.

宁丽丹, 石辉. 2003. 用日降雨量资料估算西南地区的降雨侵蚀力. 水土保持研究, 10(4): 183-186.

水利行业标准. 2007. 土壤侵蚀分类分级标准(SL190—2007). 北京: 中国水利水电出版社.

宋文龙, 李萌, 路京选, 等. 2019. 基于GF-1卫星数据监测灌区灌溉面积方法研究——以东雷二期抽黄灌区为例. 水利学报, 50(7): 854-863.

司海青, 姚艳敏, 王德营, 等. 2015. 含水率对土壤有机质含量高光谱估算的影响. 农业工程学报, 31(9): 114-120.

田鑫, 李瑞平, 王思楠, 等. 2020. 基于VSWI和TVDI差异的河套灌区沈乌灌域耕地灌溉面积遥感监测. 灌溉排水学报, 39(8): 129-135.

唐海涛, 孟祥添, 苏循新, 等. 2021. 基于CARS算法的不同类型土壤有机质高光谱预测. 农业工程学报, 37(2): 105-113.

唐鹏钦, 吴文斌, 姚艳敏, 等. 2011. 基于小波变换的华北平原耕地复种指数提取. 农业工程学报, 27(7): 220-225.

童庆禧, 张兵, 郑兰芬. 2006. 高光谱遥感. 北京: 高等教育出版社.

汪大明, 秦凯, 李志忠, 等. 2018. 基于航空高光谱遥感数据的黑土地有机质含量反演: 以黑龙江省建三江地区为例. 地球科学, 43(6): 2184-2194.

王啸天, 路京选. 2016. 基于垂直干旱指数(PDI)的灌区实际灌溉面积遥感监测方法. 南水北调与水利科技, 14(3): 169-174, 161.

翁永玲, 戚浩平, 方洪宾, 等. 2010. 基于PLSR方法的青海茶卡-共和盆地土壤盐分高光谱遥感反演. 土壤学报, 47(6): 1255-1263.

吴文斌, 胡琼, 陆苗, 等. 2020. 农业土地系统遥感制图. 北京: 科学出版社.

吴文斌, 杨鹏, 唐华俊, 等. 2009. 基于NDVI数据的华北地区耕地物候空间格局. 中国农业科学, 42(2): 552-560.

徐昔保, 杨桂山. 2013. 太湖流域1995~2010年耕地复种指数时空变化遥感分析. 农业工程学报, 29(3): 148-155.

颜祥照, 姚艳敏, 张霄羽, 等. 2021. 星载高分五号高光谱耕地主要土壤类型土壤有机质含量估测——以黑龙江省建三江农垦区为例. 中国土壤与肥料, (5): 10-20.

杨红飞, 郑黎明, 邸中要, 等. 2018. 砂姜黑土土壤有机碳高光谱特征与定量估算模型的研究. 安徽农业大学学报, 45(1): 101-109.

杨琳, 朱阿兴, 秦承志, 等. 2009. 运用模糊隶属度进行土壤属性制图的研究——以黑龙江鹤山农场研究区为例. 土壤学报, 46(1): 9-15.

叶勤, 姜雪芹, 李西灿, 等. 2017. 基于高光谱数据的土壤有机质含量反演模型比较. 农业机械学报, 48(3): 164-172.

张娟娟, 席磊, 杨向阳, 等. 2020. 砂姜黑土有机质含量高光谱估测模型构建. 农业工程学报, 36(17): 135-141.

章海亮, 罗微, 刘雪梅, 等. 2017. 应用遗传算法结合连续投影算法近红外光谱检测土壤有机质研究. 光谱学与光谱分析, 37(2): 584-587.

章文波, 谢云. 2002. 利用日雨量计算降雨侵蚀力的方法研究. 地理科学, 22(6): 705-711.

赵晓丽, 张增祥, 刘斌, 等. 2002. 基于遥感和GIS的全国土壤侵蚀动态监测方法研究. 水土保持通报，22(4)：29-32.

祝诗平，王一鸣，张小超，等. 2004. 基于遗传算法的近红外光谱谱区选择方法. 农业机械学报，35(5)：152-156.

朱孝林，李强，沈妙根，等. 2008. 基于多时相NDVI数据的复种指数提取方法研究. 自然资源学报，23(3)：534-543.

Alexandre M J-C Wadoux, José P and Budiman M. 2019. Multi-source data integration for soil mapping using deep learning. Soil, 5(1)：107-119.

Allbed A, Kumar L, Aldakheel Y Y. 2014. Assessing soil salinity using soil salinity and vegetation indices derived from IKONOS high-spatial resolution imageries: Applications in a date palm dominated region. Geoderma, 230: 1-8.

Araujo M C U, Saldanha T C B, Galvao R K H, et al. 2001. The successive projections algorithm for variable selection in spectroscopic multi-component analysis. Chemometrics and Intelligent Laboratory Systems, 57(2): 65-73.

Arino O, Bicheron P, Achard F, et al. 2008. GlobCover: The Most Detailed Portrait of Earth. European Space Agency Leuven. Netherlands.

Atzberger C, Eilers P. 2011. Evaluating the effectiveness of smoothing algorithms in the absence of ground reference measurements. International Journal of Remote Sensing, 3(13): 3689-3709.

Beck P S A, Atzberger C, Hogda K A, et al. 2006. Improved monitoring of vegetation dynamics at very high latitude: a new method using MODIS NDVI. Remote Sensing of Environment, 100(3): 321-334.

Ben-Dor E, Inbar Y, Chen Y. 1997. The reflectance spectra of organic matter in the visible near-infrared and short wave infrared region (400~2500 nm) during a controlled decomposition process. Remote Sensing of Environment, 61(1): 1-15.

Biggs T W, Thenkabail P S, Gumma M K, et al. 2006. Irrigated area mapping in heterogeneous landscapes with MODIS time series, ground truth and census data, Krishna Basin, India. International Journal of Remote Sensing, 27(19): 4245-4266.

Bontemps S, Bogaert E V, Defourny P, et al. 2009. GlobCover2009 Products Description Manual, Version 1.0. Available online: http://ionial.esrin.esa.int [2017-05-27].

Chen C F, Son N T, Chang L Y. 2012. Monitoring of rice cropping intensity in the upper Mekong Delta, Vietnam using time-series MODIS data. Advances in Space Research, 49(2): 292-301.

Eilers P H C. 2003. A Perfect Smoother. Analytical Chemistry, 75(14): 3631-3636.

Ghulam A, Qin Q, Teyip T, et al. 2007. Modified perpendicular drought index (MPDI): a real-time drought monitoring method. ISPRS Journal of Photogrammetry and Remote Sensing, 62(2): 150-164.

Ghulam A, Qin Q, Zhan Z. 2006. Deigning of the perpendicular drought index. Environmental Geology, 52(6): 1045-1052.

Haberhauer G, Feigl B, Gerzabek M H, et al. 2000. FT-IR spectroscopy of organic matter in tropical soils: Changes induced through deforestation. Applied Spectroscopy, 54(2): 221-224.

Jönsson P, Eklundh L. 2002. Seasonality extraction by function fitting to time-series of satellite sensor data. IEEE Transactions on Geoscience & Remote Sensing, 40(8): 1824-1832.

Leonardo D, Andrew J M, Steve W C, et al. 2020. Tuning support vector machines regression models improves prediction accuracy of soil properties in MIR spectroscopy. Geoderma, 365: 114227.

Li H D, Liang Y Z, Xu Q S, et al. 2009. Key wavelengths screening using competitive adaptive reweighted sampling method for multivariate calibration. Analytica Chimica Acta, 648(1): 77-84.

Liu B Y, Nearing M A, Shi P J, et al. 2000. Slope length effects on soil loss for steep slopes. Soil Science Society of America Journal, 64(5): 1759-1763.

Lloyd D. 1990. A phenological classification of terrestrial vegetation cover using shortwave vegetation index imagery. International Journal of Remote Sensing, 11(12): 2269-2279.

Lu X, Liu R, Liu J, et al. 2007. Removal of noise by wavelet method to generate high quality temporal data of terrestrial MODIS products. Photogrammetric Engineering & Remote Sensing, (10): 1129-1139.

Meier J, Zabel F, Mauser W. 2018. A global approach to estimate irrigated areas-a comparison between different data and statistics. Hydrology & Earth System Sciences Discussions, 22(2): 1-16.

Metternicht G I, Zink J A. 2003. Remote sensing of soil salinity: potentials and constraints. Remote Sensing of Environment, 85: 1-20.

Nearing M A. 1997. A single continuous function for slope steepness influence on soil loss. Soil Science Society of America Journal, 61(3): 917-919.

Reed B C, Brown J F, VanderZee D, et al. 1994. Measuring phenological variability from satellite. Journal of Vegetation Science, 5(5): 703-714.

Renard K G, Foster G R, et al. 1997. A Guide to Conservation Planning with the Revised Universal Soil Loss Equation(RUSLE). USDA Agricultural Handbook: No.703, 1997.

Roerink G J, Menenti M and Verhoef W. 2000. Reconstructing cloudfree NDVI composites using Fourier analysis of time series. International Journal of Remote Sensing, 21(9): 1911-1917.

Salmon J M, Friedl M A, Frolking S, et al. 2015. Global rainfed, irrigated and paddy croplands: a new high resolution map derived from remote sensing, crop inventories and climate data. International Journal of Applied Earth Observation and Geoinformation, 38: 321-334.

Siebert S, Kummu M, Porkka M, et al. 2005. A global data set of the extent of irrigated land from 1995 to 2005. Hydrology and Earth System Sciences, 19(3): 1521-1545.

Sina M N, Ali A N, Mehdi H. 2018. Estimating soil organic matter content from Hyperion reflectance images using PLSR, PCR, MinR and SWR models in semi-arid regions of Iran. Environmental Development, 25: 23-32.

Soriano-Disla J M, Janik L J, Viscarra R R A, et al. 2014. The performance of visible, near- and mid-infrared reflectance spectroscopy for prediction of soil physical, chemical, and biological properties. Appl. Spectrosc. Rev., 49: 139-186.

Terra F S, Dematte J A M, Rossel R A V. 2015. Spectral libraries for quantitative analyses of tropical Brazilian soils: Comparing vis-NIR and mid-IR reflectance data. Geoderma, 255: 81-93.

Thenkabail P S, Biradar C M, Noojipady P, et al. 2009. Global irrigated area map(GIAM), derived from remote sensing, for the end of the last millennium. International Journal of Remote Sensing, 30(14): 3679-3733.

Verstraete M, Pinty B. 1996. Designing optimal spectral indexes for remote sensing applications. Remote Sensing of Environment, 34(5): 1254-1265.

Viovy N, Arino O, Belward A. 1992. The best index slope extraction(BISE)—a method for reducing noise in NDVI time-series. International Journal of Remote Sensing, (8): 1585-1590.

Wischmeier W H, Mannering J V. 1969. Relation of soil properties to its erodibility. Soil Science Society of American Proceedings, 33(1): 131-137.

Wischmeier W H, Smith D D. 1978. Predicting Rainfall-Erosion Losses: A Guide to Conservation Planning. Agricultural Handbook. Washington D C: U.S. Department of Agriculture. 19-78.

Williams J R, Renard K G, Dyke P T. 1983. EPIC: A new method for assessing erosion's effect on soil productivity. Journal of Soil and Water Conservation, 38(5): 381-383.

Yang M Y, Tian J L, Liu P L. 2006. Investigating the spatial distribution of soil erosion and deposition in a small catchment on the Loess Plateau of China using ^{137}Cs. Soil & Tillage Research, 87: 186-193.

第6章 农业灾害遥感

农业灾害指对农业生产构成严重威胁、危害和造成重大损失的农业自然灾害和农业生物灾害。其中，农业自然灾害主要包括干旱、洪涝、高温热害、干热风、低温冷害、冻害、雪灾、地震、滑坡、泥石流、风雹、龙卷风、台风、风暴潮、寒潮等；农业生物灾害主要包括农作物病虫害、植物疫情、赤潮等。以往农业灾害监测与评估主要是采用抽样调查的方式，不仅耗时、费力，而且存在以点代面的代表性差、主观性强和时效性差等弊端，难以满足大范围灾害实时监测的需求。遥感监测技术具有宏观性、经济性、动态性、时效性等特征，无论是在灾害发生前、发生过程中或是灾后，遥感都能不断提供大量的农业灾害发生的背景信息和灾情信息，成为传统农业灾害监测的重要补充。农业灾害遥感监测主要基于灾害发生前后作物（或地面）光谱反射率特征、地表温度的差异进行灾害的解译和灾害评估，物理意义明确。本章主要介绍基于遥感技术手段的农业干旱、农作物低温冷害、农作物病害监测的方法和应用。

6.1 农业干旱遥感监测

6.1.1 概　　述

干旱是影响农业生产最为严重的自然灾害，具有季节性、区域性、持续性等特征。农业干旱可直接导致大面积作物减产，严重时甚至导致绝收，对粮食安全与农业可持续发展造成严重威胁。农业旱灾的发生常伴有农作物根部土壤水分的匮乏，造成作物蒸腾作用受到抑制，叶片气孔关闭、温度升高，叶绿素含量下降甚至枯萎，因此，地表温度、植被指数等遥感特征参数，通常作为农业干旱的指示因子，计算农业干旱遥感监测指标，再依据农业干旱等级划分标准，监测作物干旱情况。

1. 农业干旱等级划分指标

农业干旱是指农作物生长季内因水分供应不足导致农田水量供需不平衡，阻碍作物正常生长发育的现象（GB/T 32136—2015）。地面农业干旱调查的界定通常采用作物水分亏缺距平指数（$CWDI_a$）、土壤相对湿度指数（R_{sm}）、农田与作物干旱形态等指标，进行农业干旱的等级划分。地面观测中的干旱等级数据，可作为农业干旱遥感监测模型的训练样本和验证样本。

1) 作物水分亏缺距平指数

作物水分亏缺指数（crop water deficit index，CWDI）是表征作物水分亏缺程度的指标之一，为作物需水量与实际供水量之差占作物需水量的比例，以百分率（%）表示。CWDI的计算公式为

$$\text{CWDI} = a \times \text{CWDI}_j + b \times \text{CWDI}_{j-1} + c \times \text{CWDI}_{j-2} + d \times \text{CWDI}_{j-3} + e \times \text{CWDI}_{j-4} \quad (6.1)$$

式中，CWDI为某时段水分亏缺指数；CWDI_j为第j时间单位（一般取10天）的水分亏缺指数；CWDI_{j-1}为第$j-1$时间单位的水分亏缺指数；CWDI_{j-2}为第$j-2$时间单位的水分亏缺指数；CWDI_{j-3}为第$j-3$时间单位的水分亏缺指数；CWDI_{j-4}为第$j-4$时间单位的水分亏缺指数；a、b、c、d和e为各时间单位水分亏缺指数的权重系数，分别取值为0.3、0.25、0.2、0.15、0.1。在实际应用中，也可以根据当地情况，通过历史资料分析或田间试验确定系数值。

$$\text{CWDI}_j = \left(1 - \frac{P_j + I_j}{\text{ET}_{C_j}}\right) \times 100\% \quad (6.2)$$

式中，P_j为某10天的累计降水量（mm）；I_j为某10天的灌溉量（mm）；ET_{C_j}为作物某10天的潜在蒸散量（mm）。

由于在不同季节、不同气候区域，作物种类不同，蒸散差别较大，一般选用作物水分亏缺距平指数（CWDI_a）以消除区域与季节差异。CWDI_a是归一化的CWDI与其平均值之差，以百分率（%）表示。根据CWDI_a的取值范围，确定农业干旱的等级，分为轻旱、中旱、重旱、特旱4级（GB/T 32136—2015）。

CWDI较好地反映了土壤、植物和气象三方面因素的综合影响，比较真实地反映出作物水分亏缺状况，是常用的作物干旱诊断指标之一。由于该指标涉及降水量、灌溉量等参数，不适于采用遥感技术进行农业干旱监测。

2) 土壤相对湿度指数

土壤相对湿度指数（R_{sm}）是表征土壤干旱的指标之一，适用范围为旱地作物区，能直接反映作物可利用水分的状况。土壤相对湿度指数计算公式如下：

$$R_{\text{sm}} = a \times \left(\sum_{i=1}^{n} \frac{w_i}{f_{Ci}} \times 100\%\right) / n \quad (6.3)$$

式中，w_i为第i层土壤湿度（%）；f_{Ci}为第i层土壤田间持水量（%）；a为作物发育期调节系数，苗期为1.1，水分临界期为0.9，其他发育期为1；n为作物发育阶段对应土层厚度内相同厚度（以10 cm为划分单位）的各观测层次土壤湿度测值的个数（在作物播种期和苗期$n = 2$，其他生长阶段$n = 5$）。基于土壤相对湿度指数的农业干旱等级见表6.1。

表6.1 基于土壤相对湿度指数（R_{sm}）的农业干旱等级

等级	类型	土壤相对湿度指数 /%		
		砂土	壤土	黏土
1	轻旱	$45 \leqslant R_{sm} < 55$	$50 \leqslant R_{sm} < 60$	$55 \leqslant R_{sm} < 65$
2	中旱	$35 \leqslant R_{sm} < 45$	$40 \leqslant R_{sm} < 50$	$45 \leqslant R_{sm} < 55$
3	重旱	$25 \leqslant R_{sm} < 35$	$30 \leqslant R_{sm} < 40$	$35 \leqslant R_{sm} < 45$
4	特旱	$R_{sm} < 25$	$R_{sm} < 30$	$R_{sm} < 35$

基于土壤相对湿度指数的农业干旱等级，是采用遥感技术进行农业干旱监测的重要依据。土壤相对湿度指数指标涉及土壤湿度参数，采用遥感技术可以计算农业干旱遥感监测指标，再建立农业干旱遥感监测指标与土壤湿度的关系模型，然后划分农业干旱等级。

3) 农田与作物干旱形态指标

农田与作物干旱形态指标是表征农田和作物受水分胁迫程度外在形态的重要指标之一，直观地反映出农业干旱对作物的影响程度。其采用田间观测取样方法，以农田干燥程度、作物播种出苗（秧苗移栽）状况、叶片萎蔫程度等为综合指标，适用于农区旱情实地调查。基于农田与作物干旱形态指标的农业干旱等级见表6.2。

表6.2 基于农田与作物干旱形态指标的农业干旱等级

等级	类型	农田与作物干旱形态		旱地作物出苗期	水稻移栽期	生长发育阶段
		播种期 旱地	水田			
1	轻旱	出现干土层，且干土层厚度小于3 cm	因旱不能适时整地，水稻本田期不能及时按需供水	因旱出苗率为60%~80%	栽插用水不足，秧苗成活率为80%~90%	因旱叶片上部卷起
2	中旱	干土层厚度3~6 cm	因旱水稻田断水，开始出现干裂	因旱播种困难，出苗率为40%~60%	因旱不能插秧；秧苗成活率为60%~80%	因旱叶片白天凋萎
3	重旱	干土层厚度7~12 cm	因旱水稻田干裂	因旱无法播种或出苗率为30%~40%	因旱不能插秧；秧苗成活率为50%~60%	因旱有死苗、叶片枯萎、果实脱落现象
4	特旱	干土层厚度大于12 cm	因旱水稻田干裂严重	因旱无法播种或出苗率低于30%	因旱不能插秧；秧苗成活率小于50%	因旱植株干枯死亡

2. 农业干旱遥感监测技术流程

农业干旱遥感监测技术流程主要包括数据获取与预处理、农业干旱遥感监测方法选择、遥感特征参数提取、农业干旱遥感监测指标计算、农业干旱遥感监测模型构建、农业干旱遥感监测等级划分、精度验证、监测成果编制等，其总体技术流程如图6.1所示。

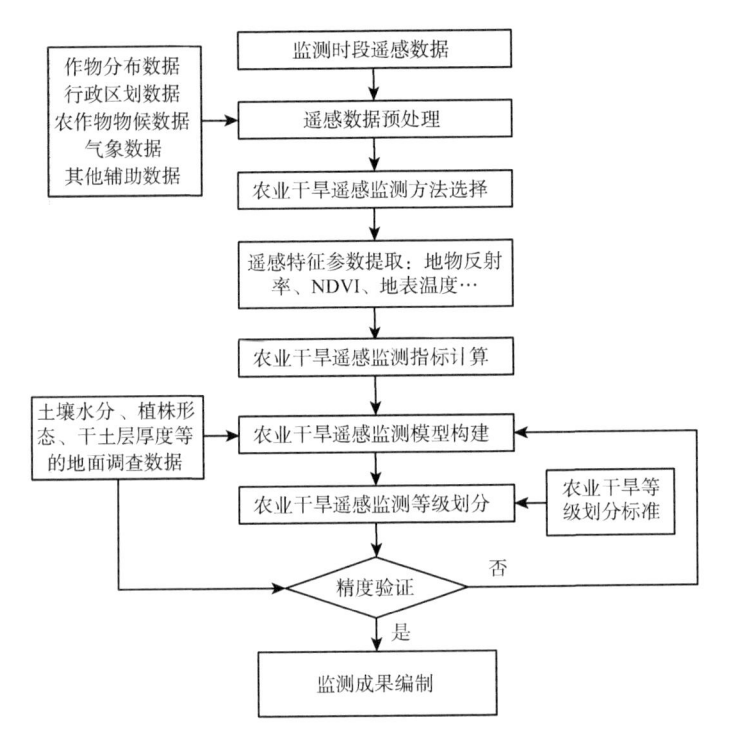

图6.1 农业干旱遥感监测技术流程图

(1) 数据获取与预处理。农业干旱遥感监测需要获取的数据包括监测时段遥感数据、农业干旱地面调查数据以及其他辅助数据。根据采用的监测方法，遥感数据可以是多光谱/高光谱遥感数据，也可以是雷达遥感数据。遥感数据预处理包括辐射校正、几何校正等，获取影像地表反射率数据，或者后向散射系数数据。农业干旱地面调查数据为田块内的土壤水分、干土层厚度、植株形态等数据，用于农业干旱遥感等级划分和精度验证。其他辅助数据包括监测区域农作物种植分布图、农作物物候数据、监测时段的气象数据等，用于辅助提高农业干旱遥感监测精度。

(2) 确定农业干旱遥感监测方法。农业干旱遥感监测方法包括植被指数法、地表温度法、植被指数和地表温度结合法、蒸散法、同化法、微波遥感法等。根据获取的遥感数据类型、农业干旱地面调查数据类型等确定适宜的监测方法。

(3) 遥感特征参数提取。农业干旱遥感监测特征参数包括地表光谱反射率，由光谱反射率衍生计算或反演的植被指数（如NDVI）、LAI、地表温度等数据。根据采用的农业干旱遥感监测指标，选用适宜的遥感特征参数。

(4) 农业干旱遥感监测指标计算。根据监测时段农作物所处的生育时期，基于遥感特征参数，选用和计算适宜的农业干旱遥感监测指标，如植被状态指数（VCI）、表观热惯量（ATI）、温度植被干旱指数（TVDI）等。

(5) 农业干旱遥感监测模型构建与等级划分。农业干旱遥感监测模型构建包括基于土壤水分的干旱监测模型、基于干旱等级指标的干旱监测模型。

基于土壤水分的干旱监测模型是以地面观测中的土壤水分数据为训练样本，采用统计回归法、机器学习法等构建土壤水分反演模型,输入变量为农业干旱遥感监测指标,输出结果为土壤水分,根据基于土壤相对湿度指数的农业干旱等级划分标准,进行干旱等级划分。

基于干旱等级指标的干旱监测模型,是以地面观测中的干旱等级数据为训练样本,采用模糊数学法、机器学习法等,构建农业干旱遥感监测模型,输入变量为遥感监测指标,输出结果为干旱等级划分结果。

6.1.2 农业干旱遥感监测指标计算方法

目前,农业干旱遥感监测指标主要包括基于植被指数、地表温度、植被指数和地表温度结合、蒸散法、同化法、微波遥感法等指标和技术方法(图6.2)。

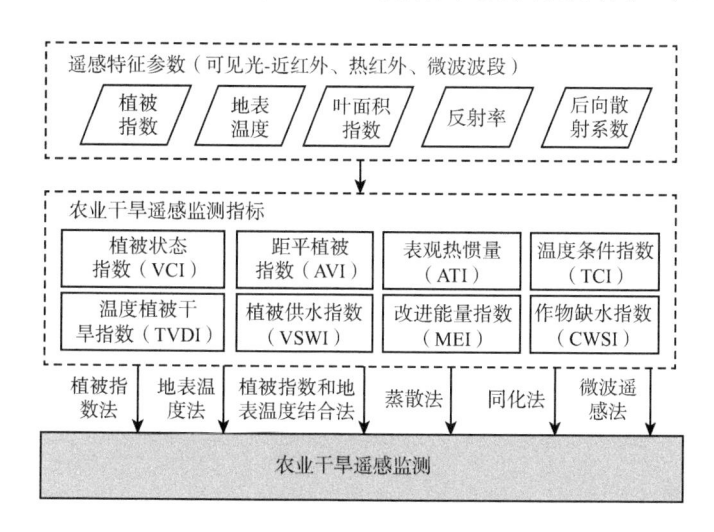

图6.2 农业干旱遥感监测主要指标

1. 基于植被指数的农业干旱遥感监测指标

由于植被生长状况能够在一定程度上反映土壤水分的状况,尤其是在干旱-半干旱地区,土壤水分对植被生长起着决定性的作用。因此,基于可见光-近红外波段反射率发展而来的植被指数,也是间接估算土壤水分,尤其是进行干旱监测的较为常用的方法。其中,归一化植被指数(NDVI)是较为常用的一种,并在NDVI基础上开发了多种农业干旱遥感监测指标。

1) 距平植被指数

距平植被指数(anomaly vegetation index,AVI)的计算公式如下(陈维英等,1994):

$$AVI = NDVI - \overline{NDVI} \tag{6.4}$$

式中,NDVI为某一时期的NDVI值;$\overline{NDVI}$为多年同一时期NDVI的平均值。

AVI作为监测农业干旱的一种方法，它以某一地点某一时期多年的NDVI平均值为背景值，用当年该时期的NDVI值减去背景值，即可计算出AVI的变化范围，即NDVI的正、负距平值。该指数为正值时，反映植被生长较一般年份好；为负值时，表示植被生长较一般年份差。

2) 植被状态指数

植被状态指数 (vegetation condition index，VCI)(Kogan, 1990) 计算公式如下：

$$\text{VCI} = \frac{\text{NDVI} - \text{NDVI}_{\min}}{\text{NDVI}_{\max} - \text{NDVI}_{\min}} \times 100 \tag{6.5}$$

式中，NDVI为某一时期的NDVI值；$\text{NDVI}_{\max}$和$\text{NDVI}_{\min}$分别代表对应像元多年同一时期NDVI数据中的最大值和最小值。

VCI与土壤湿度有关，VCI值越大，表明作物长势越好，不存在水分胁迫；VCI值越小，作物长势越差，存在水分胁迫。VCI适用于估算区域级的干旱程度，植被生长茂盛的阶段，利用VCI来监测作物的缺水状况，效果较好，但需要有较长年代的资料积累。

2. 基于地表温度的农业干旱遥感监测指标

地表温度也可用于干旱监测，这是因为植物叶片气孔的关闭，可以降低由于蒸腾所造成的水分损失，进而造成地表潜热通量的降低，从而将会导致地表感热通量的增加；感热通量的增加，又可以导致冠层温度的升高。常用的方法有表观热惯量法、温度条件指数、改进能量指数等。

1) 表观热惯量

热惯量是指物质保持其温度的能力，随着物质热传导率、密度和比热容的增加而增加。地表土壤水含量越大，地表呈现的热惯量就越大，因为水的热容量明显大于干土壤的热容量。因此土壤热惯量与土壤水分之间存在一定的相关性，这是利用土壤热惯量监测干旱的基础。从宏观来看，土壤热惯量具有反映土壤阻止土壤温度变化的能力，它能够决定土壤温度日较差的大小，因此可以利用热红外遥感得到土壤温度日较差，进而计算土壤热惯量。

由于真实热惯量的计算需要较多非遥感参数的参与，导致在区域尺度上计算较为困难，人们往往用表观热惯量来代替真实热惯量。Price(1985)简化了潜热蒸发的表达形式，系统总结了热惯量法及热惯量的遥感成像机理，提出了一个简单计算表观热惯量的方法。如果不考虑测量地的纬度、太阳日偏角、日照时数和日地距离，则表观热惯量可以简化为

$$\text{ATI} = \frac{1-A}{\Delta T} \tag{6.6}$$

式中，ATI为表观热惯量；A是地表反照率；ΔT是地表温度日较差。

表观热惯量可作为农作物播种期或生产早期的农业干旱遥感监测指标,对于裸土和低植被覆盖区域,可利用卫星数据和实测土壤水分资料,运用热惯量模型反演表层土壤水分。

2) 温度条件指数

一般在土壤墒情较差的情况下,白天地表温度较高,而当土壤墒情较好、土壤水分充足的情况下,白天地表温度较低。因此,地表温度也可以反映土壤墒情的差异。温度条件指数 (Kogan,1995) 可以表示为

$$\mathrm{TCI} = 100 \times \frac{T_{\max} - T_i}{T_{\max} - T_{\min}} \tag{6.7}$$

式中,T_i 为某一时期的地表亮度温度;$T_{\max}$ 和 $T_{\min}$ 是对应像元多期 T 数据集中的最大值和最小值。TCI 与土壤湿度有关,TCI 值越大表明地表温度越高,土壤墒情越差;值越小,表明地表温度越低,土壤墒情越好。

TCI 可作为农作物播种期或生产早期的农业干旱遥感监测指标,对于裸土和低植被覆盖区域,可利用卫星数据和实测土壤水分资料,运用 TCI 反演表层土壤水分。TCI 的缺点是未考虑白天的气象条件,如净辐射、风速、湿度等对热红外遥感的影响及土地表面温度的季节性变化。

3) 改进能量指数

根据土壤热力学理论,地球表面单位面积上接收短波辐射,经过复杂的转换又以长波辐射的形式向外发射能量,长波辐射使地表温度升高。土壤越干燥,向外放出的长波辐射越强,地表和植被冠层温度越高;土壤越湿润,水分吸收了一部分太阳辐射,则向外放出的长波辐射越弱,表现为地表和植被观测温度越低。改进能量指数 (MEI) 的计算公式如下 (张学艺等,2009):

$$\mathrm{MEI} = \frac{1 - \rho_{\mathrm{nir}}}{T} \tag{6.8}$$

式中,ρ_{nir} 为近红外波段反射率;T 为农作物冠层温度。MEI 值越小,表明地表温度越高,土壤墒情越差;值越大,表明地表温度越低,土壤墒情越好。

改进能量指数可作为农作物播种期或生产早期的农业干旱遥感监测指标,对于裸土和低植被覆盖区域,可利用卫星数据和实测土壤水分资料,运用 MEI 反演表层土壤水分。

3. 植被指数和地表温度相结合的农业干旱遥感监测指标

综合应用植被指数和地表温度的方法,与地表植被覆盖和土壤水分状况关系非常密切,可以获得更多的地表综合信息,较准确地获取农业干旱信息。

1) 植被供水指数

植被指数、冠层表面温度与土壤水分状况三者之间有着很显著的互动关系,水分

供给条件好时，作物生长迅速，NDVI值高，作物蒸腾量大，冠层表面温度降低；水分缺乏时，作物生长受到胁迫，NDVI值低，作物蒸腾量小，冠层表面温度升高。植被供水指数（vegetation supply water index，VSWI）计算方法如下（Carlson et al.，1994）：

$$\text{VSWI} = \text{NDVI}/T_s \tag{6.9}$$

式中，NDVI为某一时期的归一化植被指数；T_s为地表温度。

VSWI代表农作物受旱程度的相对大小，VSWI值越小，表明作物冠层温度越高，植被指数越低，作物受旱程度越重。该指数适用于植被覆盖区，尤其是作物覆盖良好的情况下进行农业干旱遥感监测。

2）温度植被干旱指数

温度植被干旱指数（temperature vegetation dryness index，TVDI；Sandholt et al.，2002）的计算公式如下：

$$\text{TVDI} = \frac{T_s - T_{smin}}{T_{smax} - T_{smin}} \tag{6.10}$$

式中，T_s为任意像元的地表温度；T_{smin}表示相同NDVI值的最小地表温度，对应T_s-NDVI特征空间的湿边，$T_{smin}=a_1+b_1\times\text{NDVI}$；$T_{smax}$表示相同NDVI值的最大地表温度，对应$T_s$-NDVI特征空间的干边，$T_{smax}=a_2+b_2\times\text{NDVI}$；$a_1$、$a_2$、$b_1$、$b_2$为拟合系数。在干边上TVDI=1，在湿边上TVDI=0。

对于监测区域的植被覆盖度包含从裸土到全覆盖的情况，干旱监测指标可以选择温度植被干旱指数。TVDI值越大，土壤湿度越低，表明干旱越严重。

4. 基于蒸散法的农业干旱遥感监测指标

土壤蒸发和植物蒸腾与土壤的水分含量有着明显的关系，因此可以通过计算农作物的区域蒸散量来建立干旱监测模型。作物水分胁迫指数（crop water stress index，CWSI）根据热量平衡原理推出，研究冠层温度、植被指数、土壤水分之间的关系，计算公式如下（Jackson et al.，1981）：

$$\text{CWSI} = 1 - E_d/E_p \tag{6.11}$$

式中，E_d为实际蒸散量；E_p为潜在蒸散量。E_d越小，CWSI越大，反映土壤供水能力差，地表越干旱。

5. 基于作物生长模型结合同化法的农业干旱遥感监测指标

作物生长模型以农田的光、温、水、肥等条件因子为驱动，模拟作物光合、呼吸、蒸腾等生理过程，形成作物对生长环境响应的结果，例如荷兰的SWAP模型、美国的CERES和DSSAT模型。作物生长模型的输入参数包括土壤水分参数，输出结果包括水量的平衡关系、灌溉制度、土壤水蓄变量等。通过各项因子的输入，驱动模型运行可以获取作物叶面积指数LAI、蒸散量ET等参数。采用同化的方法，将这些参数与遥感反演的LAI、ET比较并构建代价函数，通过调整模型输入参数，使构建的代价函数达到可接受的精度，就完成了模型同化过程。其中的土壤水分结果就是作物生长模型获取的土壤水分监测结果，再通过农业干旱遥感监测模型构建与等级划分，进行农业干旱遥感监测。

作物生长模型具有明确的农作物生长机理过程原理，当输入参数精度较高时，可以获取较高的土壤水分监测精度。对于大尺度区域，由于无法获取精确的各项参数，使用遥感数据进行同化等方式获取大尺度区域的土壤水分含量成为主要方式，然而其运行速度较慢，且一般同化参数较少，难以做到精确模拟，导致精度受限。

6. 基于微波遥感法的农业干旱遥感监测指标

土壤的介电特性与土壤水分含量有着密切关系，水的介电常数大约为80，干土一般为2~3，它们之间的巨大反差，使得土壤的介电常数随土壤湿度的增加而增大，成为基于微波遥感监测土壤水分的重要切入点。

土壤含水量越高，介电常数也越高，雷达信号穿透深度便越小，后向散射与回波强度越强。根据该原理可建立后向散射系数和土壤水分含量的关系，来反演地表土壤水分，进行农业干旱遥感监测。

6.1.3 研究展望

农业干旱遥感监测经过几十年的研究已经取得了巨大的进步，并进入了实用化和业务化阶段。目前需要解决的问题和发展趋势主要体现在以下几个方面。

(1) 遥感技术与其他专业模型的耦合研究。农业干旱是大气、土壤、植被、水文之间相互作用发展的连续变化动态过程，单纯依靠遥感数据，难以全面系统地监测干旱的动态过程及影响。基于农业干旱遥感监测指标的农业干旱监测机理性不足，限制了农作物干旱遥感监测的深入应用。因此，将农作物生长模型、水文生态模型等专业模型与遥感数据进行耦合或同化，可以弥补遥感观测时空分辨率的缺陷，提高农业干旱遥感监测的精度。例如，采用遥感数据，基于农作物生长机理模型，准确反演叶面积指数等农作物参数，通过作物模型同化方法可以间接获取不同层次土壤水分含量，能够对农作物干旱指标进行定量化阐述，系统监测干旱的动态过程及影响。

(2) 农业干旱遥感监测模型实用性研究。农业干旱遥感监测模型一般都具有地域性和时域性，不同的模型适用范围不同，很难用一种模型对全国范围旱情进行监测。植被指数都适用于监测年际间大尺度和区域级的相对干旱程度，而且需要多年累积的数据，实时性不能保证。植被供水指数综合考虑了地表温度和植被指数，是一种近实时的干旱监测模型，但是对选择研究区域的要求较高。因此，需要针对各地农业干旱特点，提出适合不同地区、不同时段的农业干旱遥感监测指标体系及监测模型，是农业干旱遥感监测的趋势之一。

(3) 基于日光诱导叶绿素荧光（solar-induced chlorophyll fluorescence，SIF）的农业干旱遥感监测。当农作物发生水分、温度等胁迫时，光合速率下降，进而导致作物冠层结构发生变化，叶绿素含量下降，NDVI才会降低。因此，NDVI只能反映作物生物量或绿度变化的后期响应，而不能捕捉环境胁迫导致的光合作用的变化，只与潜在光合作用有关，而与实际过程无关。SIF可直接量化植被的实际光合作用，当作物处于亚健康状态，而叶绿素含量或叶面积指数还没有发生有效变化时，SIF可以为作物早期胁迫监测提供一个更加精确可靠的手段(Liu et al.，2018；Chen et al.，2019)。因此，研究构建基于SIF的干旱指数，以期提高大面积作物干旱遥感及时监测的能力是农业干旱遥感监测的研究趋势。

6.2 农作物病害遥感监测

6.2.1 概　　述

农作物病害是威胁粮食安全的主要灾害。农作物病害种类繁多，例如小麦条锈病、小麦白粉病、玉米大斑病、棉花黄萎病、水稻稻瘟病等，具有大规模爆发性成灾特点，对农业生产常造成重大损失。因此，如何有效提高农作物病害监测和防控能力，是农业生产需要解决的问题。

在农作物病害诊断和监测方面，传统的监测方法主要由有经验的生产者或植保专家，在作物不同生育期到田间观察作物颜色、叶片萎蔫或卷曲程度、单位面积上叶片或冠层受病害侵染比例等植株的形态、生理变化，通过计算病叶率、病叶平均严重度、病情指数、病田率等，判定作物受病害胁迫的程度和发生程度等级。这种依靠人力在田间观察获取病害灾情的方法，难以在大范围内展开。

由于农作物发病后导致的病斑、叶组分、结构变化能够引起可见光至短波红外谱段的光谱响应，通过分析发病和健康农作物光谱特征差异，可以判读作物是否受到病害侵染、侵染的程度以及侵染的阶段，使农作物病害的遥感监测成为可能。采用遥感技术进行农作物病害的识别、严重度监测、预测等得到了实际应用。

1. 农作物病害发生程度分级指标

常规作物病害地面调查需要统计病叶率和严重度，计算病情指数，然后根据普查田块的加权平均病情指数为主要指标，以地区内的病田率为参考指数确定作物病害发生程度，划分等级。地面调查的农作物病害发生程度数据，可作为农作物病害遥感监测模型的训练样本和验证样本。常见的农作物病害的病情指数调查和严重度分级标准如下。

1)小麦条锈病

小麦条锈病由小麦条锈病菌(*Puccinia striiformis* West. f. sp. *tritici* Eriks. et Henn.)所引起的以叶部产生铁锈状病斑症状的小麦病害(GB/T 15795—2011)。小麦条锈病主要危害小麦叶片，也可危害叶鞘、茎秆和穗部。小麦受害后，叶片表面长出褪绿斑，以后产生黄色粉疱，即病菌夏孢子堆，后期长出黑色疱斑，即病菌冬孢子堆。夏孢子堆鲜黄色，窄长形至长椭圆形，成株期排列成条状与叶脉平行，幼苗期不成行排列，形成以侵染点为中心的多重轮状。冬孢子堆狭长形，埋于表皮下，成条状。

对调查区的病情调查主要采用五点调查法，即每块调查区选取对称的五点，每点选取20株小麦，分别调查其发病情况，计算病叶率(F)、病叶平均严重度(D)、病情指数(I)和病田率(X)。

病叶率(F)：发病叶片数占调查叶片总数的百分率，用以表示发病的普遍程度。

病情严重度：病叶上病斑面积占叶片总面积的百分率，用分级法表示，设8级，分别用1%、5%、10%、20%、40%、60%、80%、100%表示。对于群体叶片，计算病叶平均严重度(D)，计算公式如下：

$$D = \frac{\sum(d_i \times l_i)}{L} \times 100\% \qquad (6.12)$$

式中，D为病叶平均严重度(%)；d_i为各严重度值；l_i为各严重度值对应的病叶数(片)；L为调查总叶数(片)。

病情指数(I)：病害发生的普遍性和严重程度的综合指标，用以表示病害发生的平均水平，计算公式如下：

$$I = F \times D \times 100 \qquad (6.13)$$

式中，I为病情指数(%)；F为病叶率(%)；D为病叶平均严重度。

病田率(X)：调查发现条锈病的田块数占全部调查田块数的百分率。

小麦条锈病发生程度地面调查划分为5级，即轻发生(1级)、偏轻发生(2级)、中等发生(3级)、偏重发生(4级)、大发生(5级)。

表6.3 小麦条锈病发生程度分级指标

发生程度指标	1级	2级	3级	4级	5级
病情指数I	$0.001 < I \leqslant 5$	$5 < I \leqslant 10$	$10 < I \leqslant 20$	$20 < I \leqslant 30$	$I > 30$
病田率X/%	$1 < X \leqslant 5$	$5 < X \leqslant 10$	$10 < X \leqslant 20$	$20 < X \leqslant 30$	$X > 30$

2) 小麦白粉病

小麦白粉病由小麦白粉病菌[*Blumeria graminis* (DC.) Speer，异名 *Erisiphe graminis* DC.]所引起小麦叶片上白粉状病害(NY/T 613—2002)。小麦白粉病主要危害小麦叶片，也可危害茎秆和穗部。小麦受害后，在叶片上形成椭圆形棉絮状霉斑，上有一层粉状霉，霉斑最初白色，后逐渐变灰至灰白色，上面散生黑色小点。霉斑可以连片形成大霉斑，病叶往往早枯。

小麦白粉病的病情严重度用分级法表示，设8级，分别用1%、5%、10%、20%、40%、60%、80%、100%表示。小麦白粉病的发生程度以当地发病盛期的平均病情指数来确定，划分为5级，即轻发生(1级)、偏轻发生(2级)、中等发生(3级)、偏重发生(4级)、大发生(5级)。

表6.4　小麦白粉病发生程度分级指标

发生程度指标	1级	2级	3级	4级	5级
病情指数 I	$I \leqslant 10$	$10 < I \leqslant 20$	$20 < I \leqslant 30$	$30 < I \leqslant 40$	$I > 40$

3）玉米大斑病

玉米大斑病是由大斑病凸脐蠕孢引起的、发生在玉米的病害。主要危害叶片，严重时也危害叶鞘和苞叶，一般先从底部叶片开始发生逐步向上扩展，严重时能遍及全株，但也有从中上部叶片发病的情况（NY/T 3546—2020）。

对调查区的病情调查选择代表性地块10块，每块田随机5点取样，每点10株玉米，分别调查其发病情况，计算病株率、病情严重度和病情指数。其中，病情严重度分为6级，分级标准如表6.5所示。

表6.5　单株玉米大斑病病情严重度分级

病情严重度/级	描　述
0	全株叶片无病斑
1	叶片上或无病斑或仅在穗位下部叶片上有少量病斑，病斑占总叶面积少于5%
3	穗位下部叶片上有少量病斑，占总叶面积6%～10%，穗位上部叶片有零星病斑
5	穗位下部叶片上病斑较多，占总叶面积11%～30%，穗位上部叶片有较多病斑
7	穗位上部叶片有大量病斑，病斑相连，占总叶面积31%～70%，下部病叶枯死
9	全株叶片基本为病斑覆盖，叶片枯死

玉米大斑病的病情指数（I）的计算公式如下：

$$I = \frac{\sum(d_i \times l_i)}{L \times 9} \times 100\% \tag{6.14}$$

式中，I 为病情指数（%）；d_i 为各级严重度分级值；l_i 为各级严重度值对应的植株数（株）；L 为调查总株数（株）。

玉米大斑病发生程度分为5级，即轻发生（1级）、偏轻度发生（2级）、中等发生（3级）、偏重度发生（4级）、大发生（5级），以当地普查的平均病情指数为分级指标，具体指标见表6.6。

表6.6　玉米大斑病发生程度分级指标

程度	1级	2级	3级	4级	5级
病情指数 I	$1 \leqslant I < 10$	$10 \leqslant I < 20$	$20 \leqslant I < 40$	$40 \leqslant I < 60$	$I \geqslant 60$

4）棉花黄萎病

黄萎病的致病菌在分类学上属于半知菌亚门，淡色孢科，轮枝菌属，其中能引起棉花黄萎病的主要有两个种，即大丽轮枝菌（*Verticillium dahliae* Kleb.）和黑白轮枝菌（*Verticillium albo-atrum* Reinke & Berth）（NY/T 3700—2020）。棉花黄萎病是通过根部侵染的土传真菌维管束病害，侵染后会引起棉花叶片失绿变黄，萎蔫脱落，严重时造成植株死亡，严重威胁棉花产量及纤维品质。

对调查区的病情调查选择代表性地块10块，每块田随机2点取样，每点10株。调查每株病情严重度，计算病株率和病情指数。其中，病情严重度按叶片和茎秆木质部发病轻重及症状分为4级，见表6.7。

表6.7 棉花黄萎病病情严重度分级方法

级别	叶片症状（发病叶片比例，X）	茎秆木质部症状（变色面积占剖面比例，Y）
0	健株，无症状，$X=0$	木质部洁白无病变，$Y=0$
1	棉株叶片表现典型病状，主脉间产生淡黄色或黄色不规则病斑，$0<X \leqslant 1/4$	木质部有少数变色，$0<Y \leqslant 1/4$
2	棉株叶片表现典型病状，叶片病斑颜色大部变成黄色或黄褐色，叶片边缘略有卷枯，$1/4<X \leqslant 1/2$	木质部有较多变色，$1/4<Y \leqslant 1/2$
3	棉株叶片表现典型病状，叶片病斑颜色大部变成黄色或黄褐色，叶片边缘略有卷枯，$1/2<X \leqslant 3/4$	木质部多数变色，$1/2<Y \leqslant 3/4$
4	棉株发病叶片，叶片大量脱落，致植株成光杆至死亡，$X>3/4$	木质部有绝大多数变色，$Y>3/4$

棉花黄萎病的病情指数（I）的计算公式如下：

$$I = \frac{\sum(d_i \times l_i)}{L \times 4} \times 100 \tag{6.15}$$

式中，I为病情指数（%）；d_i为各级严重度分级值；l_i为各级严重度值对应的植株数（株）；L为调查总株数（株）。

棉花黄萎病发生程度分为5级，即轻发生（1级）、偏轻发生（2级）、中等发生（3级）、偏重度发生（4级）、大发生（5级），以当地病情高峰期普查的平均病情指数为分级指标，平均病株率或发生面积比率为参考指标。具体指标见表6.8。

表6.8 棉花黄萎病发生程度分级指标

程度	1级	2级	3级	4级	5级
病情指数I	$0.01 \leqslant I<1.0$	$1.0 \leqslant I<5.0$	$5.0 \leqslant I<10.0$	$10.0 \leqslant I<30.0$	$I \geqslant 30.0$
病株率$W/\%$	$0.1 \leqslant W<3.0$	$3.0 \leqslant W<15.0$	$15.0 \leqslant W<30.0$	$30.0 \leqslant W<50.0$	$W \geqslant 50.0$
发生面积比率$Z/\%$	$Z \leqslant 3$	$Z>3$	$Z>5$	$Z>10$	$Z>20$

2. 作物病害遥感监测机理

作物受病害胁迫时会表现出不同形式的光谱响应，了解侵染病害状况下作物光谱整体的变化规律，有助于从机理上掌握光谱与作物病害的联系，找出关键的光谱特征，进而为病害的遥感监测提供依据。

作物病害发生时，主要表现为外部形态和内部生理状态的变化。外部形态变化的典型症状包括叶片变色、坏死、萎蔫、腐烂等，内部生理变化主要表现为叶绿素组织受损、水分和养分吸收减少、运输和转化功能下降,从而导致呼吸和光合作用降低。例如,图6.3显示小麦条锈病的发病状态。比较健康小麦和发病小麦的光谱特征可以看出,在近红外、红边和绿边区域由病害引起的反射变化(图6.4),病害作物显示出绿边的红移和红边的蓝移,近红外反射明显低于健康作物。通过分析病害作物光谱特征,可以为建立病害作物光谱识别与病害严重度遥感估测模型,进行病害作物大面积的遥感监测提供理论依据及参考。

图6.3 小麦条锈病示意图

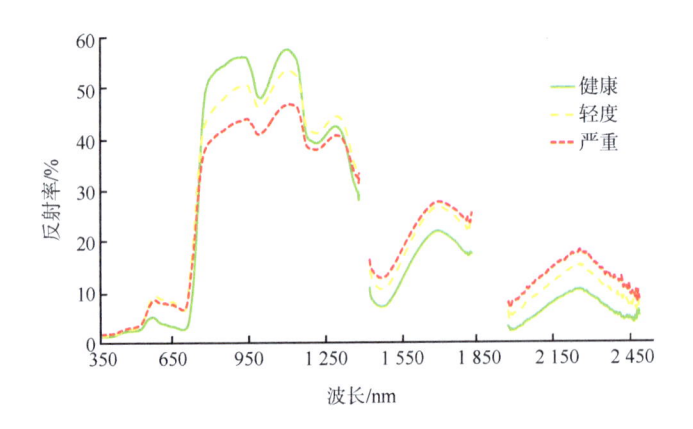

图6.4 小麦条锈病典型光谱曲线(王利民等,2019)

3. 农作物病害遥感监测技术流程

农作物病害遥感监测技术流程主要包括:①利用非成像光谱仪以及各类机载、星载高光谱/多光谱传感器,结合地面病害调查,确定监测区域农作物健康样本和染病样本,分析叶片、冠层和区域等不同尺度的健康作物和染病作物光谱特征;②计算农作物病害遥感指数;③构建遥感指数与病情指数的农作物病害等级模型,划分农作物病害等级,根据处理结果完成小麦条锈病病害等级分布图等遥感监测专题产品。农作物病害遥感监测处理流程见图6.5。

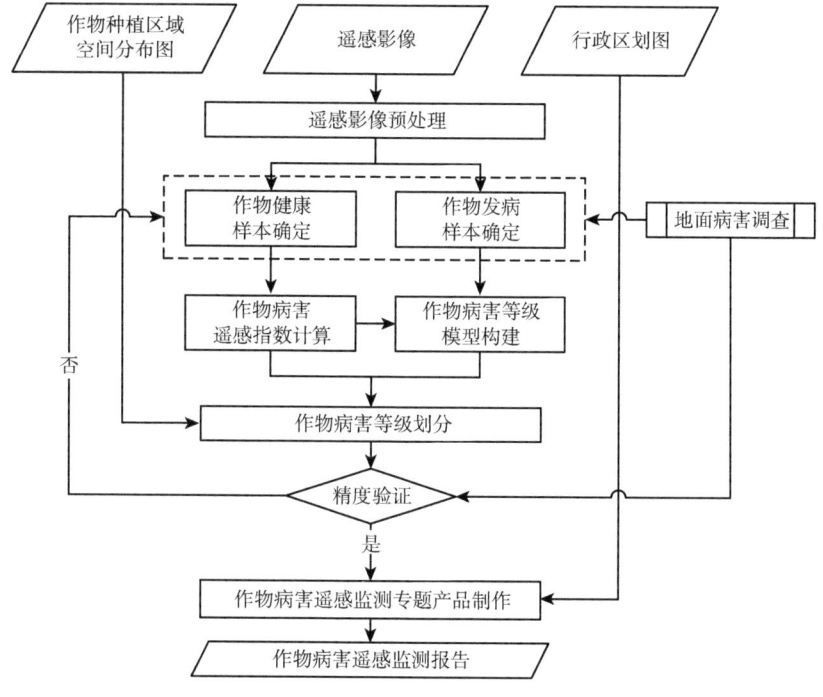

图6.5 农作物病害遥感监测处理流程

6.2.2 农作物病害遥感监测技术方法

农作物病害遥感监测技术的核心，是筛选不同的病害敏感光谱谱段，构建农作物病害遥感指数和病害等级模型，进行农作物病害遥感监测。

1. 农作物病害敏感光谱谱段

由于染病农作物叶片光谱和冠层光谱是植株的生理生化和形态结构的整体响应，具有高度复杂性，因此，不同的植株病害、不同的病害类型以及不同的病害发展阶段都可能具有不同的光谱特征变化，作物光谱敏感波段的位置会有所差异，而这些差异是识别病害类型的基本依据。选择合适的、响应特征明显的波段是利用遥感技术进行病害监测的重要过程，对病害的识别和区分起着决定性作用。

农作物病害敏感光谱谱段的确定，一般是对光谱反射率或反射率变换数据与病情指数进行相关性分析、方差分析、敏感性分析、主成分分析、独立样本T检验等，来确定敏感波段。综合当前已有成果，表6.9列举了几种农作物病害的光谱响应特征位置。

表6.9 部分农作物病害光谱响应波段

作物类型	病害	光谱响应波段/nm	参考文献
小麦	条锈病	630～987、740～890、976～1 350	黄木易等，2003
		560～670	刘良云等，2004
	白粉病	490、510、516、540、780、1 300	Graeff et al.，2006
		反射率：520～720，一阶微分：510～530、690～740	张竞成，2012
	赤霉病	417、539、668	Zhang et al.，2019
		430～525、560～710、1 115～2 500	Alisaac et al.，2018

续表

作物类型	病害	光谱响应波段/nm	参考文献
水稻	稻瘟病	560~631、682~689	刘潭等，2023
		460、517、564、627、654、673、693、720、845、974	杨燕，2012
棉花	黄萎病	434~724、909~1 600	陈兵等，2007
		408~727、903~1 600	竞霞等，2009

2. 农作物病害遥感指数

在农作物病害遥感监测的研究与实践中，除了采用原始光谱反射率及其数学变换直接进行病害遥感监测外，多数研究者从光谱数据选取的某些特征波段，经过加、减、乘、除等线性或非线性组合方式，构建各种类型的植被指数，与病情指数建立关系模型，进行农作物病害遥感监测。NDVI、比值植被指数（SR）、土壤调节植被指数（SAVI）、增强型植被指数（EVI）、大气阻抗植被指数（ARVT）等是农作物病害遥感监测常用的指数外，表6.10列举了一些当前被用于农作物病害遥感监测的病害遥感指数及其对应的表达式。

表6.10 农作物病害遥感指数

作物	病害遥感指数	名称	计算公式	参考文献
水稻	比值稻瘟病指数（RBI）	ratio blast index	R_{1148}/R_{1301}	Nandita et al.，2023
水稻	归一化差值稻瘟病指数（NDBI）	normalized difference blast index	$(R_{1148}-R_{1301})/(R_{1148}+R_{1301})$	Nandita et al.，2023
水稻	稻叶瘟敏感植被指数（RIBIs）	rIce blast indices	$(R_{753}-R_{1102})/(R_{665}+R_{1102})$	Tian et al.，2023
小麦	条锈病水波段指数（WBI）	water band index	R_{970}/R_{900}	Wang et al.，2007
小麦	条锈病三角植被指数（TVI）	triangular vegetation index	$0.5\times[120\times(R_{750}-R_{550})-200\times(R_{670}-R_{550})]$	Zhao et al.，2004
小麦	条锈病转换叶绿素吸收指数（TCARI）	the transformed chlorophyll absorption and reflectance index	$0.5\times[(R_{700}-R_{670})-0.2\times(R_{700}-R_{550})\times R_{700}/R_{670}]$	Huang et al.，2005
小麦	条锈病植被衰老指数（PSRI）	plant senescence reflectance index	$(R_{678}-R_{500})/R_{750}$	Devadas et al.，2009
小麦	条锈病遥感指数（WSRI）	wheat stripe rust index	$a\times\dfrac{G_d-G_n}{G_n}+b\times\dfrac{NIR_n-NIR_d}{NIR_n}$ NIR_d：发病小麦的近红外波段反射率； NIR_n：健康小麦的近红外波段反射率； G_d：发病小麦的绿光波段反射率； G_n：健康小麦的绿光波段反射率； a、b：为系数，其中$a=0.7$，$b=0.3$。 注：针对不同地区、不同小麦品种，可以依据地面光谱观测实验或专家知识微调a、b系数	NY/T 2738.1—2015

续表

作物	病害遥感指数	名称	计算公式	参考文献
小麦	白粉病遥感指数 (WPMI)	wheat powdery mildew index	$a \times \dfrac{R_d - R_n}{R_n} + b \times \dfrac{\text{NIR}_n - \text{NIR}_d}{\text{NIR}_n}$ NIR_d：发病小麦的近红外波段反射率； NIR_n：健康小麦的近红外波段反射率； R_d：发病小麦的红光波段反射率； R_n：健康小麦的红光波段反射率； a、b：为系数，其中$a=0.6$，$b=0.4$。 注：针对不同地区、不同小麦品种，可以依据地面光谱观测实验或专家知识微调a、b系数	NY/T 2738.2—2015
玉米	大斑病和小斑病遥感指数 (CLBI)	corn leaf blight index	$a \times \dfrac{B_n - B_d}{B_n} + b \times \dfrac{R_n - R_d}{R_n}$ B_d：发病玉米的蓝波段反射率； B_n：健康玉米的蓝波段反射率； R_d：发病玉米的红光波段反射率； R_n：健康玉米的红光波段反射率； a、b：为系数，其中$a=1.0$，$b=1.0$。 注：针对不同地区、不同玉米品种，可以依据地面光谱观测实验或专家知识微调a、b系数	NY/T 2738.3—2015

3. 农作物病害遥感等级模型

农作物病害遥感等级模型是基于地面病害调查结果，提取监测区域样点的农作物病害遥感指数，建立地面农作物发病程度等级与病害遥感指数之间的关系函数，计算得出监测区域农作物病害发病程度分级所对应的病害遥感指数范围，然后划分农作物病害等级，并计算获得农作物病害等级分布图。农作物病害遥感等级模型是有效提升作物病害遥感监测精度的重要技术手段，主要包括统计模型、机器学习和深度学习等（表6.11）。

表6.11 农作物病害遥感监测模型方法

模型类型	作物类型	病害	模型	监测精度	参考文献
统计模型	小麦	赤霉病	Fisher线性判别分析	OA=88.6%	Huang et al., 2019
	小麦	条锈病	多元线性回归	$R^2=0.85$	罗菊花等, 2010
	小麦	白粉病	偏最小二乘回归、多元线性回归	$R^2=0.77$	Zhang et al., 2012
机器学习模型	小麦	黄锈病	支持向量机、人工神经网络	OA=84.2%	Zheng et al., 2021
	水稻	叶斑病、稻瘟病、稻枯病	支持向量机、逻辑回归、卷积神经网络	$R^2=0.99$	Feng et al., 2020

续表

模型类型	作物类型	病害	模型	监测精度	参考文献
深度学习	玉米	大斑病	CNN	准确率=96%	Stewart et al., 2019
	马铃薯	晚疫病	ResNet	准确率=95.8%	Shi et al., 2022
	小麦	白粉病、条锈病	CNN 和 ResNet	OA=98.8%	Xu et al., 2023

注：OA 表示总体精度，R^2 表示相关系数。

6.2.3 研究展望

农作物病害遥感监测在以下几方面需要进一步研究。

(1) 农作物病害早期遥感监测。农作物病害遥感监测通常是在病害症状出现较严重后进行，无法满足病害防治的需要。目前研究者探索采用荧光和热红外遥感进行农作物病害的早期监测，因此可以探索融合多源数据如荧光、热红外遥感结合激光雷达、多光谱、高光谱等数据，开展农作物病害的早期遥感监测。

(2) 多种病害并存的遥感识别与区分。农作物病害遥感监测的方法和模型研究，都是针对一些特定类型的病害。但是，在实际农田环境中，一些不同类型病害混合出现的情况时有发生，如小麦条锈病和白粉病同时发生，不同病害在防治、打药等管理上需要采取差异化的措施。同时，作物受到如水分胁迫、营养缺少等因素影响下，其光谱特征与病害光谱特征相似。因此，如何基于多源多尺度遥感数据发现农作物不同病害的遥感识别和区分方法，是一个亟待解决的问题。

6.3 农作物低温冷害遥感监测

6.3.1 概述

农作物低温冷害，是指在农作物生长季节，生育期的重要阶段气温比要求的偏低（但仍在 0 ℃以上），引起农作物发育期延迟，或使生殖器官的生理机能受到损害，造成农业减产的低温灾害（NY/T 2739.1—2015）。农作物低温冷害分为延迟型冷害、障碍型冷害和混合型冷害，其中延迟型冷害是指作物生长发育期间遇较长时间 0 ℃以上相对低温天气，削弱植株的光合作用，减少养分的吸收，影响光合产物合成和矿质养分的运转，使作物生育期明显延迟，不能正常成熟而减产的一种冷害类型；障碍型冷害是指农作物在生殖生长期内遭受短时间（一般 7 天以内）异常的低温，使生殖器官的生理活动受到破坏，造成颖花不育、籽粒空秕而减产。由于冷害一般发生在作物生育的温暖季节，因此并不像霜冻等其他农业灾害那样，作物出现枯萎、死亡等明显症状，而且冷害低温持续的时间较霜冻害长。在我国农业生产中，东北和西北地区水稻、春玉米主要受延迟型冷害和障碍型冷害的影响，南方双季稻冷害主要是遭受障碍型冷害影响，新疆棉花主要遭受冷害和霜冻害的影响。

传统的农作物低温冷害监测以气象站点的数据为依据，采用气候意义的低温冷害指标如作物生长季温度距平指标、生长季积温指标、生长发育关键期冷积温指标、作物发育期的距平指标、热量指数指标等对冷害的发生及程度做出判断(QX/T 101—2009；QX/T 167—2012；QX/T 182—2013；GB/T 27959—2011)；或者根据冷害发生后的田间调查，依据叶片干枯程度、死茎率、籽粒饱满度等形态指标进行作物冷害分级评价(NY/T 2285—2012)。气象观测站点数量有限，田间调查需要投入大量的人力和物力，不易全面掌握农作物低温冷害致灾空间分布情况，存在代表性、时效性和主观意识强等弊端，容易对非监测区域发生遗漏，造成统计数据的不准确。

遥感数据因多空间分辨率、多时相、多光谱、时效性等特征，已应用于农作物低温冷害监测中。目前采用遥感技术监测农作物低温冷害多采用热红外或微波遥感数据反演的最低温度、最高温度、陆地表面温度，直接或联合地理变量(经纬度、海拔、太阳辐射)和地面站点气温数据，采用统计回归模型方法推算气温数据，依据低温冷害气象指标评价等级，得到研究区域作物低温冷害等级空间分布图(张丽文等，2015；程勇翔，2013)。这是由于冷害通常是高于0℃而低于作物最适生长温度的低温灾害，冷害对植被内在生理特性的影响难以在光谱信息上有所反应，冷害前后作物也不会出现明显生物量降低的外在表现，需要通过气候意义的温度变化指标监测农作物的冷害程度。

1. 农作物低温冷害等级气象指标

目前直接基于遥感的农作物低温冷害评价指标还缺乏，农作物低温冷害遥感监测仍采用气象指标进行估算。

1) 水稻延迟型冷害等级气象指标(QX/T 182—2013)

(1) 总积温距平指标。水稻播种至成熟期间稳定通过10℃的活动积温比历年平均值少。70~100℃·d为轻度冷害年，100~120℃·d为中度冷害年，>120℃·d为严重冷害年。

(2) 5~9月平均气温之和的距平指标(表6.12)。

表6.12 我国北方不同热量区域的水稻延迟型冷害气象指标 (单位：℃)

$\bar{T}_{5\sim 9}$	≤83	83.1~88	88.1~93	93.1~98	98.1~103	>103	减产率
轻度冷害指标 $\Delta T_{5\text{-}9}$	−1.0~−1.5	−1.1~−1.8	−1.3~−2.0	−1.7~−2.5	−2.4~−3.0	−2.8~−3.5	单产比常年单产降低5%~10%
中度冷害指标 $\Delta T_{5\text{-}9}$	−1.5~−2.0	−1.8~−2.2	−2.0~−2.6	−2.5~−3.2	−3.0~−3.8	−3.5~−4.2	单产比常年单产降低10.1%~15%
严重冷害指标 $\Delta T_{5\text{-}9}$	<−2.0	<−2.2	<−2.6	<−3.2	<−3.8	<−4.2	单产比常年单产降低15.1%以上

注：$\bar{T}_{5\text{-}9}$为5~9月月平均气温之和的多年平均值，代表相应热量条件的区域；$\Delta T_{5\text{-}9}$为当年5~9月月平均气温之和与多年平均值的距平值。

(3) 不同生育时期指标(表6.13)。

表6.13 我国北方水稻不同品种区、各主要生长阶段不同风险度下的延迟型冷害指标

指标类型	生长发育期	轻、中度冷害 中晚和晚熟	中熟	早熟品种	发生概率/%	严重冷害 中晚和晚熟	中熟	早熟品种	发生概率/%
积温差值指标($\Delta\Sigma T_{10}$)/(℃·d)	移栽-分蘖	−48～−60	−43～−55	−40～−50	55	<−60	<−55	<−50	52
	移栽-抽穗	−60～−75	−55～−70	−50～−60	85	<−75	<−70	<−60	85
	移栽-成熟	−70～−85	−65～−80	−60～−70	97	<−85	<−80	<−70	97

注：水稻生长发育期均为普遍出现日期。$\Delta\Sigma T_{10}$为某个生育时期≥10℃的日平均气温之和与多年平均值的距平值。

2) 春玉米延迟型冷害等级气象指标(QX/T 167—2012)

(1) 5～9月平均气温之和的距平指标(表6.14)。春玉米生长季结束后，利用当年的5～9月的月平均气温之和的距平 ΔT_{5-9} 来判别冷害轻度。

表6.14 北方春玉米冷害强度指标

冷害强度	5～9月逐月平均气温之和的多年平均值 T_{5-9}/℃						单产减产率参考值/%
	T_{5-9}≤80	80<T_{5-9}≤85	85<T_{5-9}≤90	90<T_{5-9}≤95	95<T_{5-9}≤100	100<T_{5-9}≤105	
轻度冷害	−1.4<ΔT_{5-9}≤−1.1	−1.9<ΔT_{5-9}≤−1.4	−2.4<ΔT_{5-9}≤−1.7	−2.9<ΔT_{5-9}≤−2.0	−3.1<ΔT_{5-9}≤−2.2	−3.3<ΔT_{5-9}≤−2.3	5≤ΔY<10
中度冷害	−1.7<ΔT_{5-9}≤−1.4	−2.4<ΔT_{5-9}≤−1.9	−3.1<ΔT_{5-9}≤−2.4	−3.7<ΔT_{5-9}≤−2.9	−4.1<ΔT_{5-9}≤−3.1	−4.4<ΔT_{5-9}≤−3.3	10≤ΔY<15
重度冷害	ΔT_{5-9}≤−1.7	ΔT_{5-9}≤−2.4	ΔT_{5-9}≤−3.1	ΔT_{5-9}≤−3.7	ΔT_{5-9}≤−4.1	ΔT_{5-9}≤−4.4	ΔY≥15

(2) 不同生育时期指标(表6.15)。在春玉米七叶期、抽雄期和乳熟期，利用出苗至当前发育期的≥10℃积温距平(H_{10})，评估春玉米生长发育受到冷害影响的可能性。

表6.15 北方春玉米生长季内冷害动态评估指标

发育期	积温距平H_{10}/(℃·d) 早熟品种	中熟品种	晚熟品种	冷害发生的可能性/%
出苗-七叶	H_{10}<−30	H_{10}<−35	H_{10}<−40	55
出苗-抽雄	H_{10}<−40	H_{10}<−45	H_{10}<−50	70
出苗-乳熟	H_{10}<−45	H_{10}<−50	H_{10}<−55	78

3) 障碍型冷害等级气象指标（QX/T 182—2013）

表6.16 北方水稻障碍型冷害和南方寒露风致灾指标

冷害种类	期间	致灾因子	致灾指标 轻度	致灾指标 中度	致灾指标 重度	适用地区
孕穗期	抽穗前20天至抽穗	日平均气温低于17 ℃持续天数	2天	3天，或连续2天低于16 ℃	4天以上，或连续3天以上低于16 ℃	东北地区粳稻
开花期	抽穗至开花结束期间的10天左右	日平均气温低于19 ℃持续天数	3天	4天，或连续3天以上低于18 ℃	5天以上，或连续4天以上低于18 ℃；或连续3天以上低于17 ℃	东北、西北地区粳稻
寒露风	双季晚稻抽穗至开花结束期间的10天左右	日平均气温低于20 ℃持续天数	3天，或连续2天低于18 ℃	4天，或连续3天以上低于18 ℃	5天以上，或连续4天以上低于18 ℃	南方地区粳稻
寒露风	双季晚稻抽穗至开花结束期间的10天左右	日平均气温低于22 ℃持续天数	3天，或连续2天低于20 ℃	4天以上，或连续3天以上低于20 ℃	5天以上，或连续4天以上低于20 ℃	南方地区籼稻

注：表中温度指标适宜中、中晚熟品种区，对于早熟品种区，低温指标应再低0.5℃左右；对于晚熟品种区，低温指标应再高0.5℃左右。

2. 农作物低温冷害遥感监测技术流程

农作物低温冷害遥感监测技术流程主要包括：基于气象台站日平均气温数据和遥感陆地表面温度（LST）日值数据进行日平均气温遥感估算；然后基于农作物冷害等级气象指标、农作物种植面积空间分布图、农作物生育期空间分布图进行农作物低温冷害指标计算，确定农作物低温冷害等级；编制农作物低温冷害遥感监测报告。农作物低温冷害遥感监测处理流程见图6.6。

（1）数据源。由于农作物低温冷害遥感监测等级指标是以冷害气象等级指标为主要依据，因此需要基于遥感影像获得日平均气温空间数据，再计算监测当年、近5年农作物全生育期≥10 ℃日平均气温距平、5~9月月平均气温之和距平，或者不同生育期时期≥10 ℃日平均气温距平，确定农作物低温冷害遥感监测等级。目前，遥感影像日平均气温数据多采用陆地表面温度（LST）遥感数据进行估算。LST数据有日值数据和8天合成数据，为了保证农作物低温冷害遥感监测精度，需要选择LST日值数据，例如MODIS影像的MOD11A1数据、MYD11A1数据，我国风云系列气象卫星LST日值数据等。

需要的气象站点观测数据包括站点的经纬度坐标、海拔高度、逐日的平均气温、最高气温、最低气温、地表温度、日照，用于日平均气温遥感估算建模及精度验证。其他数据包括监测区域农作物空间分布图或耕地分布图、农作物全生育期和不同生育时期空间分布图，监测区域相关的地形图、DEM数据、行政区划数据，监测区域历年农作物低温冷害灾情资料、农业统计资料、社会经济资料等。

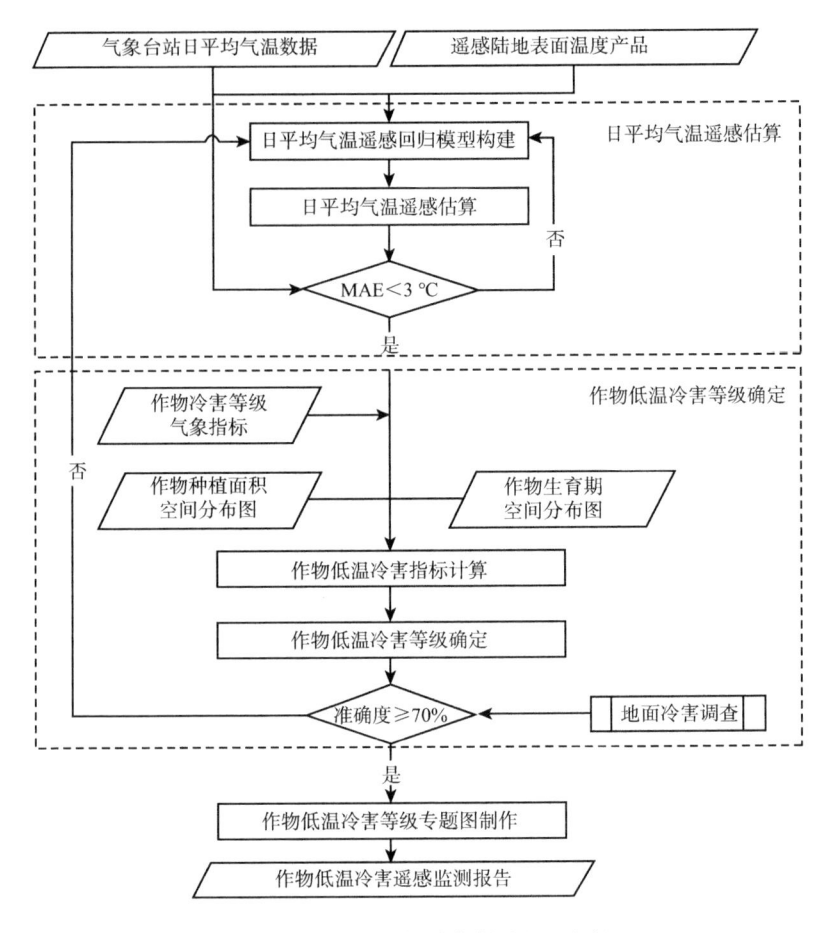

图6.6 农作物冷害遥感监测处理流程

(2) 日平均气温遥感估算。日平均气温遥感估算的一般方法是，首先对LST数据进行预处理，选择有效LST数据，去除质量差的数据；然后建立气象站点日平均气温与LST回归模型，估算日平均气温数据；对数据进行平均绝对误差（MAE）质量控制后，再通过时间融合、空间插值的方法，获得像元缺失的日平均气温数据；最终得到监测区域日平均气温空间分布图。

(3) 农作物低温冷害等级确定。首先利用估算的日平均气温数据对照监测农作物生育期空间分布图进行分割，形成农作物全生育期和不同生育时期的日平均气温数据。然后逐像元计算近5年农作物全生育期≥10 ℃气温的平均值，再与监测当年≥10 ℃平均气温相减，计算距平；或者逐像元计算近5年5～9月的≥10 ℃月平均气温之和的平均值，再与监测当年5～9月≥10 ℃的月平均气温之和相减，计算距平，进行农作物全生育期低温冷害监测。进行农作物不同生育时期低温冷害监测时，逐像元计算近5年农作物不同生育时期≥10 ℃气温的平均值，再与监测当年农作物不同生育时期≥10 ℃气温相减，计算距平。

(4)农作物低温冷害等级确定和成果编写。依据农作物全生育期或不同生育时期低温冷害等级气象指标,计算确定农作物低温冷害等级。将地面冷害调查的样区与对应的遥感监测区域进行比较,计算准确度。精度合格后,制作农作物低温冷害遥感监测分布图,编写成果报告。

6.3.2 农作物低温冷害遥感监测技术方法

农作物低温冷害遥感监测需要获得日平均气温遥感数据,而热红外遥感只能反演晴天条件的陆地表面温度(LST)数据,非晴空像元则缺失。因此需要通过一定的算法将LST数据转换成日平均气温数据,并通过插补算法,获得像元缺失的日平均气温数据,最终得到日平均气温空间分布图,为根据冷害气象指标,判断作物受害等级提供基础数据。

日平均气温遥感估算的一般方法是,首先对LST数据进行预处理,选择有效LST数据,去除质量差的数据;然后建立气象站点日平均气温与LST回归模型,估算日平均气温数据;对数据进行平均绝对误差(MAE)质量控制后,再通过插补算法,获得像元缺失的日平均气温数据;最终得到监测区域日平均气温空间分布图。图6.7为基于MODIS LST数据估算日平均气温的方法流程(NY/T 2739.1—2015)。

1) MODIS 日值遥感数据产品

MOD11A1产品(Terra MODIS星)是日值MOD11_L2产品通过利用重叠区权重组合制图生成的LST三级产品。Aqua MODIS星生产的对应产品,仅以MYD字母开头代替MOD命名,即MYD11A1。

表6.17 MODIS LST日值遥感产品技术指标

产品类型	级别	标称数据阵列	空间分辨率	时间分辨率	地图投影
MOD11A1	L3	1 200行×1 200列	1 km	天	等面积正弦曲线投影
MYD11A1	L3	1 200行×1 200列	1 km	天	等面积正弦曲线投影

MODIS LST日值遥感数据产品的科学数据集包括白天与夜间地表温度(LST_Day_1 km,LST_Night_1 km)、白天与夜间地表温度和发射率的质量控制(QC_Day,QC_Night)、31和32波段发射率(Emis_31,Emis_32)、白天与夜间地表温度观测时间(Day_view_time,Night_view_time)、白天与夜间地表温度观测天顶角(Day_view_angle,Night_view_angle)、白天与夜间有效覆盖度(day clear-sky coverage,night clear-sky coverage)等12层。其中,质量控制数据集(QC)是对产品每个像元LST及发射率反演质量的详细说明。质量控制判断依据见表6.18。

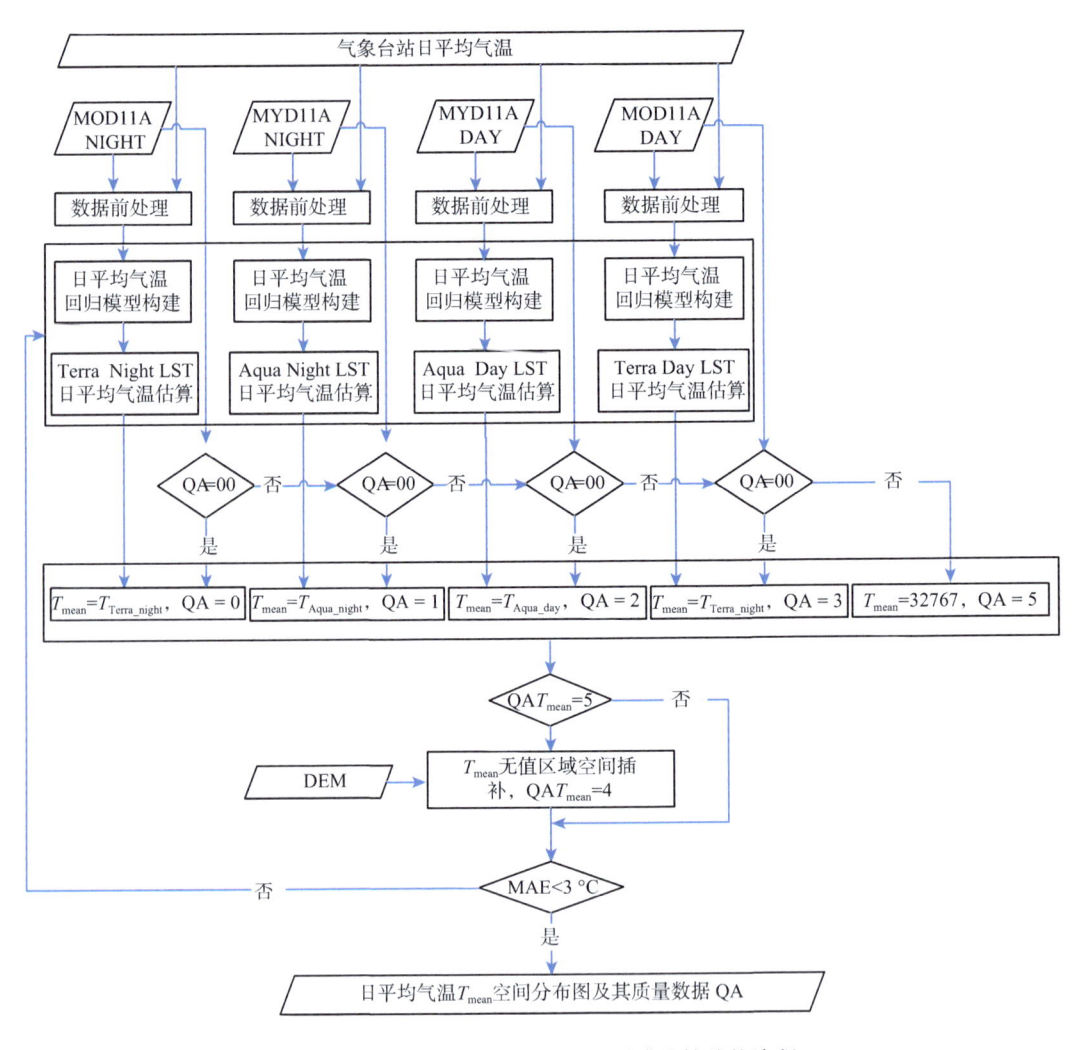

图6.7 MODIS LST日平均气温遥感估算总体流程

表6.18 MODIS LST日值遥感数据产品中质量控制判断

位	属性名称	判断说明
1 & 0	强制性QA标记	00=生成LST、质量好、不需要更详细的质量检查 01=生成LST、其他质量、建议检查更详细的质量；10=受到云影响未生成LST；11=由于云影响以外的原因未生成LST
3 & 2	数据质量标记	00=数据质量良好，01=参考其他质量数据，10=未定，11=未定
5 & 4	发射率误差标记	00=发射率的平均误差≤0.01，01=发射率的平均误差≤0.02，10=发射率的平均误差≤0.04，11=发射率的平均误差>0.04
7 & 8	LST误差标记	00=LST平均反演误差≤1K，01=LST平均反演误差≤2K，10=LST平均反演误差≤3K，11=LST平均反演误差>3K

2) LST遥感数据前处理（以MODIS为例）

首先进行投影变换和数据格式转换。将4种MODIS LST日值遥感数据产品（MO-

D11A DAY、MOD11A NIGHT、MYD11A DAY、MYD11A NIGHT）映射到指定地图投影坐标下，进行投影和格式转换前处理。处理方法是：将覆盖研究区域的 MODIS LST 遥感数据在处理软件支持下进行图像剪切或镶嵌；将 LST 数据的等面积正弦曲线投影（sinusoidal）转换成我国相应比例尺要求的投影；再将 HDF 格式的数据存储成易于多平台处理分析的 TIFF 格式。

然后进行无效数据剔除。为保证 LST 数据质量，需要滤除受云污染和反演精度低（气温反演精度≥1 K）等质量不可靠的 LST 像元，只保留每期 LST 数据中质量标记为"良好"（QA=0）的有效像元值，将质量较差的数据标记为"–100"。

进行温度换算。按照式（6.16）将 LST 数据的原始热力学温度（单位：K）转化为摄氏度（单位：℃）。

$$T(K)=t(℃)+273.15 \tag{6.16}$$

3）基于有效 LST 像元的日平均气温估算（以 MODIS 为例）

选择利用监测年份不同平台和过境时间的 4 种 MODIS LST 日值数据分别估算平均气温，同时结合差补算法，获取空缺的平均气温像元值，形成基于有效 LST 像元的日平均气温数据。

采用统计模型，对除监测年以外的 4 种 MODIS LST 数据，分别建立以气象台站日平均气温为因变量、有效 LST 数据为自变量的回归模型。由于农作物种植区不同季节下垫面发生变化，按照春、夏、秋、冬分别建立日平均气温回归模型（表6.19）。选择决定系数（R^2）最大的模型作为最优估算模型，对平均气温进行统计拟合。利用表中构建的日平均气温回归模型，对 4 种 MODIS LST 数据分别估算日平均气温。

表6.19　基于有效 LST 像元的平均气温遥感估算

卫星	季节	时间	过境时间	计算公式
Terra	春	3月1日~5月31日	6:01~18:00	平均气温与 LST 关系模型1
	夏	6月1日~8月31日	6:01~18:00	平均气温与 LST 关系模型2
	秋	9月1日~11月30日	6:01~18:00	平均气温与 LST 关系模型3
	冬	12月1日~2月28日	6:01~18:00	平均气温与 LST 关系模型4
Terra	春	3月1日~5月31日	18:01~6:00	平均气温与 LST 关系模型5
	夏	6月1日~8月31日	18:01~6:00	平均气温与 LST 关系模型6
	秋	9月1日~11月30日	18:01~6:00	平均气温与 LST 关系模型7
	冬	12月1日~2月28日	18:01~6:00	平均气温与 LST 关系模型8
Aqua	春	3月1日~5月31日	6:01~18:00	平均气温与 LST 关系模型9
	夏	6月1日~8月31日	6:01~18:00	平均气温与 LST 关系模型10
	秋	9月1日~11月30日	6:01~18:00	平均气温与 LST 关系模型11
	冬	12月1日~2月28日	6:01~18:00	平均气温与 LST 关系模型12
Aqua	春	3月1日~5月31日	18:01~6:00	平均气温与 LST 关系模型13
	夏	6月1日~8月31日	18:01~6:00	平均气温与 LST 关系模型14
	秋	9月1日~11月30日	18:01~6:00	平均气温与 LST 关系模型15
	冬	12月1日~2月28日	18:01~6:00	平均气温与 LST 关系模型16

4) 日平均气温插补

采用前面的方法获得的LST日平均气温数据，还包括一些日平均气温空值数据。因此，需要采用差补方法，进行缺失数据的插补，保证日平均气温数据的完整性。

目前已有学者提出了多种云下地表温度插补算法，包括时间域融合插补算法（张丽文，2013）、基于DEM的温度垂直梯度重建法（Neteler，2010）、结合空间化台站气温数据插补法（王春林等，2007）、基于植被指数的空间插值法和地统计插值法等（周义等，2012）。下面介绍时间域融合插补算法、基于DEM的温度垂直梯度重建法。

(1) 时间域融合插补算法（以MODIS为例）。以Terra MODIS卫星夜晚的有效像元日平均气温估算结果为基准，通过LST产品的QA数据获取空值区域，依次从Aqua卫星夜晚、Aqua卫星白天、Terra卫星白天的日平均气温估算结果，获取平均气温值，生成日平均气温遥感产品的质量（QA）数据（张丽文，2013）。计算过程见表6.20。

表6.20 日平均气温缺失数据时间域融合方法

融合顺序	晴空日平均气温遥感数据	过境时间	日平均气温融合值	QA值
1	TTerra_night	18:01～6:00	TTerra_night	0
2	TAqua_night	18:01～6:00	TAqua_night，当TTerra_night为无效值	1
3	TAqua_day	6:01～18:00	TAqua_day，当TTerra_night和TAqua_night都为无效值	2
4	TTerra_day	6:01～18:00	TTerra_day，当TTerra_night、TAqua_night和TAqua_day都为无效值	3
5	插补得到的气温		当TTerra_night、TAqua_night、TAqua_day和TTerra_day都为无效值	4
6	无数据区			5

注：LST_{terra_day}、LST_{terra_night}分别为Terra MODIS白天和夜间过境观测的LST影像；LST_{aqua_day}、LST_{aqua_night}分别为Aqua MODIS白天和夜间过境观测的LST影像。

(2) 基于DEM的温度垂直梯度重建法。经时间融合的日平均气温数据仍会残留缺失的像元，需进一步结合DEM的温度垂直梯度重建法对山区、云覆盖等原因造成的气温像元缺失值进行插补。

相对于地表温度，气温的流动性和空间相关性更强，这使得气温在一定区域范围内有更连贯均匀的空间分布。气温在对流层内随高程增加而垂直递减，基于此特性，Neteler(2010)提出了结合DEM的温度垂直梯度重建法，对山区云覆盖等原因造成的温度像元缺失值进行插补。该算法过程可简述为：首先确定滑动窗口大小，以无效像元为中心点确定窗口位置。统计窗口内有效像元占窗口总像元百分数，若超过具有统计学意义的10%，则建立窗口内有效像元对应的温度和高程的线性回归关系。最后利用回归系数和高程数据外推无效像元温度值。若有效温度像元百分比小于10%，则滑动跳至下一个窗口，此过程迭代进行，直至所有无效像元全部被插补。除了高程以外，地表覆盖类型也显著影响地温-气温热交换，所以在 Neteler(2010)算法的基础上，可以同时考虑高程和地表覆盖两个因素对气温分布的影响，利用局部窗口内有效像元估算气温与高程和植被指数的多元线性回归关系，外推估算窗口内无效像元的气温值（张丽文，2013）。值得注意的是，该算法需要利用水体掩膜去除水体像元对窗口内回归拟合的影响。

6.3.3 研究展望

农作物低温冷害遥感监测在以下几方面需要进一步研究。

(1) 多源遥感数据协同。农作物低温冷害的发生往往与低温的持续时间有关，而遥感手段只监测瞬时数据，难以反映出低温的持续时间。虽然采用如 MODIS LST 数据具有较高的时间分辨率，但受云雨影响导致像元缺失严重，因此可以考虑使用或联合使用云雨天气影响较小的微波数据，获取日值平均温度数据。

(2) 基于遥感的作物低温冷害监测指标。目前农作物低温冷害遥感监测的方法仍是基于气象指标，应研究构建基于遥感的农作物低温冷害指标，使得农作物低温冷害遥感监测更加直接和时效性。

(3) 单纯从气候、农学指标监测了解冷害已不能满足精准农业的要求，三维立体监测是冷害监测发展的必然趋势。今后应逐步完善集成"3S"于一体的高时空分辨率的冷害监测技术。

参 考 文 献

陈兵，李少昆，王克如，等. 2007. 棉花黄萎病病叶光谱特征与病情严重度的估测. 中国农业科学，40(12)：2709-2715.
陈维英，肖乾广，盛永伟. 1994. 距平植被指数在1992年特大干旱监测中的应用. 环境遥感，9：106-112.
程勇翔. 2013. 中国南方双季稻低温冷害风险评估、遥感监测与损失评估方法研究. 浙江大学博士学位论文.
国家标准. 2011a. 南方水稻、油菜和柑桔低温灾害(GB/T 27959—2011). 北京：中国标准出版社.
国家标准. 2011b. 小麦条锈病测报技术规范(GB/T 15795—2011). 北京：中国标准出版社.
国家标准. 2015. 农业干旱等级(GB/T 32136—2015). 北京：中国标准出版社.
黄木易，王纪华，黄文江，等. 2003. 冬小麦条锈病的光谱特征及遥感监测. 农业工程学报，19(6)：154-158.
竞霞，黄文江，王纪华，等. 2009. 棉花单叶黄萎病病情严重度高光谱反演模型研究. 光谱学与光谱分析，29(12)：3348-3352.
刘良云，黄木易，黄文江，等. 2004. 利用多时相的高光谱航空图像监测冬小麦条锈病. 遥感学报，8(3)：275-281.
刘潭，李子默，冯帅，等. 2023. 基于LMPSO-SVM的高光谱水稻稻瘟病病害分级检测. 农业机械学报，54(11)：208-216，235.
罗菊花，黄文江，顾晓鹤，等. 2010. 基于PHI影像敏感波段组合的冬小麦条锈病遥感监测研究. 光谱学与光谱分析，30(1)：184-187.
农业行业标准. 2002. 小麦白粉病测报调查规范(NY/T 613—2002). 北京：中国农业出版社.

农业行业标准. 2012. 水稻冷害田间调查及分级技术规范（NY/T 2285—2012）. 北京：中国农业出版社.
农业行业标准. 2015. 农作物病害遥感监测技术规范　第1部分：小麦条锈病（NY/T 2738.1—2015）. 北京：中国农业出版社.
农业行业标准. 2015. 农作物病害遥感监测技术规范　第2部分：小麦白粉病（NY/T 2738.2—2015）. 北京：中国农业出版社.
农业行业标准. 2015. 农作物病害遥感监测技术规范　第3部分：玉米大斑病和小斑病（NY/T 2738.3—2015）. 北京：中国农业出版社.
农业行业标准. 2015. 农作物低温冷害遥感监测技术规范　第1部分：总则（NY/T 2739.1—2015）. 北京：中国农业出版社.
农业行业标准. 2020. 玉米大斑病测报技术规范（NY/T 3546—2020）. 北京：中国农业出版社.
农业行业标准. 2020. 棉花黄萎病测报技术规范（NY/T 3700—2020）. 北京：中国农业出版社.
气象行业标准. 2009. 水稻、玉米冷害等级（QX/T 101—2009）. 北京：气象出版社.
气象行业标准. 2012. 北方春玉米冷害评估技术规范（QX/T 167—2012）. 北京：气象出版社.
气象行业标准. 2013. 水稻冷害评估技术规范（QX/T 182—2013）. 北京：气象出版社.
王春林，唐力生，陈水森，等. 2007. 寒冷灾害监测中的全天候地表温度反演方法研究. 中国农业气象，（1）：80-87.
王利民，刘佳，刘薇. 2019. 冬小麦条锈病遥感监测研究. 北京：中国农业科学技术出版社.
杨燕. 2012. 基于高光谱成像技术的水稻稻瘟病诊断关键技术研究. 浙江大学博士学位论文.
张竞成. 2012. 多源遥感数据小麦病害信息提取方法. 浙江大学博士学位论文.
张丽文. 2013. 基于GIS和遥感的东北地区水稻冷害风险区划与监测研究. 浙江大学博士学位论文.
张丽文，王秀珍，姜丽霞，等. 2015. 用MODIS热量指数动态监测东北地区. 遥感学报，19（4）：690-701.
张学艺，李剑萍，秦其明，等. 2009. 几种干旱监测模型在宁夏的对比应用. 农业工程学报，25（8）：18-24.
周义，覃志豪，包刚. 2012. GIDS空间插值法估算云下地表温度. 遥感学报，16（3）：492-504.
Alisaac E, Behmann J, Kuska M, et al. 2018. Hyperspectral quantification of wheat resistance to Fusarium head blight: comparison of two Fusarium species. Eur J Plant Pathol., 152(4): 869-884.
Carlson T N, Gillies R R, Perry E M. 1994. A method to make use of thermal infrared temperature and NDVI measurements to infer soil water content and fractional vegetation cover. Remote Sensing Reviews, 9(1-2): 161-173.
Chen X J, Mo X G, Zhang Y C, et al. 2019. Drought detection and assessment with solar-induced chlorophyll fluorescence in summer maize growth period over North China Plain. Ecological Indicators, 104: 347-356.
Devadas R, Lamb D W, Simpfendorfer S, et al. 2009. Evaluating ten spectral vegetation indices for identifying rust infection in individual wheat leaves. Precision Agriculture, 10: 459-470.
Feng L, Wu B, Zhu S, et al. 2020. Investigation on data fusion of multisource spectral data for rice leaf diseases identification using machine learning methods. Frontiers in Plant Science, 11: 557063.
Graeff S, Link J, Claupein W. 2006. Identification of powdery mildew (*Erysiphe graminis* sp. *tritici*) and take-all disease (*Gaeumannomyces graminis* sp. *tritici*) in wheat (*Triticum aestivum* L.) by means of leaf reflectance measurements. Cent Eur J Biol., 1(2): 275–288.
Huang W J, Huang M Y, Liu L Y, et al. 2005. Inversion of the severity of winter wheat yellow rust using proper hyper spectral index. Transaction of the CSAE, 21(4): 97-103.
Huang L, Wu Z, Huang W, et al. 2019. Identification of fusarium bead blight in winter wheat ears based on fisher's linear discriminant analysis and a support vector machine. Applied Sciences Basel, 9(18): 3894.
Jackson R D, Idso S B, Reginato R J, et al. 1981. Canopy temperature as a crop water stress indicator. Water Resources Research, 17: 1133-1138.

Kogan F N. 1990. Remote sensing of weather impacts on vegetation in non- homogeneous areas. International Journal of Remote Sensing, 11: 1405-1420.

Kogan F N. 1995. Application of vegetation index and brightness temperature for drought detection. Advances in Space Research, 15: 91-100.

Liu L A, Yang X, Zhou H K, et al. 2018. Evaluating the utility of solar-induced chlorophyll fluorescence for drought monitoring by comparison with NDVI derived from wheat canopy. Science of the Total Environment, 625: 1208-1217.

Nandita M, Sujan A, Deb K D, et al. 2023. Spectral characterization and severity assessment of rice blast disease using univariate and multivariate models. Frontiers in Plant Science, 14: 1067189. doi: 10.3389/fpls.2023.1067189.

Neteler M. 2010. Estimating daily land surface temperatures in mountainous environments by reconstructed MODIS LST data. Remote Sensing, 2(1): 333-351.

Price J C. 1985. The limited utility of apparent thermal inertia on the analysis of thermal infrared imagery. Remote Sensing of Environment, 18: 59-73.

Sandholt I, Rasmussen K, Andersen J. 2002. A simple interpretation of the surface temperature/vegetation index space for assessment of surface moisture status. Remote Sensing of Environment, 78: 213-234.

Shi Y, Han L, Kleerekoper A, et al. 2022. Novel CropdocNet model for automated potato late blight disease detection from unmanned aerial vehicle-based hyperspectral imagery. Remote Sensing, 14(2): 396.

Stewart E L, Wiesner-Hanks T, Kaczmar N, et al. 2019. Quantitative phenotyping of northern leaf blight in UAV images using deep learning. Remote Sensing, 11(19): 2209.

Tian L, Wang Z, Xue B, et al. 2023. A disease-specific spectral index tracks *Magnaporthe oryzae* infection in paddy rice from ground to space. Remote Sensing of Environment, 285: 113384. https://doi.org/10.1016/j.rse.2022.113384.

Wang Y, Chen Y, Li J, et al. 2007. Two new red edge indices as indicators for stripe rust disease severity of winter wheat. J. Remote Sensing, 11(6): 875-882.

Xu L, Cao B, Zhao F, et al. 2023. Wheat leaf disease identification based on deep learning algorithms. Physiological and Molecular Plant Pathology, 123: 101940.

Zhang J C, Yuan L, Wang J H, et al. 2012. Spectroscopic leaf level detection of powdery mildew for winter wheat using continuous wavelet analysis. Journal of Integrative Agriculture, 11(9): 1474-1484.

Zhang N, Pan Y, Feng H, et al. 2019. Development of Fusarium head blight classification index using hyperspectral microscopy images of winter wheat spikelets. Biosystems Engineering, 186: 83-99.

Zhao C, Huang M, Huang W, et al. 2004. Analysis of winter wheat stripe rust characteristic spectrum and establishing of inversion models. Geoscience and Remote Sensing Symposium: IGARSS' 04 Proceedings 2004 IEEE International, 6: 4318-4320.

Zheng Q, Ye H, Huang W, et al. 2021. Integrating spectral information and meteorological data to monitor wheat yellow rust at a regional scale: A case study. Remote Sensing, 13(2): 278.

第7章 展　　望

7.1 农业遥感与农业大数据

移动互联网、物联网、云计算、智能终端等变革技术的发展，使得现代社会进入大数据时代，农业大数据是大数据应用的重要领域。遥感作为一种高效信息获取手段，在农业领域已经得到了广泛的应用，农业遥感数据也是农业大数据的重要组成部分。本章首先简述什么是农业大数据，然后重点阐述农业遥感与农业大数据的关系及其作用，为了解农业遥感与农业大数据相关内容和应用提供参考。

7.1.1　农业大数据简述

1. 大数据

信息技术与网络通信技术的融合，极大促进了移动互联网、智能传感网的快速兴起，同时各种移动智能终端的快速普及和广泛应用，数据获取和传输能力得到了前所未有的提高；另外，云计算、集群计算等新一代信息基础设施为海量数据聚集提供了可能，图片、视频、音频等非结构数据得以长久保存，数据处理和存储能力从GB、TB级达到了PB、ZB[1]甚至更高，突破了原有数据规模和范畴，人类社会进入了大数据时代，大数据技术再次掀起信息技术的重大变革。

关于大数据的概念，目前尚没有统一的定义。维基百科认为："大数据，或称巨量数据、海量数据、大资料，指的是所涉及的数据量规模巨大到无法通过人工在合理时间内达到截取、管理、处理，并整理成为人类所能解读的信息"。麦肯锡认为，大数据是指"大小超出了典型数据库软件工具收集、存储、管理和分析能力的数据集"(Manyika et al.，2014)。通常认为，大数据具有5个特征即"5V"理论：体量浩大(volume)、模态繁多(variety)、生成快速(velocity)、真实性高(veracity)、价值大(value)(孟祥宝等，2014)。

2. 农业大数据

农业大数据是指大数据技术、理念、思维在农业领域的应用(孙忠富等，2013)。具体来讲，农业大数据是智慧化、协作化、智能化、精准化、网络化、先觉泛在的现代信息技术不断发展而衍生的一种计算机技术农业应用的高级阶段，是结构化、半结构化、非结构化的多维度、多粒度、多模型、多形态的海量农业数据的抽象描述，是

---

[1] 词头 G、T、P、Z 分别表示 10^9、10^{12}、10^{15}、10^{21}。

农业生产、加工、销售、资源、环境、过程等全产业链的跨行业、跨专业、跨业务、跨地域的农业数据大集中有效工具,是汲取农业数据价值、促进农业信息消费、加快农业经济转型升级的重要手段,是加快农业现代化、实现农业走向更高级阶段的必经过程(王文生等,2015)。因此,农业大数据除了具有大数据5个特征外,还具有复杂性及分散性(谢润梅,2015)。

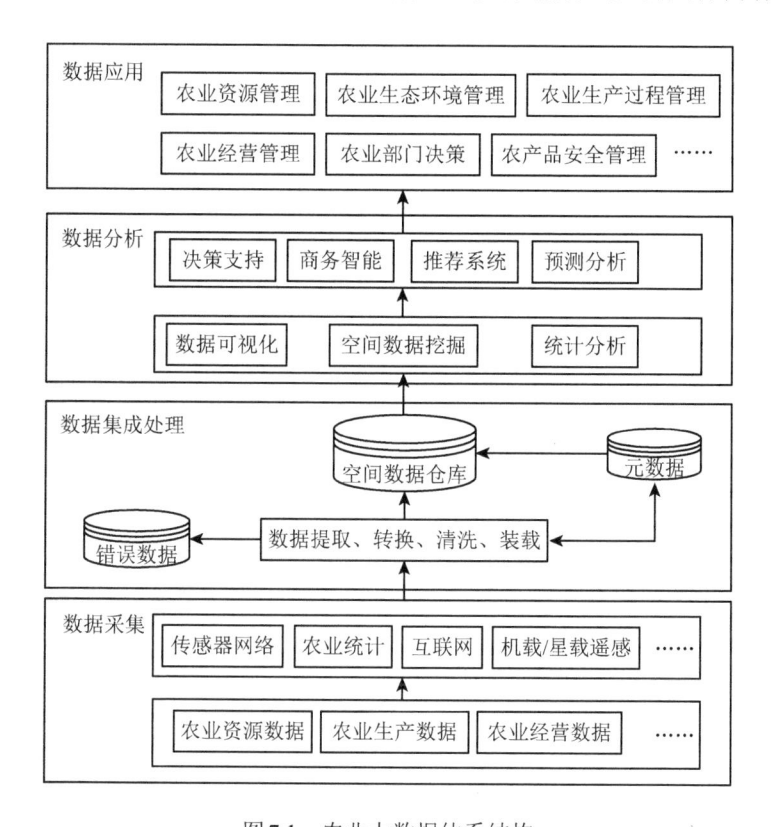

3. 农业大数据体系结构

农业大数据体系结构阐述了农业大数据从获取数据源到实现数据应用的完整过程,包括数据采集、数据集成处理、数据分析和数据应用(图7.1)(韩家琪等,2016)。通过农业大数据的体系结构分析,可以更好地理解农业大数据所涵盖的具体内容。

图7.1 农业大数据体系结构

(1)数据采集。农业大数据以种植业、畜牧业、渔业为核心领域,包括农业产前、产中和产后过程产生的海量数据。农业大数据涉及的内容包括农业自然资源、农业生态环境、农业灾害、农业分区、农业产业、农业投入品、农产品质量与品牌、涉农机构、农业基础设施、农用地权属等数据。这些数据通过有线传输网络、移动互联网、地面/机载/星载传感器、调查统计等技术手段和方法进行采集,以结构化、半结构化、非结构化数据类型存储,以文字、数字、音视频、图像、图表等形式表达。

(2)数据集成处理。数据集成处理是将多源异构数据源根据某个应用目的进行抽取，经过数据转换、数据清洗、数据装载，存储在空间数据仓库中。数据转换过程主要是进行关键数据的重新构建；数据清洗的目的是保证入库数据的准确性和一致性；数据装载是将经过清洗后的数据集，按照定义的表结构装入空间数据仓库中。

(3) 数据分析。数据分析过程是采用数据挖掘、统计分析、数据可视化等技术方法，通过决策支持、商务智能、推荐系统、预测分析等，发现和提供数据中隐藏的有意义信息。

(4) 数据应用。基于农业大数据和农业信息技术，农业大数据的应用包括为农业资源和生态环境监测、农业生产过程、农业经营、农业管理等提供应用服务。例如在农业生产过程中，通过农业大数据，为农户提供从耕地、育种、播种、施肥、植保、收获等各环节信息，实现对作物种植、田间管理、农作物成熟等环节的管理，使得传统的粗放式农业生产模式迈向集约化、精准化、智能化、数据化。在农业管理中，通过农业结构调整、农业政策实施监察、农产品质量溯源、粮食补贴信息、农业保险信息、高标准农田建设、乡村综合治理等农业大数据应用，提高农业宏观管理决策，保证农产品质量安全。农业大数据需要基于各种农业大数据应用平台，通过数据共享，服务于农业生产和决策管理。

7.1.2 农业遥感与农业大数据的关系

1. 遥感大数据

遥感技术是将多种电磁波传感设备安装到各种航空、航天及地面遥感平台上，通过定期对远距离目标辐射或反射的电磁波信息进行收集、处理后成像，依据影像揭示研究对象特征及变化的综合性探测技术。随着遥感技术的发展，遥感数据空间分辨率、时间分辨率、光谱分辨率和辐射分辨率越来越高，数据类型越来越丰富，数据获取的速度加快，更新周期缩短，时效性越来越强，遥感影像数据量显著增加，呈指数级增长，遥感数据呈现出明显的"大数据"特征，即体量浩大、模态繁多、生成快速、真实性高、价值大。除此之外，遥感大数据还具有以下特征（宋维静等，2014；朱建章等，2016）。

(1) 高维度性。遥感大数据的数据类型多样化，数据的维度也越来越高，主要分为空间维度、时间维度、光谱维度等。光谱范围由可见光的几个波段发展到包含红外、近红外的上百个波段范围。时间维度方面，随着遥感技术的发展，同一地区形成按时间排序的一系列遥感影像。

(2) 多尺度性。遥感数据在空间与时间上呈现出多尺度的特征，如空间尺度由几千米到零点几米的范围变化。在不同的观察层次上所遵循的规律和体现的特征不尽相同。

(3) 非平稳性。不同时间所获取的同一区域遥感影像特征是不相同的，如春季与秋季所获取的农作物遥感影像特征差异较大。在进行遥感影像分析时，需要充分考虑其非平稳的特征，才能挖掘出有价值的知识。

2. 农业遥感与农业大数据的关系

农业遥感技术是采用各种航空、航天及地面遥感平台，对地面农业目标进行大范围、长时间或实时监测，获取影像数据，并经数据处理，服务于农业的重要技术工具，因此，农业遥感数据是农业大数据的重要组成部分。例如，利用遥感平台获得的时间序列影像数据，可以大面积动态监测农作物的种植面积，还可以显示出农田土壤和作物特性的空间反射光谱变异特征，进而确定农作物的长势情况；遥感数据还可以基于机器视觉、深度学习、模拟模型等方法，用于叶面积指数、氮素、叶绿素、植株生物量以及纤维素、淀粉含量等农作物生理生化指标反演。因而，农业遥感技术可以客观、准确、及时地提供农业资源环境和农作物生长的各种信息，成熟应用于农用地资源监测与保护、农作物估产与长势监测、农业气象灾害监测等多个方面，服务于农业生产决策、农业工程监督、农业保险等农业生产管理工作，丰富了农业大数据的内涵。

3. 农业遥感大数据面临的挑战

遥感数据获取能力的增强为农业遥感应用提供了海量的数据源。但农业遥感大数据的价值不在其海量，而在其对农业目标地物的多粒度、多时相、多方位和多层次的全面反映，在于隐藏在农业遥感大数据背后的各种农业相关知识的挖掘，实现从遥感数据到农业知识的转变。农业遥感大数据面临以下挑战。

（1）基于农业相关知识驱动的遥感大数据挖掘。相对于统计模型和定量遥感时代的物理模型，农业遥感大数据时代的信息提取和知识发现是以数据模型为驱动，即以大样本为基础，通过机器学习、深度学习等智能方法，自动学习农业目标地物的遥感化本征参数特征，进而实现对信息的智能化提取和知识挖掘。例如，基于多传感器遥感数据融合，采用长时间序列遥感数据进行农作物种植面积的自动智能提取。因此，面向对象的农业遥感知识库构建、融合遥感特征的深度学习网络开发、遥感大数据驱动的农业地表参数反演是需要解决的关键问题。农业遥感大数据的实时性是其显著特点，如何兼并遥感数据处理与应用的实时性和精确性，也将是农业遥感大数据研究的方向。

（2）农业遥感大数据的多类不确定性建模。农业遥感大数据复杂的非线性关系、尺度效应、高维特征、数据的多类不确定性，为揭示农业目标地物属性本质带来了挑战与机遇。需要深入研究这些复杂性特征，对非线性关系、多类不确定性、数据尺度效应、高维特性等进行建模，并基于复杂性模型改进现有数据挖掘方法或者探索新的分析方法，能够获得期望的空间数据挖掘和分析结果。

（3）农业遥感大数据云平台构建。随着遥感数据量的急剧增加，遥感数据的快速智能处理、知识的智能提取是一个亟须解决的问题。需要构建农业遥感大数据云平台，将各种天空地传感器及其获取的数据资源、数据处理的算法、软件资源以及工作流程等进行整合，利用云计算的分布式特点，将数据资源的存储、处理及传输等分布在大量的分布式计算机上，使得用户能快速地获取服务。

7.2 农业遥感与智慧农业

随着物联网、大数据、云计算、人工智能、第五代移动通信(5G)等新一代信息技术在农业领域的广泛应用,以及农业机械装备的智能化发展,产生了以智慧农业为表现形态的新型农业生产方式。农业遥感技术是智慧农业的关键核心技术之一,对实现农业生产全过程的信息感知和定量决策等至关重要。本节首先叙述什么是智慧农业,然后重点阐述农业遥感在智慧农业中的作用,为了解农业遥感在智慧农业中的应用提供参考。

7.2.1 智慧农业简述

物联网、大数据、云计算和移动互联网等新一代信息技术迅速发展,农业信息化正从传统的数字化、网络化向智能化、智慧化的高端方向发展,即进入新的智慧农业发展阶段。智慧农业以信息和知识为核心,将新兴的遥感网、传感网、大数据、互联网、云计算、人工智能等现代信息技术和智能农机装备与农业深度跨界融合,应用到农业生产、加工、经营、管理和服务等全产业链环节,实现农业生产全过程的信息感知、定量决策、智能控制、精准投入、个性化服务的全新农业生产方式(申格等,2018;赵春江,2021)。

围绕信息和知识的核心主线,智慧农业的核心研究领域包括数字化感知与数据传输、分析决策、控制、应用等4个方面。感知是基础,是利用各类传感器采集和获取各类农业信息和数据的过程;分析决策是核心,利用感知传输的数据进行挖掘分析,支撑农业预警、控制和决策的过程;控制是保障,将针对决策系统的控制命令传输到数据感知层,进行智能农机操作或远程自动控制装备和设施的过程;应用是目的,实现农业生产、加工、经营、管理和服务的智能管理(申格等,2018)。

1. 数字化感知

数字化感知是基于传感网、遥感网、大数据、物联网、互联网等信息技术获取农业生长过程和环境参数数据,其中传感器技术是智慧农业的关键技术之一。在互联网和物联网的支持下,大田种植、设施园艺以及水产养殖中的环境参数,都是通过物理传感器来进行实时采集。例如温度传感器、湿度传感器、光照强度传感器、CO_2浓度传感器是目前应用最为广泛的传感器。传感器也应用到包括农业机器人在内的智能机械设计中,用于农业资源环境与作物生长过程的信息采集。此外,农产品物流追踪中通过传感器可以监测到农产品运输中的温度、湿度等信息,保证食品安全。

遥感技术广泛应用于农业生产各个环节,是区域范围各类农业生产过程与环境信息的重要来源。遥感监测结果可以为实现农业尤其是大田管理的智能化提供可靠的监测数据,辅助进行正确的管理决策。

定点定位系统(如全球定位系统GNSS)在智慧农业中起着重要的作用,可以确定农田采样点、传感器的经纬度精确位置测量和高程信息;在智能农机上安装定位系统,可以精确指示农机所在的位置坐标,对农业机械的灌溉、施肥、喷药、收获等田间作业操作起着导航作用。

2. 分析决策

基于地理信息系统、大数据、模型模拟、云计算等技术,对采集的数据进行农业数字模型与模拟、农业认知计算与农业知识发现,并提供智能决策,为采用智能农机装备的农业生产作业各个环节以及农产品加工、经营、管理和服务等提供决策支撑。

3. 自动控制和自主作业

在决策信息支持下,采用智能农机、农业机器人(如自动驾驶拖拉机以及喷药、采收、除草、修剪、挤奶、嫁接等机器人)自主智能作业系统,完成农事作业。例如,"精确变量播种施肥机"具有播量模型在线标定功能,可实现不同品种、不同类型种子、肥料的播量模型实时标定,机手在驾驶室可实时接收作业地块的播种施肥处方图,结合研制的自动辅助驾驶系统,可实现播种施肥作业的"一键化"操作(申格等,2018)。设施农业智能控制系统可以实现集现场数据采集、系统远程控制、种植环境自动化调节于一体。

4. 应用服务

智慧农业的应用服务包括多个场景,例如智慧大田种植可以利用卫星遥感技术、无人机与车载地面样方调查装备及农业物联网等相关系统,智能获取每个地块的周边环境因素、土地利用类型、农作物长势、农户生产决策信息等农业生产大数据,为大田智能农事作业提供决策依据;智慧果园通过建立物联网智能农业瓜果生产系统,实现瓜果生产要素的精细化和智能化控制,并采用不同功能的农业机器人实现果园除草、喷药、果实采摘等的智能化;智慧养殖可以利用无线传感器实现养殖环境的实时监测、数据监测及设备调控等,利用无线传感网络对动物生理特征和健康信息进行监测;智能化管理与服务包括智慧预警、智慧控制、智慧指挥、智慧调度等内容,通过农业大数据的开发和应用,建立智慧农业综合化的信息服务平台来进行决策、指挥和调度。

7.2.2 农业遥感在智慧农业中的作用及挑战

1. 农业遥感在智慧农业中的作用

智慧农业的关键技术需求之一是定位、定时、定量地实施智慧农事操作和管理,农业遥感通过天(卫星)、空(有人机或无人机)、地(地面光谱测量仪和相关仪器设备)一体化的地面信息采集技术,提供不同尺度、不同监测精度的定位、定时、定量大田农作物和环境信息,为指导农田灌溉、施肥、病虫害防治等方面提供决策依据。农业遥感在智慧农业的数字化感知方面发挥着重要的作用。

在区域尺度,基于航天卫星或航空有人机和无人机,农业遥感可以提供大面积范围的农作物种植面积、长势、物候、产量等信息以及农作物灾害损失评估与预报,通过农情遥感监测服务于宏观调控；在农田尺度，基于航空和地面遥感技术手段，农业遥感可以获取农作物生理生化参数（如叶面积指数、叶绿素、氮素含量、蛋白质含量等）、土壤理化参数（如土壤含水量、土壤养分含量等），指导农田灌溉、施肥、病虫害防治等智慧农事作业和管理。

2. 农业遥感在智慧农业中的挑战

（1）遥感观测数据与智慧农业的深度耦合。遥感观测形式多样，包括航天、航空、地面多个平台，涉及可见光、红外、微波等多光谱和高光谱数据，而智慧农业需求复杂，涉及不同农作物、不同物候期、不同地域、不同参数，因此，如何让遥感观测与智慧农业需求实现深度精准结合，满足智慧农业对农田作物与环境信息的精度需求是需要解决的问题。

（2）智慧农业和遥感数据的分析智能化。目前缺少可推广应用的智慧农业遥感服务平台，借助农业遥感大数据推动农业智能化和自动化分析，满足智慧农业中的智能感知，辅助智慧决策的实际需求，应用于实际生产实践中。

（3）结合遥感的农业预测预报能力需进一步加强。目前农业遥感技术的监测应用多在于实时或已发生的农情信息的提供上，但农田生产管理优化不但需要"现势"信息，更需要预测预报的农情信息，从而提前采取合理的应对措施。

参 考 文 献

杜军，张俐，刘薇，等. 2024. 基于多路径的我国智慧农业技术热点和发展趋势分析. 现代农业装备，45(1)：64-70.

韩家琪，毛克彪，夏浪，等. 2016. 基于空间数据仓库的农业大数据研究. 中国农业科技导报，18(5)：17-24.

孟祥宝，谢秋波，刘海峰，等. 2014. 农业大数据应用体系架构和平台建设. 广东农业科学，(14)：173-178.

申格，吴文斌，史云，等. 2018. 我国智慧农业研究和应用最新进展分析. 中国农业信息，30(2)：1-14.

宋维静，刘鹏，王力哲，等. 2014. 遥感大数据的智能处理：现状与挑战. 工程研究-跨学科视野中的工程，6(3)：259-265.

孙忠富，杜克明，郑飞翔，等. 2013. 大数据在智慧农业中研究与应用展望. 中国农业科技导报，(6)：63-71.

王文生，郭雷风. 2015. 农业大数据及其应用展望. 江苏农业科学，43(9)：1-5.

谢润梅. 2015. 农业大数据的获取与利用. 安徽农业科学，43(30)：383-385.

赵春江. 2021. 智慧农业的发展现状与未来展望. 华南农业大学学报，42(6)：1-7.

朱建章，石强，陈凤娥，等. 2016. 遥感大数据研究现状与发展趋势. 中国图象图形学报，21(11)：1425-1439.

Manyika J，Chui M，Brown B，et al. 2014. Big data: the next frontier for innovation, competition, and productivity. http://www.Mckinsey.com/insights/business_technology/big_data_the_next_frontier_for_innovation.

附录　本书中英文术语

B

饱和土壤水分指数　soil moisture saturation index，SMSI
比值稻瘟病指数　ratio blast index，RBI
比值光谱指数　ratio spectral indices，RSI
比值植被指数　ratio vegetation index，RVI
变分同化　variational assimilation
BP神经网络　back propagation neural networks

C

CERES作物生长模型　crop-environment resource synthesis system
差值光谱指数　difference spectral indices，DSI
差值植被指数　difference vegetation index，DVI
查找表　look-up table，LUT
垂直干旱指数　perpendicular drought index，PDI
垂直植被指数　perpendicular vegetation index，PVI
错分误差　commission error

D

大气层顶　top of atmosphere，TOA
大气阻抗植被指数　atmospherically resistant vegetation index，ARVI
稻叶瘟敏感植被指数　rice blast indices，RIBIs
地理信息系统　geographic information system，GIS
地面控制点　ground control point，GCP
迭代自组织数据分析技术　iterative self-organizing date analysis，ISODATA
多元逐步回归分析方法　stepwise multiple linear regression，SMLR
等面积正弦曲线投影　integerized sinusoidal or sinusoidal

E

EPIC土壤侵蚀生产力模型　erosion productivity impact calculator

F

非对称高斯函数拟合法　asymmetric Gaussian model，AG
非监督分类　unsupervised classification
傅里叶变换法　Fourier transform，FT
辐射温度　radiant temperature

G

光化反射率指数　photochemical reflectance index，PRI
光谱比值法　spectral ratio method，SR
光谱相似值　spectral similarity value，SSV
归一化差值稻瘟病指数　normalized difference blast index，NDBI
归一化差值植被指数　normalized difference vegetation index，NDVI
归一化发射率法　normalized emissivity method，NEM
归一化光谱指数　normalized spectral indices，NSI
归一化差值温度指数　normalized difference temperature index，NDTI

H

惠特平滑法　the Whittaker smoother，WS
混淆矩阵　confusion matrix

J

激活函数　activation function
监督分类　supervised classification
交叉验证均方根误差　root mean square error of cross validation，RMSECV
校正集均方根误差　root mean square error of calibration，RMSEC
结构相关色素指数　structure insensitive pigment index，SIPI
阶跃型函数　heaviside function
径向基函数网络　radial basis function networks，RBFN

竞争性自适应重加权算法 competitive adapative reweighted sampling，CARS
距平植被指数 anomaly vegetation index，AVI
卷积神经网络 convolutional neural networks，CNN
决策树分类法 decision tree classifier

K

Kappa系数 Kappa coefficient
K-均值算法 K-means
扩展傅里叶幅度敏感性分析方法 extended Fourier amplitude sensitivity test，EFAST

L

连续投影算法 successive projections algorithm，SPA
亮度温度 brightness temperature
6S模型 second simulation of the satellite signal in the solar spectrum
漏分误差 omission error
陆地表面温度 land surface temperature，LST
绿度植被指数 green vegetation index，GVI

M

MACROS作物生长模型 modules of an annual crop simulator
蒙特卡洛采样 Monte Carlo feature selection，MCFS
米氏散射 Miler-scattering
MODTARN大气辐射传输模型 moderate resolution transmission

N

农情遥感 remote sensing for agricultural condition
农业定量遥感 quantitative remote sensing for agriculture
农业灾害遥感 remote sensing for agricultural disaster
农业资源遥感 remote sensing for agricultural resources

P

偏最小二乘回归 partial least squares regression，PLSR

Q

前馈神经网络 feed forward neural networks
全球环境监测指数 global environment monitoring index，GEMI

R

热力学温度 kinetic temperature
人工神经网络 artificial neural network，ANN
日光诱导叶绿素荧光 solar-induced chlorophyll fluorescence，SIF
瑞利散射 Rayleigh-scattering

S

三角植被指数 triangular vegetation index，TVI
Savitzky-Golay滤波拟合法 Savitzky-Golay filter，SG
SEBAL模型 surface energy balance algorithm for land
SEBS模型 surface energy balance system
时间序列谐波分析法 harmonic analysis of time series，HANTS
双Logistic函数拟合法 double Logistic，DL
水分亏缺指数 water deficit index，WDI
顺序同化 sequential assimilation
随机森林树 random forest tree

T

条锈病水波段指数 water band index，WBI
条锈病转换叶绿素吸收指数 the transformed chlorophyll absorption and reflectance index，TCARI
条锈病植被衰老指数 plant senescence reflectance index，PSRI
通用横向墨卡托坐标系 universal transverse Mercator，UTM
土壤调节植被指数 soil-adjusted vegetation index，SAVI

W

温度条件指数 temperature condition index，TCI
温度植被干旱指数 temperature vegetation dryness index，TVDI
WOFOST作物生长模型 world food studies
误差矩阵 error matrix

X

线性阈值函数 linear threshold function
线性光谱混合模型 linear spectral mixture model，LSMM
相对分析误差 residual prediction deviation，RPD

小波变换　wavelet transform
小麦白粉病遥感指数　wheat powdery mildew index，WPMI
小麦条锈病遥感指数　wheat stripe rust index，WSRI
修正的垂直干旱指数　modified perpendicular drought index，MPDI
修正的归一化植被指数　modified normalized difference vegetation index，MNDVI
修正叶绿素吸收率指数　modified chlorophyll absorption reflectance index，MCARI

Y

遥感　remote sensing
延后滑动平均法　delayed moving average
验证集均方根误差　root mean square error of prediction，RMSEP
叶绿素吸收连续区指数　chlorophyll absorption continuous index，CACI
叶绿素吸收率指数　chlorophyll absorption reflectance index，CARI
叶面积指数　leaf area index，LAI
遗传算法　genetic algorithm，GA
1984世界大地测量系统　world geodetic system，WGS-84
用户精度　user's accuracy
有理函数模型　rational function model，RFM
有理函数模型各多项式系数　rational polynomial coefficients，RPC
玉米大斑病和小斑病遥感指数　corn leaf blight index，CLBI

Z

增强植被指数　enhanced vegetation index，EVI
蒸散发　evapotranspiration，ET
植被供水指数　vegetation supply water index，VSWI
植被状态指数　vegetation condition index，VCI
支持向量机　support vector machine，SVM
直接线性变换模型　direct linear transformation，DLT
制图精度　producer's accuracy
总体分类精度　overall accuracy
最大似然分类　maximum likelihood classifier
最大值合成法　maximum value composite，MVC
最大-最小发射率差值法　maximum-minimum apparent emissivity difference method，MMD
最佳指数斜率提取法　best index slope extraction algorithm，BISE
最小距离分类　minimum distance classifier
最优分类超平面　optimal hyperplane，OHP
作物水分亏缺指数　crop water deficit index，CWDI
作物水分胁迫指数　crop water stress index，CWSI